基于Vivado的FPGA时序约束实战

韩 彬 周建文 / 编著

電子工業出版社
Publishing House of Electronics Industry
北京 · BEIJING

内 容 简 介

时序约束是确保芯片和 FPGA 性能满足设计需求的关键技术。芯片研发过程需要准确把握产品需求和项目需求，通过不断迭代、评审和变更，实现需求的收敛和约束。芯片测试用例经过多个阶段的仿真和验证，以保证设计的准确性。在芯片 RTL 综合流程中，时钟、信号和关键路径的约束是必要的，以满足时序要求。FPGA 的时序约束则涉及 RTL 设计、模块位置、高速 IP 和输入/输出延时等，是一项系统的工程。本书深入讲解时序约束的原理和实战，将芯片时序约束的经验应用于 FPGA，以最大限度地提升 FPGA 性能。

本书旨在为有经验的工程设计者与工程管理者提供深入的时序约束知识，特别适合高级硬件设计工程师、研发部经理、专业的 EMC 工程师等。本书不仅适合希望提升芯片和 FPGA 性能的专业人士，还适合对时序约束原理和应用感兴趣的技术爱好者。

未经许可，不得以任何方式复制或抄袭本书之部分或全部内容。
版权所有，侵权必究。

图书在版编目（CIP）数据

基于 Vivado 的 FPGA 时序约束实战 / 韩彬，周建文编著. -- 北京 : 电子工业出版社，2025. 3. -- (电子系统 EDA 新技术丛书). -- ISBN 978-7-121-49690-5

Ⅰ. TP332.1

中国国家版本馆 CIP 数据核字第 20254JL058 号

责任编辑：牛平月
印　　刷：三河市兴达印务有限公司
装　　订：三河市兴达印务有限公司
出版发行：电子工业出版社
　　　　　北京市海淀区万寿路 173 信箱　　　　邮编：100036
开　　本：787×1092　1/16　印张：14.75　　字数：287 千字
版　　次：2025 年 3 月第 1 版
印　　次：2025 年 4 月第 2 次印刷
定　　价：88.00 元

凡所购买电子工业出版社图书有缺损问题，请向购买书店调换。若书店售缺，请与本社发行部联系，联系及邮购电话：(010) 88254888，88258888。

质量投诉请发邮件至 zlts@phei.com.cn，盗版侵权举报请发邮件至 dbqq@phei.com.cn。

本书咨询联系方式：niupy@phei.com.cn。

前　言

什么是时序约束？

我们以 SoC 芯片的研发为例来说明。没有呕心沥血的验证与测试，一款 SoC 芯片不能成功流片，也无法量产。

SoC 芯片的研发不但需要投入大量的人力、物力，而且周期较长，市场需求变幻莫测，风险较高，因此需要做好各种“约束”，准确把握芯片研发需求。芯片研发需求主要包括产品需求和项目需求。

- 产品需求来自市场需求，市场需求可能是超前或滞后的，因此需要不断调整，以吻合现有技术可行性及未来预期。
- 项目需求来自产品需求，分解产品需求的过程有可能产生误解或过度解读，因此需要项目经理不断把控、约束设计规格和细节。

芯片项目从启动到完成，经过无数次的迭代、评审、变更，对风险进行识别与把控后，最终项目方案达成一致，这就是芯片研发需求不断收敛、约束的过程。

芯片研发过程中的测试用例先后经过了软件仿真、RTL 模块仿真、RTL 系统仿真、网表仿真、系统级抽样验证、边缘验证等，来保证 RTL 设计的正确性。此外，我们还可以采用 FPGA、HAPS 等原型验证平台进行模拟测试，以更加贴近实际应用场景地、自上而下地进行软硬件用例测试，进一步保证设计的功能、性能，减少量产时的风险。这就是芯片测试用例不断完备、补充约束、收敛风险的过程。

在芯片 RTL 综合流程中，我们需要根据特定的工艺库（TSMC、SMIC 等）、IP 模型、时钟复位参数等来进行时钟、信号、关键路径的约束。在版本的迭代过程中，时钟、数据、接口等会出现不同程度的时序违例（建立时间和保持时间无法满足芯片时序要求）。如果相关代码是不能修改的（如外购 IP、Hard IP），则需要有针对性地添加约束条件来实现最终的综合性能；如果相关代码是自研代码，则可以从设计侧探讨 RTL 设计的合理性方式，并做出一定的调整，来满足最终的时序要求。这就是芯片 RTL 综合流程中的时序约束，需要重复进行分析时序、修改代码及约束条件的工作，最终完成时序收敛。

没有规矩，不成方圆；没有约束，不成芯片。时序约束的目的是使芯片性能满足设计需求。芯片设计的时序约束如此，半定制可编程器件 FPGA 的时序约束亦如此。无非芯片设计是“先有设计和约束，后有芯片”；而 FPGA 是“先有芯片和设计，后有约束”。二者针对时序约束的思想，是完全一致的，都是为了告诉综合器，如何进行布局布线，尤其是时钟复位、端口、关键信号等的走线，要满足设计需求。

如果 FPGA 没有时序约束，则综合器不知道信号间的同异步关系，时序紊乱；DDR 内存/SerDes 无法在固定频点下高速运行，数据出错；输入/输出引脚无法在确定的时序模型下工作，不能正常通信。FPGA 时序约束涉及 RTL 的设计方案和相关模块的位置约束，以及高速 IP 的时序约束，甚至要根据 PCB 的走线来设定输入/输出延时等约束，是一项系统的工程。

笔者曾在中兴微电子负责多年的多媒体 SoC 前端开发、FPGA 原型验证，以及芯片项目经理等工作；创立了深圳市奥唯思科技有限公司（SZOVS），致力于 FPGA 图像加速业务，以及国产 FPGA 解决方案的推广事业。一起负责本书编写工作的还有笔者的前同事周建文，他多年来一直负责 HAPS 原型验证，随后又进行 RTL 综合时序约束等相关工作，拥有非常丰富的时序约束经验。

针对 FPGA 时序约束，本书内容从理论分析到基于 Vivado 的实战，由浅入深地介绍什么是时序约束，以及如何进行时序约束，力求最大限度地提升 FPGA 的性能。从芯片时序约束到 FPGA 时序约束的转变是十分艰难的，因此，在 FPGA 时序约束方面，将芯片时序约束的经验应用其中，是本书的一大特色。这一独到的视角，非常值得 FPGA 领域的专业人士关注。

本书参考文献请扫码获取。

参考文献

目　录

第1章 Vivado时序分析综述

1.1 引言

在初涉FPGA设计工作时，设计者往往将注意力集中于代码功能的实现，而对时序约束的考量较为有限。大多数初学者通常仅对输入端口的主时钟进行一个简单的时钟创建约束，便进入后续的综合与实现流程。即使bitfile生成后，他们也很少仔细检查时序报告，忽略是否存在时序违例或未约束路径，而是直接将bitfile加载到硬件板卡上进行测试。由于初级项目规模较小，运行频率不高，即使在缺乏严格时序约束的情况下，生成的bitfile也能够正常运行，从而掩盖了潜在的时序问题。

随着设计经验的逐步积累，设计者会逐渐承担规模更大、复杂性更高的FPGA项目，而此时，继续沿用忽视时序约束的设计流程往往会遇到诸多挑战。有时，尽管代码在仿真阶段表现出色，功能与时序均无异样，但当bitfile加载到硬件板卡上进行实际测试时，结果与预期大相径庭。部分生成的版本可能完全无法正常运行，甚至出现系统崩溃的情况；而某些版本虽能运行，但性能不稳定，长时间操作后偶尔会出现随机性错误。

例如，我曾经参与设计一个千兆以太网控制器项目，设计过程中的代码编写和仿真测试都很顺利，生成bitfile后，硬件平台上收发数据包的功能表现也如预期。然而，在进行长时间的拷机测试时，系统偶尔会出现丢包现象。为了追根溯源，我细致检查了所有仿真用例，并在PCB上通过示波器捕获数据包信号进行深入分析。同时，我利用ILA（集成逻辑分析仪）实时抓取FPGA内部信号，监控系统运行状态，并在不同硬件平台和应用场景下进行测试。然而，尽管付出了大量努力，我仍然未能找到问题的根源。

这时，我向一位经验丰富的同事请教，他在了解情况后，第一时间建议我打开 Vivado 的时序报告，深入分析实现过程中的关键警告和错误提示。当我打开报告时，映入眼帘的是大量的时序约束警告，以及一条条醒目的红色时序违例。同事轻描淡写地说道："先修复时序违例问题，再测试看看异常是否还会出现。"

对于"时序问题可能导致丢包"的结论，我起初心存疑虑，心想："以前的工程都是这样处理的，从未遇到过类似的问题，丢包怎么可能与时序相关？况且，那些时序违例的路径并非故障逻辑的关键路径。"在经历了一段时间的时序约束学习及向同事虚心请教后，我终于解决了报告中的时序违例问题。当我将修复后的 bitfile 加载到硬件平台上进行测试时，令我惊讶的是，之前那令人费解的丢包问题竟然神奇地消失了。

这一刻，我才真正感受到时序问题的微妙之处，也深刻意识到时序约束在 FPGA 设计中至关重要的作用。这个经历让我明白，时序优化不仅关乎设计的稳定性，更是在复杂设计中不可或缺的关键因素。

那么，什么是时序分析？为什么只有在正确约束时序、消除时序违例警告后，系统才能稳定运行？Vivado 中的时序分析流程究竟如何？本章将围绕这些疑问逐一展开，深入剖析其中的原理。通过本章内容的讲解，大家将初步掌握 Vivado 中时序分析的核心概念，为进一步理解时序优化打下坚实基础。

1.2 静态时序分析

在同步数字系统中，信号传输的核心在于时钟脉冲的同步性。时钟脉冲为系统提供了一致的节拍，确保信号在各个时钟周期内按顺序传输。具体来说，每当时钟信号的上升沿到来时（假设所有同步器件均在上升沿触发有效），前一级触发器的数据会被传输到后一级触发器，后一级触发器将数据传输给再后一级触发器，以此类推，数据在整个系统中逐级传输。这种基于时钟的信号传输方式确保了系统内各模块之间的协调运行，避免了数据传输过程中的混乱和不确定性。

时钟脉冲不仅决定了数据传输的节奏，还起到了同步不同模块操作的作用，确保在每一个时钟周期内，各个模块的输入/输出操作能按预期进行。这种同步机制是数字电路可靠运行的基础，也是保证数据一致性和系统稳定性的关键。

如图 1.1 所示，这是一个简单的同步数字系统（两级）触发器传输模型。该模型中的系统时钟起点记为 sclk（source clock）。前一级触发器 FF1 在时钟上升沿触发，输出数据经过组合逻辑后传输到后一级触发器 FF2。假设系统初始状态如虚线标识所示，FF2.Q 处的数据为 data0，FF2.D 和 FF1.Q 处的数据为 data1，FF1.D 处的数据为 data2。

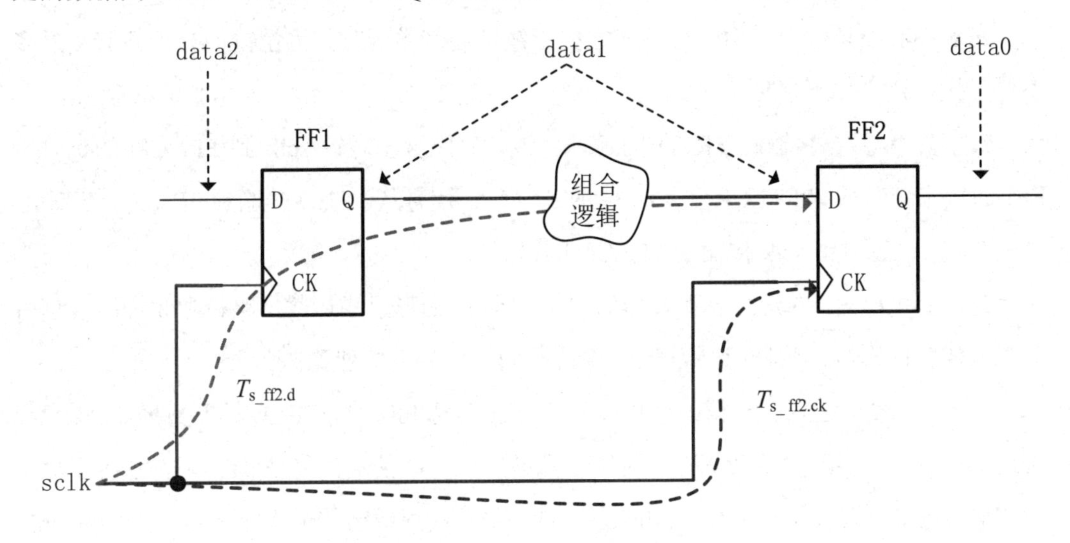

图 1.1　同步数字系统触发器传输模型

同步数字系统触发器传输时序图如图 1.2 所示。

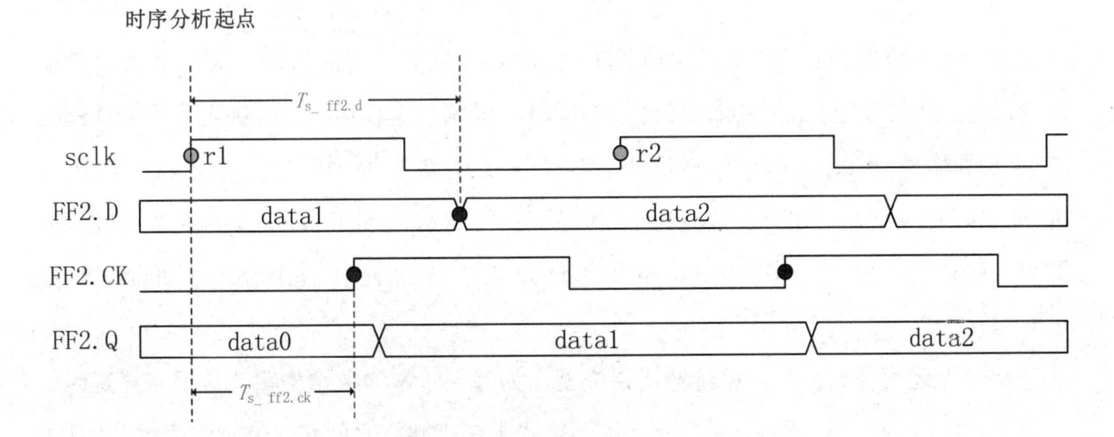

图 1.2　同步数字系统触发器传输时序图

以 sclk 的第一个上升沿 r1 为时序分析起点（0 时刻点）。在第一个时钟上升沿 r1 到达 FF1 的时钟输入端（CK）后，FF1 将数据 data2 从 FF1.D 传输到 FF1.Q。随后，data2 经过传输线和组合逻辑延时后到达 FF2.D。在第一个时钟上升沿 r1 到达 FF2 的时钟输入端（CK）后，FF2 将数据 data1 从 FF2.D 传输到 FF2.Q。在第二个时钟上升沿 r2 到达 FF2 的时钟输入端（CK）后，FF2 将数据 data2 从 FF2.D 传输到 FF2.Q。

因此，对于正常工作的时序电路，FF2.Q 处的数据会根据时钟节拍依次变化为：

data0→data1→data2。触发器保持这种基于时钟节拍的数据传输，是同步数字系统能够正常工作的基础，否则内部数据传输将会混乱。

在实际布线过程中，由于时钟和数据走线都会产生延时，为了方便分析并避免过多变量干扰，定义如下延时变量。

$T_{s\_ff2.d}$：新数据传输到 FF2.D 的延时。该延时包含源时钟 sclk 到 FF1.CK 的延时、FF1 的输出延时（即 FF1.CK 到 FF1.Q 的延时）、信号从 FF1.Q 传输到 FF2.D 的延时。

$T_{s\_ff2.ck}$：源时钟 sclk 传输到 FF2.CK 的延时。

$T_{s\_ff2.d}$ 和 $T_{s\_ff2.ck}$ 的延时表现具体如图 1.2 所示。为形象描述数据路径和时钟路径延时对数据传输的影响，此处忽略因建立/保持时间违例导致的亚稳态。

当 $T_{s\_ff2.d}<T_{s\_ff2.ck}$ 时，在第一个时钟上升沿 r1 到达 FF2 时，FF1.D 的新数据 data2 已经到达 FF2.D 了，这样会导致第一个时钟上升沿后 FF2.Q 的输出值是 data2，冲刷掉了原本应该输出的 data1。在这种情况下，FF2.Q 处的数据根据时钟节拍依次变化为：data0→data2。此时发生的是保持时间违例（hold violation），由数据路径延时过小、目标时钟路径延时过大导致。

当 $T_{s\_ff2.d}>T_{s\_ff2.ck}+T_{period}$（$T_{period}$ 为时钟周期）时，在第二个时钟上升沿到达 FF2.CK 时，FF1.D 的数据 data2 尚未到达 FF2.D，因此 FF2.D 此时的值仍为 data1，这会导致第二个时钟上升沿后 FF2.Q 的输出值仍为 data1，即第一个和第二个时钟上升沿后 FF2.Q 的输出值均为 data1，在这种情况下，FF2.Q 处的数据根据时钟节拍依次变化为：data0→data1→data1。此时发生的是建立时间违例（setup violation），原因是数据路径延时过大，在第二个时钟周期内应该输出的 data2 被错误地替换为重复输出的 data1，造成传输错误。

结合上述两种典型的数据传输错误类型，为确保正常的数据传输，数据路径延时必须满足：$T_{s\_ff2.ck}<T_{s\_ff2.d}<T_{s\_ff2.ck}+T_{period}$（该不等式未考虑建立时间和保持时间要求）。从上述不等式可以看出，数据路径延时既不能过大，也不能过小。

三种数据路径不同延时情况下的时序对比图如图 1.3 所示。通过对比这三种不同延时情况的时序图，可以清晰地看到数据路径延时对数据传输的影响。当然，在此分析中，我们忽略了建立时间和保持时间违例的情况，实际上还可能出现由建立时间和保持时间违例导致的 FF2.Q 亚稳态输出。这部分内容将在第 2 章中进行详细讨论。

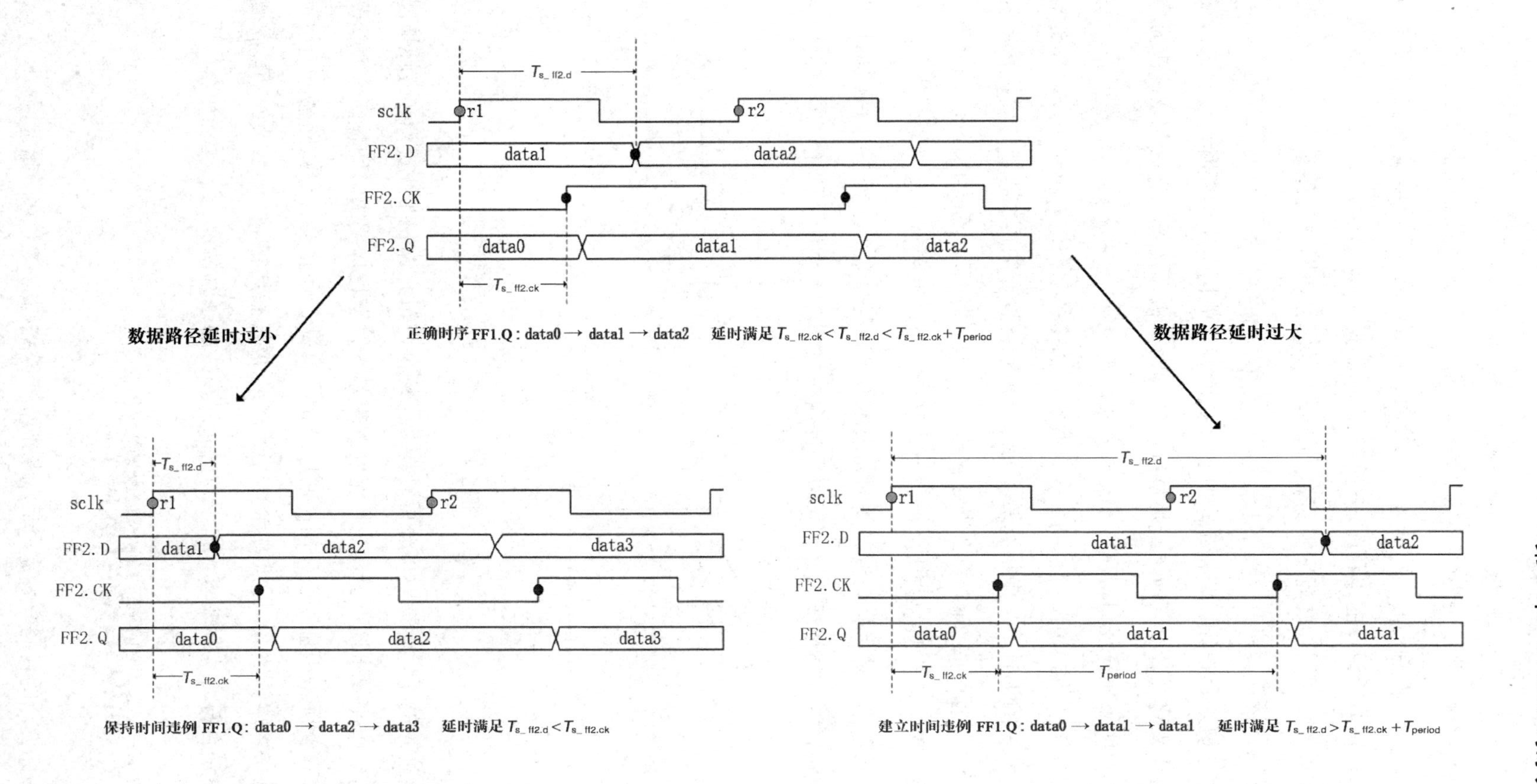

图 1.3　三种数据路径不同延时情况下的时序对比图

时序分析就是为了确保数据路径的延时满足同步数字系统的要求。

所以，简单理解，静态时序分析就是通过计算时钟路径和数据路径经过所有元件的延时来初步评估所设计的电路时序是否符合不等式（$T_{s\_ff2.ck} < T_{s\_ff2.d} < T_{s\_ff2.ck} + T_{period}$）的要求。如果最终布局布线延时不符合上述要求，则会有时序违例警告，一个正常的设计必须排除这种警告。

时序分析工具在计算路径延时时会计算所有可能情况下的延时，从中选出最坏情况下的延时作为路径计算延时，最坏情况说明考虑了极端情况，在极端情况下时序还能满足要求，说明系统在任何情况下都是安全可靠的。

如图 1.4 所示，电路起点到终点有两条传输路径，在这种情况下，时序分析工具会计算两条路径的延时，从中挑选最坏的结果来验证设计的可靠性。假设路径 1 的延时为 1ns，路径 2 的延时为 2ns，那么当计算建立时间裕量时，选最大路径延时（路径 2 的 2ns 延时）来计算，因为只要最大路径延时满足建立时间要求，那么最小路径延时肯定也满足要求。同理当计算保持时间裕量时，选用最小路径延时（路径 1 的 1ns 延时）来计算。考虑整个路径的最坏情况来计算可以保证在任何情况下系统都能正常工作。

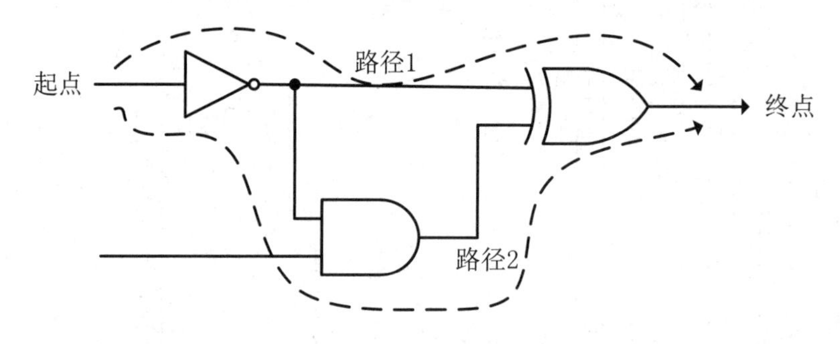

图 1.4　多路径电路结构

值得注意的是，静态时序分析只会考虑每个逻辑元件和布线资源在最坏情况下的延时是否符合时序要求，不会考虑电路的逻辑是否符合设计要求。即使两个寄存器之间的数据路径在实际中根本不会使用，时序分析工具默认还是会分析该路径。当然可以设置时序例外来忽略该路径。这点跟 RTL 代码功能仿真截然相反，RTL 代码功能仿真只考虑电路逻辑是否符合实际要求，而不考虑布局布线的延时情况。

1.3　Vivado 时序约束流程

在目标设计的代码开发完成后，将其加载到 Vivado 工程中。此时，工具会对 RTL 代码进行初步的语法检查和综合分析。在排除语法错误后，设计可以正常综合。根据综合后的网表，设计者可以进行时序约束。完成约束后，编译并更新设计，查看编译时序报告，并进一步完善约束。此过程将循环迭代，直到约束修改完成。Vivado 中的时序约束流程如图 1.5 所示。

从图 1.5 中可以看到，时序约束有以下两种方式。

（1）通过 Vivado 内置的 GUI 界面进行约束。

（2）手动编辑 XDC 文件实现约束。

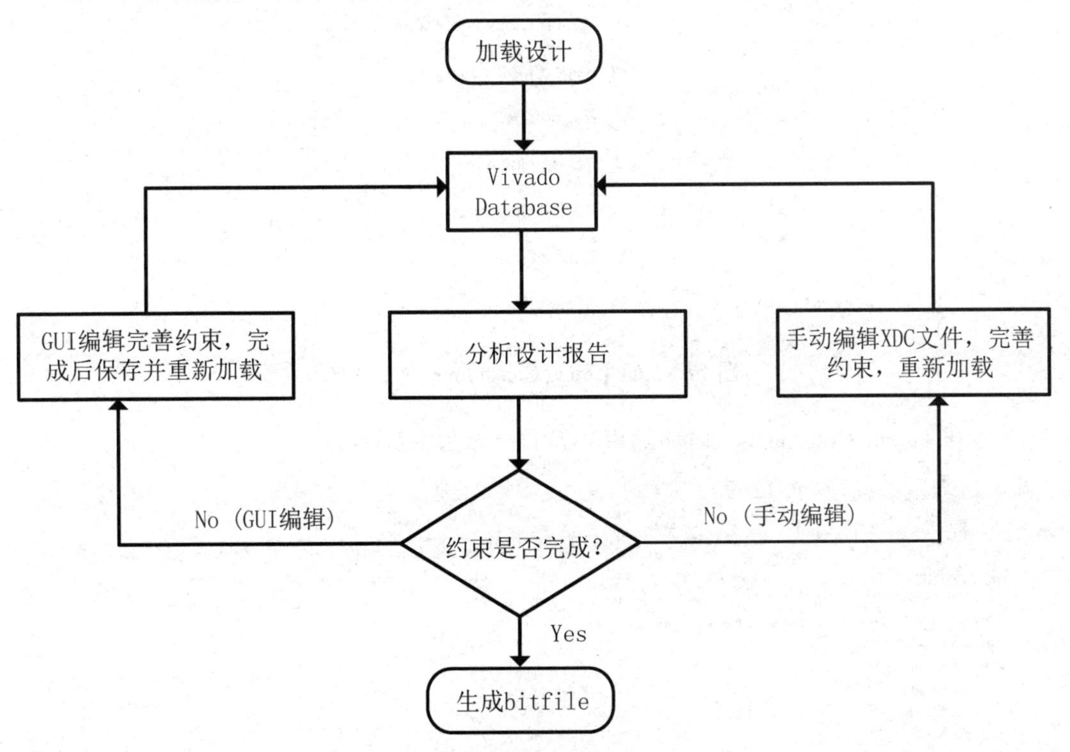

图 1.5　Vivado 中的时序约束流程

1.3.1　使用 GUI 界面进行约束

工程的 RTL 代码准备好后，首先运行综合。此时，由于尚未定义引脚输入时钟的约束，因此综合过程中不会生成时序分析报告。综合完成后，在 GUI 界面单击 Edit Timing Constraints 命令，如图 1.6 所示。

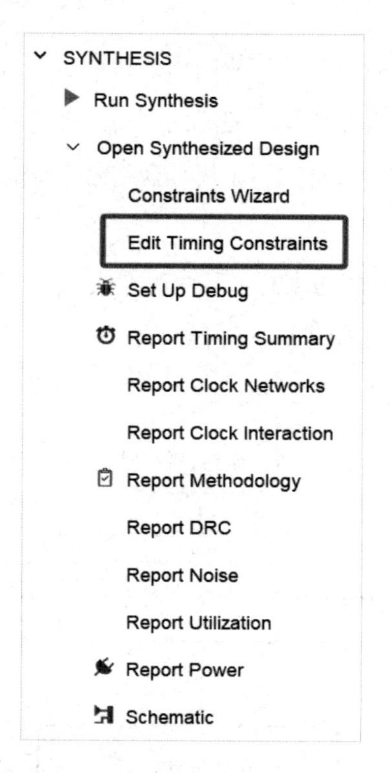

图 1.6　Edit Timing Constraints 命令位置

打开 Timing Constraints（时序约束）界面，如图 1.7 所示。

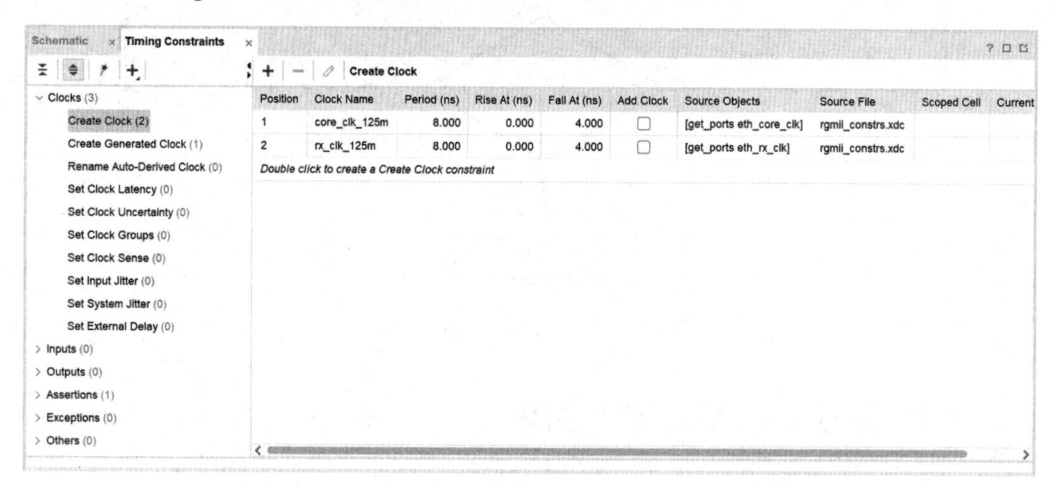

图 1.7　Timing Constraints 界面

所有的约束命令都可以通过 Timing Constraints 界面添加。以创建主时钟为例，首先单击 Create Clock 属性，然后单击左上角的“+”按钮，即可打开创建主时钟窗口，如图 1.8 所示。

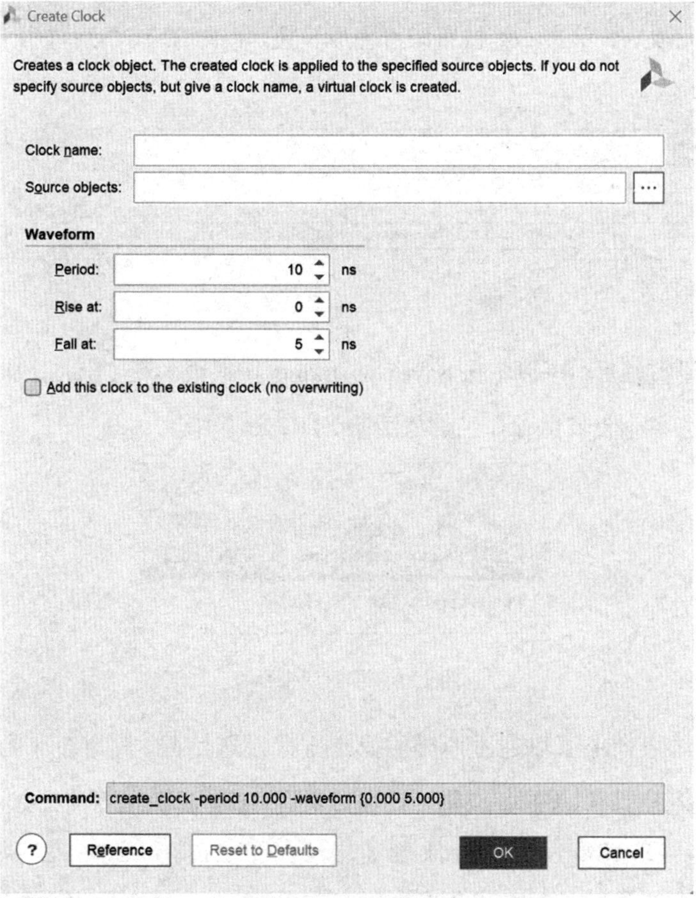

Create Clock

Creates a clock object. The created clock is applied to the specified source objects. If you do not specify source objects, but give a clock name, a virtual clock is created.

Clock name:

Source objects:

Waveform

Period: 10 ns

Rise at: 0 ns

Fall at: 5 ns

Add this clock to the existing clock (no overwriting)

Command: create_clock -period 10.000 -waveform {0.000 5.000}

? Reference Reset to Defaults OK Cancel

图 1.8　创建主时钟窗口

从创建主时钟窗口可以看到，创建主时钟需要输入以下参数。

（1）Clock name：创建的主时钟名称。

（2）Source objects：主时钟的源端点。

（3）Period：主时钟的时钟周期。

（4）Rise at（Fall at）：主时钟的上升沿时刻点（下降沿时刻点），用于确定时钟的占空比，占空比默认值为 50%。

此外，还有一个可选参数“Add this clock to the existing clock（no overwriting）”，该参数用于指示时序分析工具新创建的时钟不会覆盖之前创建的时钟。例如，如果之前在引脚 A1 处定义了时钟 clk_10m，周期为 100ns，则可以创建一个不覆盖之前时钟的 clk_20m，周期为 50ns。这两个时钟将在同一端口同时有效，此时时序分析工具会分别提供两个时钟的时序报告，一个是输入时钟为 10MHz 的报告，另一个是输入时钟为 20MHz 的报告。

参数设置完成后，单击 OK 按钮即可完成设置，同时在 TCL 终端中可以看到约束命令，如图 1.9 所示。

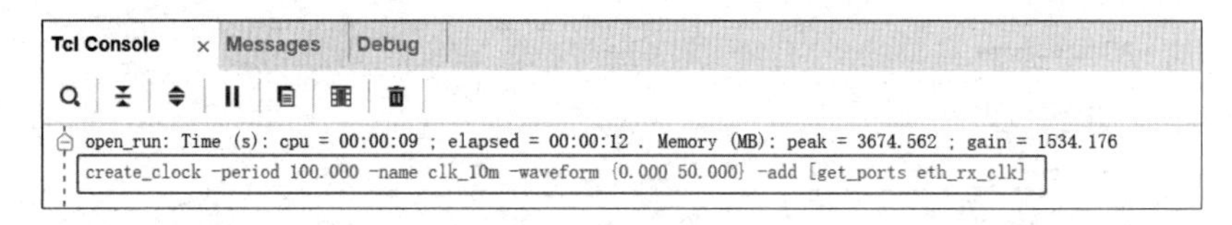

图 1.9　TCL 终端显示约束命令

所有命令设置好后，可以单击 Save Constraints 按钮或利用 Ctrl+S 快捷键保存，如图 1.10 所示。约束命令会被保存在当前激活的 XDC 文件中。

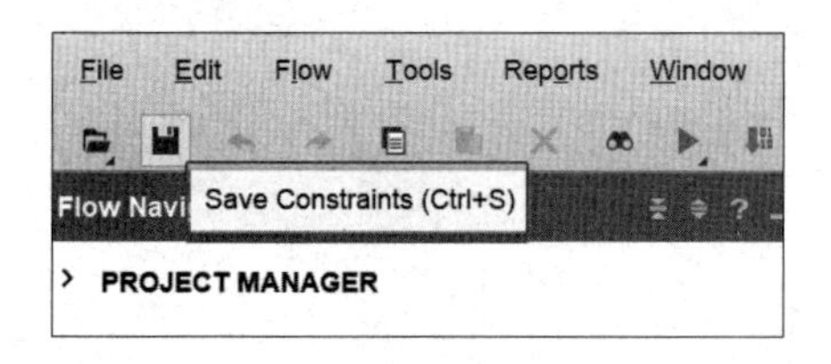

图 1.10　保存约束命令

其他一些约束命令可以通过同样的操作方式设置。某个约束命令的具体用法可以查看 Xilinx 官方文档（UG835 文档），也可以在 TCL 终端输入命令加-help 参数进行查看。在 TCL 终端查看 create_clock 命令用法如图 1.11 所示。

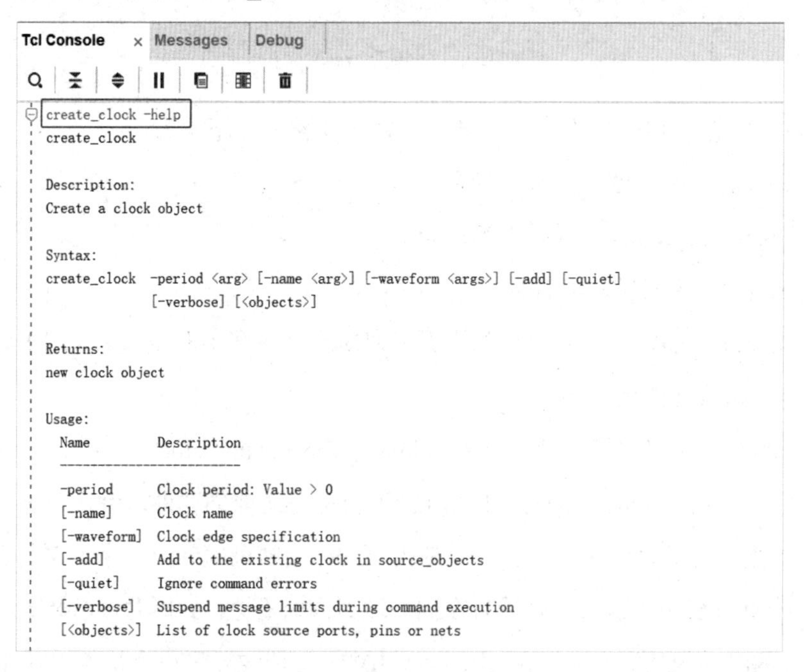

图 1.11　在 TCL 终端查看 create_clock 命令用法

1.3.2　通过 XDC 文件添加约束

除通过 GUI 界面配置约束命令外，还可以直接在 XDC 文件中输入时序约束命令。创建 XDC 文件的步骤如图 1.12 所示。按照步骤依次单击标号 1、2、3 处，即可创建 XDC 文件。

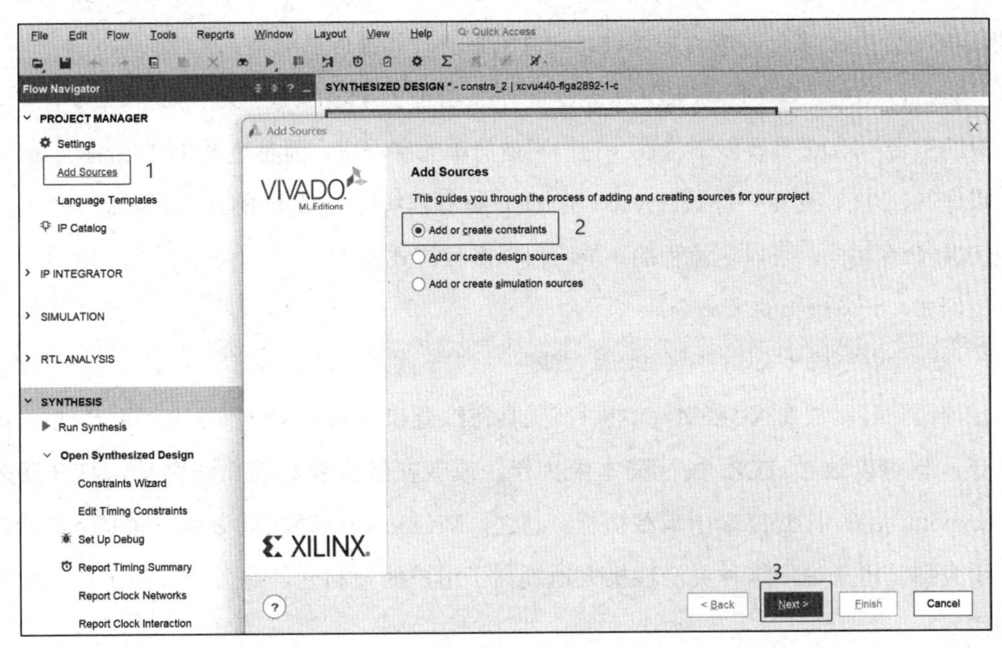

图 1.12　创建 XDC 文件的步骤

创建 XDC 文件后，根据命令语法添加对应约束即可，如图 1.13 所示。也可以通过 Language Templates 找到对应的约束模板，修改模板参数来实现约束。

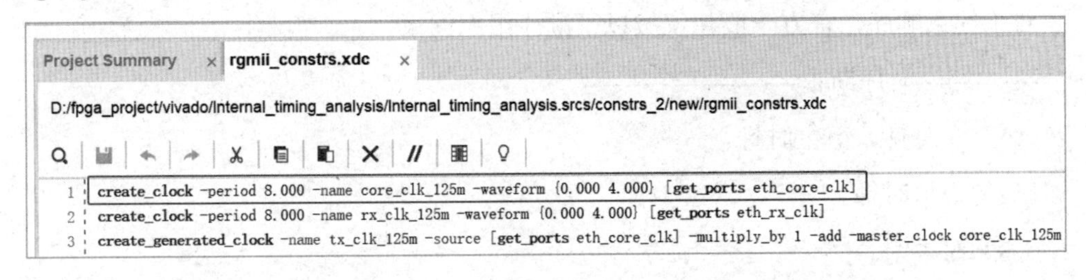

图 1.13　在 XDC 文件中添加约束

相对于 GUI 方式添加约束，XDC 方式更加灵活，效率更高，并且能够节省综合编译时间。对于有经验的工程师来说，更推荐使用 XDC 方式添加约束。当然，对于刚开始学习且不太熟悉约束命令的人员，可以先使用 GUI 方式作为过渡，以避免出现低级的约束语法错误。

1.4 Vivado XDC 语言

约束语言是指编译工具能够识别的一系列语法，通过固定的关键字格式来告知编译工具设计的时钟特性、关键路径的处理方式及物理引脚的分配等。在数字设计领域，最常用的约束语法是 SDC（Synopsys Design Constraints，Synopsys 设计约束）。SDC 已经使用和发展了 20 多年，成为描述设计约束的最流行和最成熟的格式。

Vivado XDC（以下简称 XDC）是行业标准 SDC（SDC 版本 1.9）与 Xilinx 专有物理约束的组合。XDC 具有以下特性：它们不是简单的字符串，而是遵循 TCL 语言的命令，可以像其他 TCL 命令一样被 Vivado 的 TCL 解释器解释。XDC 的读入和解析顺序与其他 TCL 命令相同，可以在流程的不同阶段以多种方式输入。

例如，一条虚拟约束命令：

```
set_false_path -from /top/a -to /top/b
```

该语句可以放在 XDC 文件中执行，工具在综合和布局布线过程中会读取这些 XDC 约束，也可以放在 TCL 执行脚本中执行，或者在综合和布局布线之后，打开网表 checkpoint 后在 TCL 终端中单独执行。总之，Vivado 在处理约束命令方面非常灵活，对于大型工程来说，这种灵活性极大地提高了用户的便利性，并显著节约了迭代的时间成本。

由于 XDC 是按顺序应用的，并且优先级由明确的规则确定，因此必须仔细检查约束的顺序。如果多个物理约束发生冲突，则以最新的约束为准。例如，如果通过多个 XDC 文件为某个输入/输出引脚分配了不同的位置，则分配给该引脚的最新位置优先。

对于约束顺序，官方一般建议按以下顺序组织约束。

-------------时序断言----------------------

（1）主时钟，衍生时钟。

（2）虚拟时钟。

（3）时钟组。

（4）总线偏差约束。

（5）输入/输出延时约束。

--------时序异常约束---------------

（6）最大/最小延时约束。

（7）虚假路径约束。

（8）多周期路径约束。

--------物理约束------------------------

对于包含多个约束文件的工程，文件的顺序非常重要。最佳处理方式是确保每个文件中的约束不依赖于其他文件中的约束，这样文件的顺序就无关紧要。如果两个约束文件之间存在相互依赖性，则必须手动将它们合并到一个包含正确序列的文件中，或者将这些文件分成几个单独的文件并按照正确的顺序排列。对于多个有依赖关系的约束文件，可以通过以下命令调整约束的顺序。

```
reorder_files -fileset constrs_1 -before [get_files wave_gen_timing.xdc]\
                                          [get_files wave_gen_pins.xdc]
```

1.5　XDC 文件管理

对于一个大型设计，约束文件通常按照约束类型分类创建不同的 XDC 文件以便管理，如引脚约束 XDC 文件和时序约束 XDC 文件。对于一个大型独立的模块，其约束最好单独创建，这样在调试或修改约束时方便定位，修改其中一个 XDC 文件也不会对其他文件产生影响。

在 Vivado 中，XDC 文件放在 constraints 文件夹下统一管理。constraints 文件夹下的不同文件夹对应不同的约束集，当有多个约束集时，只能选择其中一个有效。这种设计方便对一个工程采取多种不同的约束策略，便于用户调试切换，进行优化尝试。对于新增约束集，可在 Flow Navigator 窗口下的 PROJECT MANAGER 中单击 Add Sources 命令调出其设置窗口，如图 1.14 所示。

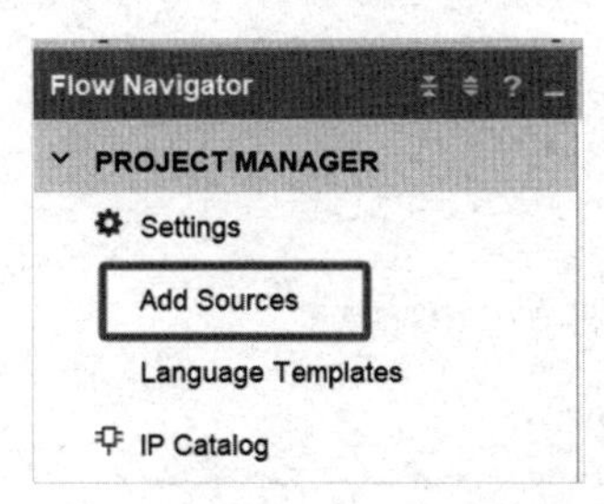

图 1.14　单击 Add Sources 命令

新增约束集的设置窗口如图 1.15 所示，单击 Specify constraint set 右侧的下拉按钮，选择 Create Constraint Set 选项即可创建新的约束集。设置新的约束集名后可以向新约束集中添加已经存在的 XDC 文件，也可以创建新的 XDC 文件。

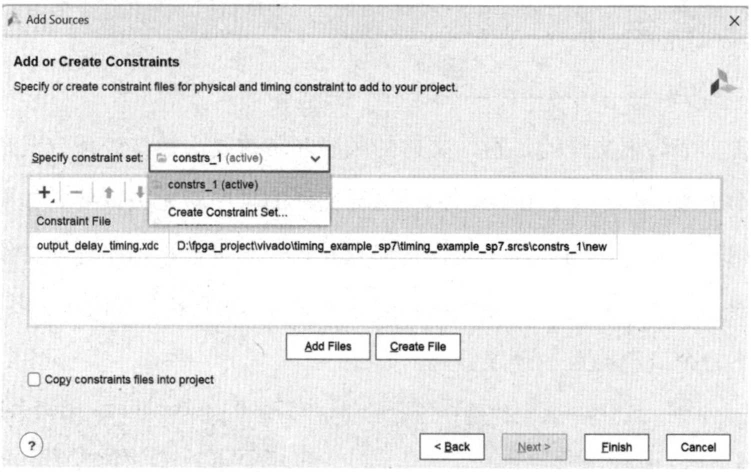

图 1.15　新增约束集的设置窗口

新的约束集创建完成后，可以在 Sources 窗口中的 Constraints 下看到新创建的约束集，如图 1.16 所示。当前工程有两个不同的约束集：constrs_1 和 constrs_2。其中，constrs_1 以高亮显示，后面括号中显示 active，表示 constrs_1 为当前有效约束集。若要切换 constrs_2 为有效约束集，可先在 constrs_2 上右击，再在弹出的快捷菜单中选择 Make Active 选项。

若要在某个约束集中新增约束文件，可直接在该约束集名称上右击，在弹出的快捷菜单中选择 Add Sources 选项。当然，约束集的管理也可以通过 TCL 命令实现，感兴趣的用户可参考 Xilinx 官方 UG835 文档，此处不再赘述。

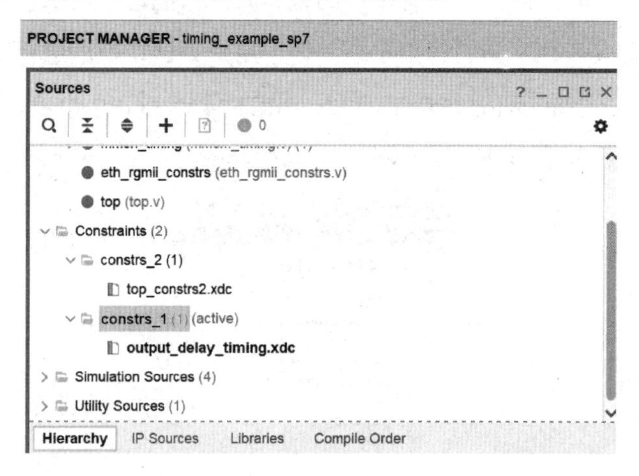

图 1.16　新创建的约束集

在默认情况下，添加到约束集中的所有 XDC 文件都对综合和实现过程有效。如果某个 XDC 文件只用于综合过程，不用于实现过程，则可以通过在 XDC 文件或 TCL 脚本中设置 USED_IN_SYNTHESIS = TRUE 和 USED_IN_IMPLEMENTATION = FALSE 来实现。也可以在 GUI 界面操作，如图 1.17 所示，在文件属性中的 Used In 下可以通过勾选和不勾选复选框来实现文件适用范围的选择。

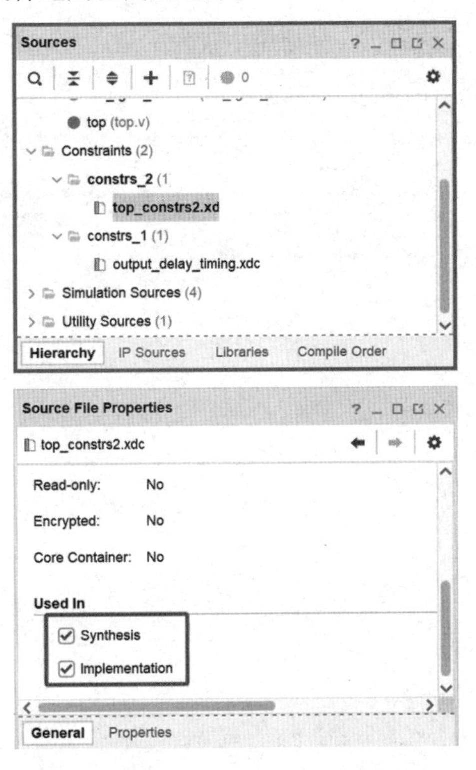

图 1.17　设置 XDC 文件的适用范围

在有效的约束集中，当有多个 XDC 文件时，可以选择其中一个 XDC 文件作为目标文件。当在 GUI 界面编辑约束命令自动保存时，就会保存在目标文件中。

除自己添加的约束外，在实际应用中还会用到 Vivado 自带的一些 IP，这些 IP 自动生成的约束文件并不在 Constraints 目录下，而是在 IP 文件夹下面的 synthesis 文件夹中。

1.6　时序约束命令分类

时序约束命令的语法及其应用场景是正确约束时序的基础，也是本书的重点内容。打开 Vivado 时序约束窗口，如图 1.18 所示，时序约束可以分为以下几类。

（1）时钟约束：用于约束时钟的特性（如周期、占空比、抖动等）。

（2）输入/输出信号接口约束：用于约束输入/输出信号在 FPGA 外部的时序情况，从而确定 FPGA 内部布线的时序裕量。

（3）时序例外约束：用于约束一些时序例外情况，如虚假路径、多周期路径等。

（4）时序断言约束：用于约束时序断言，检查时序状态，但不会影响布局布线，一般较少使用。

（5）其他约束：此类约束在实际应用中较为少见，因此本书不涉及相关内容，感兴趣的读者可以参考官方文档了解更多内容。

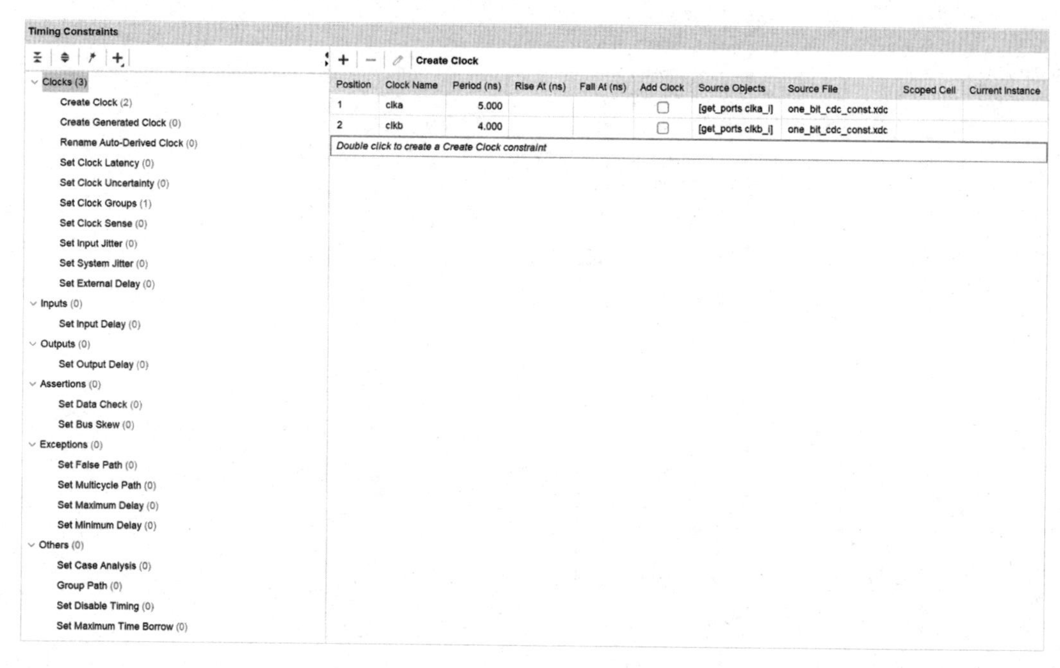

图 1.18　Vivado 时序约束窗口

时序约束命令分类表如表 1.1 所示。表 1.1 中用黑体标注的命令是较为常用且必须熟练掌握的命令，也是本书重点讲解和分析的内容。

表 1.1　时序约束命令分类表

类型	命令	说明
时钟约束	**create_clock**	创建主时钟
	create_generated_clock	创建衍生时钟
	set_clock_groups	设置时钟组
	set_clock_latency	设置时钟延时
	set_clock_sense	设置时钟边沿敏感
	set_clock_uncertainty	设置时钟不确定度
	set_system_jitter	设置系统抖动
	set_input_jitter	设置输入抖动
	set_external_delay	设置外部延时

续表

类型	命令	说明
输入/输出信号接口约束	**set_input_delay**	设置输入信号延时
	set_output_delay	设置输出信号延时
时序例外约束	**set_false_path**	设置虚假路径
	set_multicycle_path	设置多周期路径
	set_max_delay	设置最大延时
	set_min_delay	设置最小延时
时序断言约束	set_data_check	约束数据到数据的建立/保持时间检查
	set_bus_skew	设置总线偏斜断言
其他约束	set_case_analysis	设置信号为固定数值
	group_path	设置时序路径分组
	set_disable_timing	设置中断时序弧
	set_max_time_borrow	设置锁存器借用时间

表 1.1 中的每条命令都可以在 Vivado 的 TCL 命令窗口中通过输入“命令+-help”来获取具体的命令参数和用法。例如，要获取创建主时钟命令的用法，可以输入 create_clock -help。

本书将按照命令分类进行讲解。

- 第 3 章和第 4 章讲解时钟约束相关命令，重点分析 create_clock、create_generated_clock 和 set_clock_groups 三条命令。
- 第 5 章和第 6 章讲解输入/输出信号接口约束，重点讲解 set_input_delay 和 set_output_delay 两条命令。
- 第 7 章讲解时序例外约束，重点介绍 set_false_path、set_multicycle_path、set_max_delay 和 set_min_delay 四条命令。

第 2 章

FPGA 内部时序路径分析

2.1 时序路径分类

时序分析工具的时序计算是以时序路径为单位进行的。在默认情况下，时序分析工具会分析所有时序路径的时序裕量，而一个成熟可靠的设计必须满足所有时序路径的时序要求。对于一个独立的数字系统，按照时序路径的起点和终点不同，时序路径可以分为四种，如图 2.1 所示。

（1）pin2reg 路径：FPGA 输入引脚作为起点，内部捕获寄存器的数据输入端口 D 作为终点，如图 2.1 中的路径 1 所示。

（2）reg2reg 路径：FPGA 内部发送寄存器的数据输出端口 Q 作为起点，内部捕获寄存器的数据输入端口 D 作为终点，如图 2.1 中的路径 2 所示。

（3）reg2pin 路径：FPGA 内部发送寄存器的数据输出端口 Q 作为起点，FPGA 数据输出引脚作为终点，如图 2.1 中的路径 3 所示。

（4）pin2pin 路径：FPGA 数据输入引脚作为起点，FPGA 数据输出引脚作为终点，如图 2.1 中的路径 4 所示。

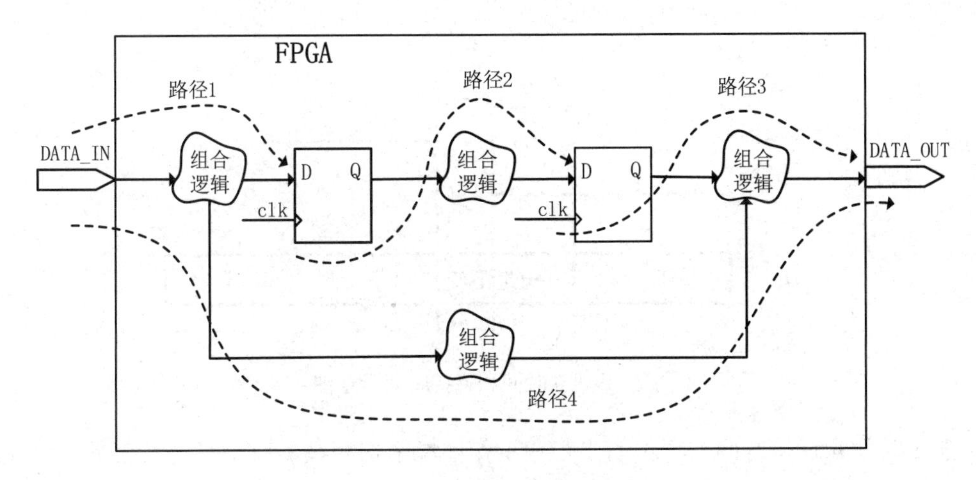

图 2.1　时序路径分类

所有的时序约束都是针对这四种时序路径进行的，其中 reg2reg 路径是分析的重点，也是理解其他时序路径的基础。本章将重点讲解 reg2reg 时序路径，从底层建立时间和保持时间的公式推导、时序报告的解读，全面了解综合布线工具如何计算建立时间裕量和保持时间裕量。只有深刻理解底层的时序计算逻辑，才能把握时序约束的核心，从而精确地进行时序约束。

pin2reg 路径的时序分析将在第 5 章中详细讲解；reg2pin 路径的时序分析则会在第 6 章中讨论。

对于 pin2pin 路径，由于其信号传输过程不经过时序元器件，其时序约束通常较为简单，一般可以直接使用 set_max_delay 进行最大延时约束。具体的约束分析可以参考第 7 章中 set_max_delay 约束命令的介绍。

2.2　建立时间和保持时间

在第 1 章中，我们简单介绍了静态时序分析，并讨论了信号在时序电路传输模型中的基本数据和时钟延时要求。当时为了便于理解，忽略了建立时间和保持时间的影响。然而，在实际的电路时序分析过程中，必须考虑建立时间和保持时间。那么，什么是建立时间和保持时间？为什么时序必须满足这两个要求？本章将深入探讨上述问题。

建立时间（setup time）是指触发器的时钟信号触发沿（上升沿或下降沿）到来之前，数据输入必须保持稳定的最小时间间隔。保持时间（hold time）是指触发器的时钟信号触发沿（上升沿或下降沿）到来之后，数据输入必须继续保持稳定的最小时间间隔。建立时间和保持时间示意图如图 2.2 所示，图中 T_{setup} 表示建立时间，T_{hold} 表示保持时间。

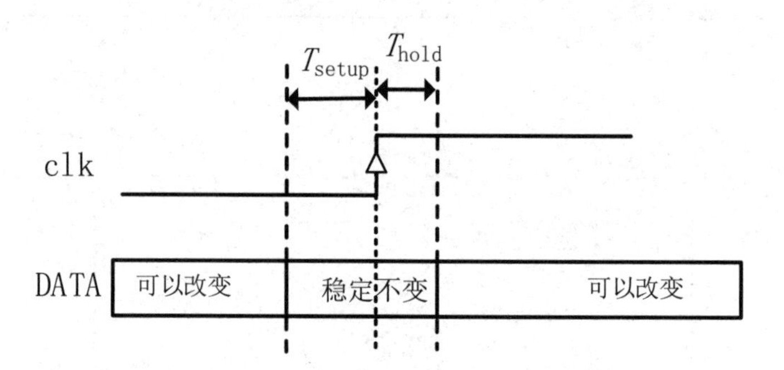

图 2.2　建立时间和保持时间示意图

建立时间和保持时间与器件的工艺和工作环境密切相关。对于某一工艺下的器件，在固定环境条件下，这些参数是固定的。触发器的时序必须满足建立时间和保持时间的要求，否则可能会导致亚稳态的出现。当处于亚稳态时，寄存器的输出电压会在一段时间内不稳定地徘徊于高电平和低电平之间。

在 FPGA 的同步系统中，当布局布线时会考虑数据路径的延时，以确保时序路径满足建立时间和保持时间的要求，从而避免亚稳态的发生。然而，当信号在不同的异步时钟域之间传输时，亚稳态问题更容易发生。因为在异步时钟域中，源寄存器和目标寄存器工作在不同的时钟下，且时钟的相位关系不可预测，设计者无法确保信号满足建立时间和保持时间的要求。

尽管如此，并非每一次违反寄存器的建立时间和保持时间要求的信号转换都会导致亚稳态的输出。根据制造工艺和工作条件的不同，寄存器进入亚稳态的概率，以及从亚稳态恢复到稳态所需的时间，都会有所差异。在大多数情况下，寄存器进入亚稳态后，通常会迅速返回稳态。

为了进一步了解亚稳态，可以将亚稳态信号形象地比喻为一个球被放置在山顶，如图 2.3 所示。山的两侧代表稳态，即旧数据和新数据，山顶则代表亚稳态。如果球被放置在山顶，它可能会在山顶短暂平衡，但只要稍微偏离山顶的一侧，就会滚下山。球离山顶越远，到达山底（稳态）的速度就越快。

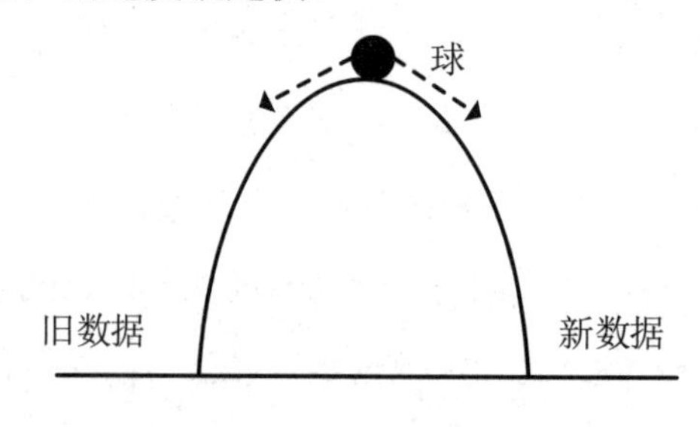

图 2.3　亚稳态山坡示例

如果新数据在触发器的时钟触发沿到来之后，经过延时 T_{hold} 才转换，那么这类似于球被放置在山的旧数据一侧。此时，触发器输出信号 FF.Q 将在该时钟转换周期内保持原始值，如图 2.4 所示。

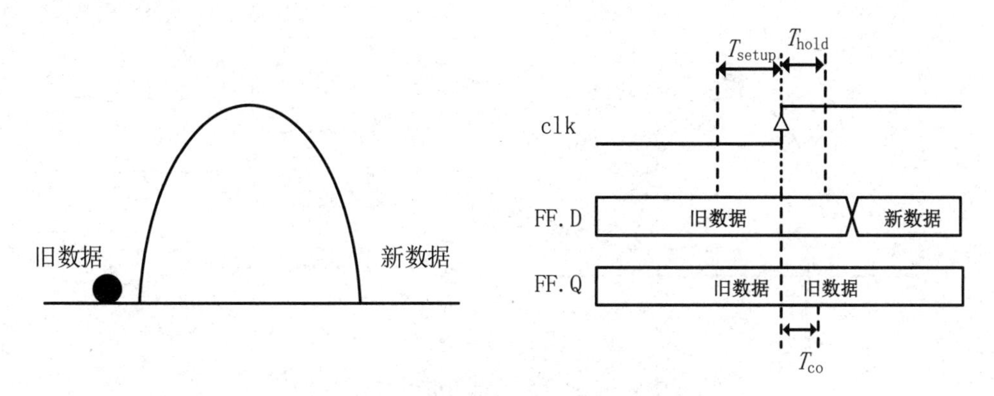

图 2.4　球被放置在旧数据一侧时序图

如果寄存器的输入数据 FF.D 在时钟触发沿到来之前满足建立时间 T_{setup} 的要求，并且新数据保持稳定直到保持时间 T_{hold} 之后，那么这类似于球被放置在山的新数据一侧。寄存器在经过延时 T_{co}（寄存器输出转换时间）后，将输出稳定的新状态值，如图 2.5 所示。

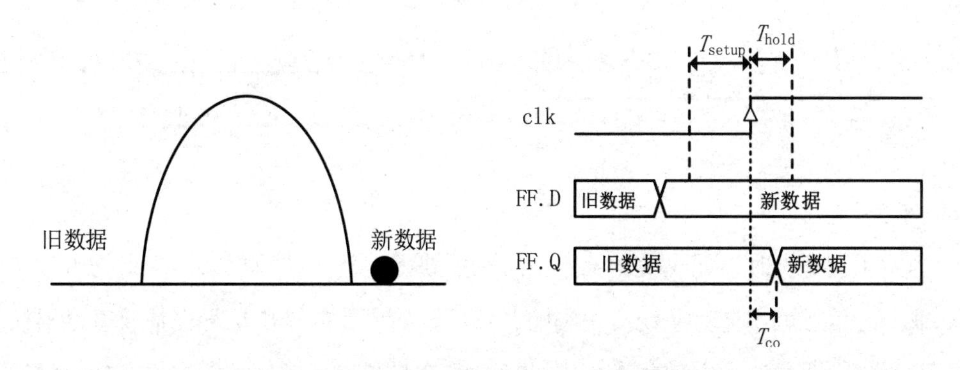

图 2.5　球被放置在新数据一侧时序图

当寄存器的数据输入违反了建立时间或保持时间的要求时，情况类似于一个球被丢到了山上。如果球落在山顶附近，则正常输出的延时 T_{co} 会增大；如果球正好落在山顶，则球到达山底的时间将是最长的，此时 T_{co} 最大，且最终球滚向哪一端是不确定的，即最终输出的稳态数值是不确定的。

如图 2.6 所示，输入信号在时钟信号转换时从低电平切换至高电平，违反了寄存器的建立时间要求。输出信号从初始的低电平开始进入亚稳态，并在高电平和低电平之间悬停。寄存器在经历亚稳态后，可能会稳定输出高电平（见图 2.6），也可能会稳定输出低电平（见图 2.7）。亚稳态之后，输出信号是稳定高电平还是低电平完全是随机且不可控的。在这两种情况下，输出信号转换到稳定高电平或低电平状态的延时会超过寄存器默认的转换时间 T_{co}，额外的转换延时记为 T_{ms}。

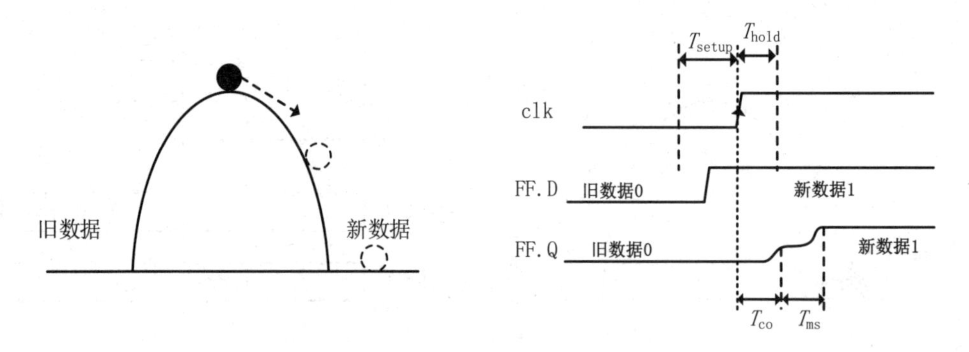

图 2.6　亚稳态后稳定输出高电平时序图

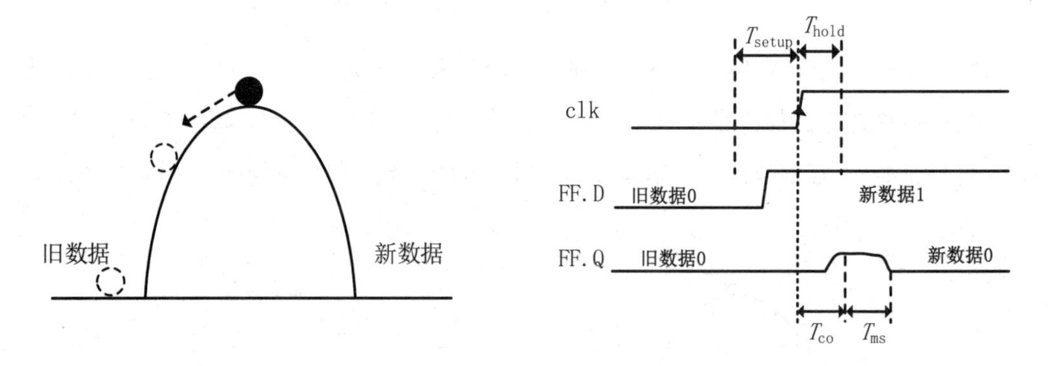

图 2.7　亚稳态后稳定输出低电平时序图

当发生亚稳态时，如果数据输出信号在捕获寄存器捕获数据之前解析为有效状态，那么亚稳态信号就不会对系统产生影响。然而，如果数据输出信号在捕获寄存器捕获数据之前仍处于亚稳态或无效状态，则可能导致电路逻辑功能异常。如果在捕获时输入是亚稳态，不仅会影响该寄存器，还可能导致亚稳态向下传播，进一步引发信号传输错误，严重时可能导致整个系统崩溃。因此，在设计中应尽量避免亚稳态的发生。通常，FPGA 中的亚稳态问题会发生在以下三种情况下。

（1）在两级同步寄存器链上传输数据时，数据路径上的延时较大等原因可能导致建立时间和保持时间的违例。这种情况可以通过优化时序来解决。

（2）在跨时钟域的系统电路中，发送域寄存器的时钟与接收域寄存器的时钟在频率和相位上不确定，发送域寄存器的数据可能会在任何时候到达接收域寄存器，无法确保接收域寄存器满足建立时间和保持时间的要求，进而可能导致寄存器产生亚稳态。针对跨时钟域的亚稳态问题的解决方法及时序约束技巧将在第 8 章中详细讲解。

（3）由于异步复位信号可能在时钟沿附近释放复位，系统电路可能产生亚稳态。此类问题可以通过“异步复位、同步释放”的电路结构来解决。

总而言之，在同步电路中必须确保时序满足建立时间和保持时间的要求，以避免亚稳态的发生；而在异步电路中，由于亚稳态不可避免，必须采取适当的跨时钟域电路处理措施，以防止亚稳态向后级传播，这部分内容将在第 8 章中进一步探讨。

2.3　建立关系和保持关系

2.3.1　建立关系和保持关系定义

建立关系（setup relationship）是指在计算建立时序裕量时，发送沿（launch edge）与对应的捕获沿（capture edge）之间的相对时间关系。保持关系（hold relationship）是指在计算保持时序裕量时，发送沿与对应的捕获沿之间的相对时间关系。

对于一条时序路径，只有明确了建立关系和保持关系，EDA（电子设计自动化）工具才能正确计算出相应的时序裕量。建立关系和保持关系是时序分析的基础，决定了发送沿与捕获沿之间的时间差。通过这些关系，EDA 工具可以判断时序路径是否满足建立时间和保持时间的要求。

如果建立关系和保持关系未正确确定，即使布局布线工具能够在综合和布线阶段优化时序、消除时序违例，系统在实际运行时仍可能产生问题。这是因为工具在计算时序裕量时依赖于这些关系。如果它们错误，时序分析的结果就可能不准确，系统可能会在运行时遇到亚稳态、时序失配等问题，导致功能异常。因此，理解和正确设定时序路径中的建立关系和保持关系对于保证电路设计的时序收敛和功能正确至关重要。

只有深刻理解这些底层的时序计算逻辑，才能掌握时序裕量的计算方式，并在设计中合理地进行时序约束，确保设计在实际硬件运行中表现稳定。

在默认情况下，建立关系是基于时钟约束的。工具会首先找到每个发送沿之后的第一个捕获沿，然后计算该捕获沿与发送沿之间的时间差。如果发送时钟和捕获时钟周期不同，导致触发捕获沿有多种情况，则选择时间差最小的那一对触发捕获沿，作为该路径的最终建立关系。

保持关系则是在时钟约束下，找到每个发送沿之前或与之相同时间的第一个捕获沿，并计算捕获沿与发送沿之间的时间差。如果发送时钟和捕获时钟周期不同，导致触发捕获沿有多种情况，则选择时间差最大的那一对触发捕获沿作为该路径的保持关系。

为了准确无误地确定时序路径的建立关系和保持关系，建议按以下三个步骤操作。

（1）根据时钟约束在时间轴上表示源时钟与目标时钟：首先，在时间轴上分别绘制源时钟（发送时钟）和目标时钟（捕获时钟）。这一步骤有助于可视化时钟的相位和频率，为进一步分析提供基础。

（2）确定发送沿和捕获沿：识别发送时钟的第一个触发沿（发送沿），可能是上升沿或下降沿。将此时刻作为基准，该基准之后的目标时钟的第一个触发沿定义为建立关系的捕获沿。同样，该基准时刻之前的目标时钟的第一个触发沿（或与基准时刻相同的触发沿）定义为保持关系的捕获沿。

（3）连接发送沿与对应的捕获沿，绘制有向虚线：从发送沿到对应的建立时间的捕获沿之间的相对时间关系被定义为建立关系；从发送沿到对应的保持时间捕获沿之间的相对时间关系被定义为保持关系。这些关系帮助确定数据传输是否能在正确的时序窗口内完成。

下面将通过分析两个不同的时钟结构场景及其对应实例来说明在默认情况下如何确定建立关系和保持关系。

2.3.2 时钟同源时的建立关系和保持关系

在源时钟和目标时钟同源的场景下，其模型拓扑结构如图 2.8 所示。源时钟与目标时钟均为同一时钟，即 sclk。

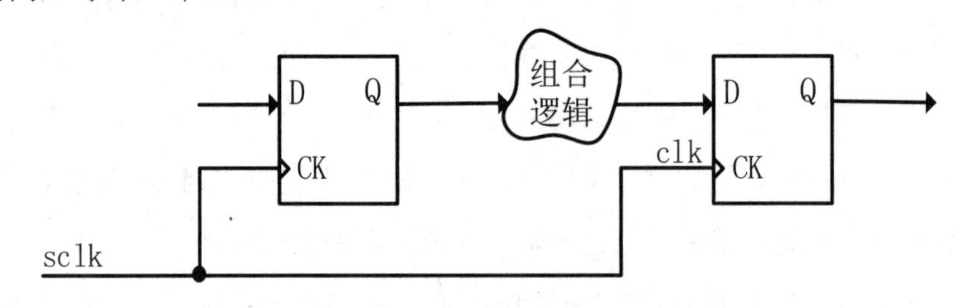

图 2.8 源时钟和目标时钟同源时的模型拓扑结构

假设 sclk 的时钟周期为 6ns，初始相位为 120°，即第一个上升沿出现在 2ns 处，时钟的占空比为 50%。对应的时钟约束如下所示。

```
create_clock -name sclk -period 6 -waveform {2,5} [get_ports sysclk_in]
```

根据之前介绍的建立关系和保持关系的三步确定法，可以轻松绘制出该时钟电路的建立关系和保持关系图，如图 2.9 所示。由于初始相位为 120°，时钟的第一个上升沿出现在 2ns 处，建立关系是 2ns 时刻的上升沿发送数据，8ns 时刻的上升沿捕获数据。保持关系则是 2ns 时刻的上升沿发送数据，2ns 时刻的上升沿捕获数据。在建立关系中，发送沿和捕获沿相差一个时钟周期；而在保持关系中，发送沿与捕获沿没有时钟周期差异。

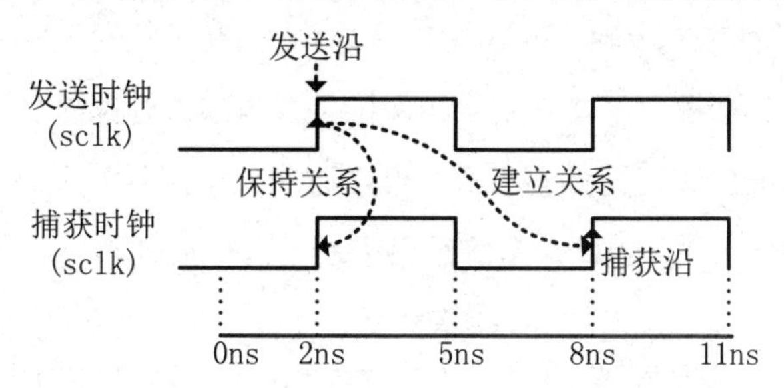

图 2.9　同源同频时钟的建立关系和保持关系图

发送沿到对应的捕获沿之间的时间差，作为时序路径的需求时间变量，直接决定布线延时的空间。具体的影响可以在 2.5 节找到详细说明。

2.3.3　时钟不同源时的建立关系和保持关系

源时钟和目标时钟不同源时的模型拓扑结构如图 2.10 所示。源触发器 FF1 的时钟（发送时钟）为 src_clk，目标触发器 FF2 的时钟（捕获时钟）为 dest_clk。src_clk 和 dest_clk 分别来源于两个独立的源头（如晶振）。

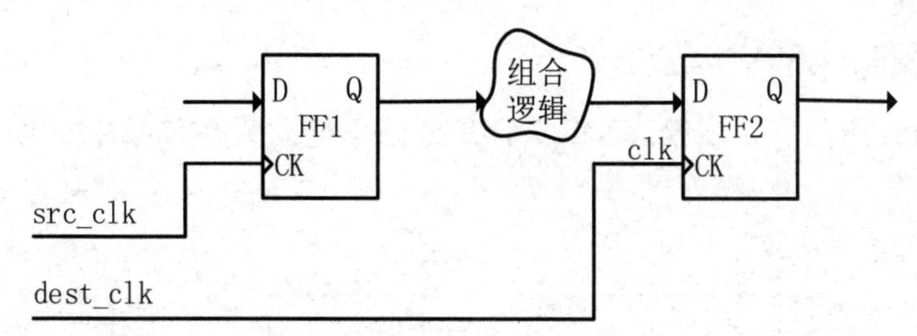

图 2.10　源时钟和目标时钟不同源时的模型拓扑结构

不同源时钟根据两个时钟的特性可以分为以下三种情况进行分析。

① 两个时钟同频同相。

② 两个时钟同频异相。

③ 两个时钟不同频。

由于建立关系和保持关系的概念对于后续时序分析模型的建立非常重要，为了深入理解这一概念，下面将详细介绍在默认情况下上述三种不同情况的建立关系和保持关系。

（1）如果 src_clk 和 dest_clk 同频同相，此时假设 src_clk 和 dest_clk 的时钟周期为 6ns，初始相位均为 120°，时钟占空比均为 50%。对应的时钟约束如下所示。

```
create_clock -name src_clk -period 6 -waveform {2,5} [get_ports clk1_in]
create_clock -name dest_clk -period 6 -waveform {2,5} [get_ports clk2_in]
```

依据前面介绍的三个步骤，可以很容易地画出建立关系和保持关系的时序图，如图 2.11 所示。在这种情况下，建立关系和保持关系与同源时钟的情况完全一致。因为尽管 src_clk 和 dest_clk 的物理源点不一致，但在时序分析工具看来，两个时钟同频同相，它们的时钟行为完全一致，因此从最终结果来看没有任何区别。

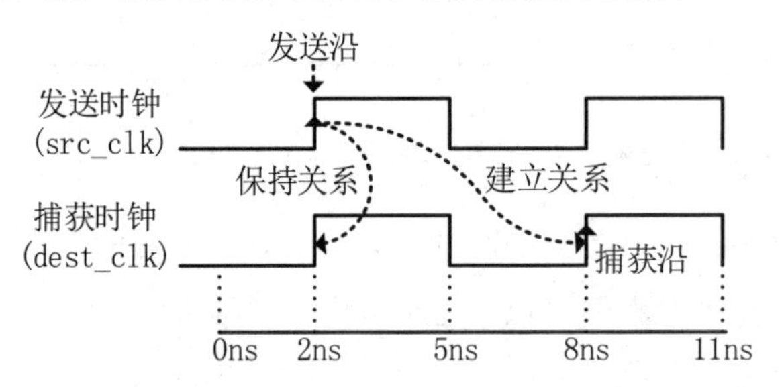

图 2.11　同频同相时的建立关系和保持关系的时序图

（2）如果 src_clk 和 dest_clk 同频异相，此时假设 src_clk 和 dest_clk 的时钟周期均为 6ns，src_clk 的初始相位为 0°，dest_clk 的初始相位为 120°，时钟占空比均为 50%。对应的时钟约束如下所示。

```
create_clock -name src_clk -period 6 -waveform {0,3} [get_ports clk1_in]
create_clock -name dest_clk -period 6 -waveform {2,5} [get_ports clk2_in]
```

依据前面介绍的三个步骤，可以很容易地画出建立关系和保持关系的时序图，如图 2.12 所示。

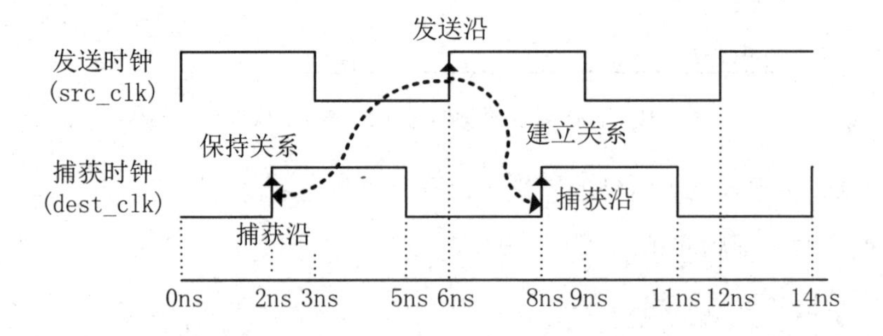

图 2.12　同频异相时的建立关系和保持关系的时序图

从图 2.12 可以看出，发送时钟的第一个上升沿出现在 0ns 时刻，将此时刻的上升沿定义为发送沿。对应地，建立关系中的捕获沿在 2ns 时刻出现，因此建立关系是在 0ns 时刻发送时钟的上升沿发送数据，在 2ns 时刻捕获时钟的上升沿捕获数据。

由于 0ns 时刻之前不存在捕获时钟的触发沿，因此 0ns 时刻的保持关系无法在图 2.12 中表示。然而，考虑到时钟的周期性，可以分析发送时钟在 6ns 时刻的第二个上升沿的保持关系。在这种情况下，6ns 时刻的上升沿作为发送沿，其对应的建立关系捕获沿在 8ns 时刻，而保持关系的捕获沿在 2ns 时刻。

由于时钟周期的延展性，每个捕获时钟的触发沿既可以是建立关系的捕获沿，也可以是保持关系的捕获沿。从图 2.12 可知，建立关系中发送沿和捕获沿相差 2ns，而保持关系中发送沿和捕获沿相差 4ns。

（3）如果 src_clk 和 dest_clk 的频率不同，此时假设 src_clk 的时钟周期为 5ns，dest_clk 的时钟周期为 2ns。src_clk 的初始相位为 72°，而 dest_clk 的初始相位为 0°。src_clk 和 dest_clk 的时钟占空比均为 50%。对应的时钟约束如下所示。

```
create_clock -name  src_clk  -period  5  -waveform {1,4}  [get_ports clk1_in]
create_clock -name  dest_clk -period  2  -waveform {0,1}  [get_ports clk2_in]
```

根据前面介绍的三个步骤，可以很容易地画出建立关系和保持关系的时序图，如图 2.13 所示。

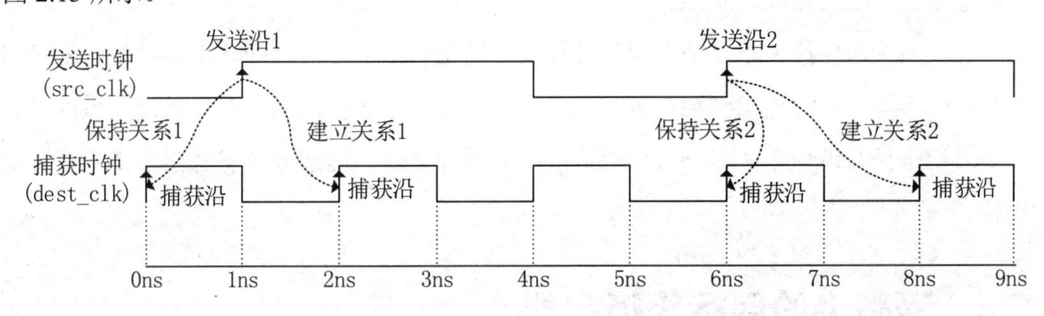

图 2.13　不同频时的建立关系和保持关系的时序图

由于两个时钟周期不一致，src_clk 的周期与 dest_clk 的周期的最小公倍数为 10ns。因此，建立关系和保持关系存在以下两种不同的情况。

① 第一种情况：发送沿在 1ns 时刻，建立关系的捕获沿在 2ns 时刻，而保持关系的捕获沿在 0ns 时刻。在这种情况下，建立关系中发送沿与捕获沿的时间差为 1ns，保持关系中发送沿与捕获沿的时间差也为 1ns。

② 第二种情况：发送沿在 6ns 时刻，建立关系的捕获沿在 8ns 时刻，保持关系的捕

获沿在6ns时刻。在这种情况下，建立关系中发送沿与捕获沿的时间差为2ns，保持关系中发送沿与捕获沿的时间差为0ns。

路径时序分析的目的是计算所有可能情况中最坏的时序裕量。因此，对于频率不同的时钟路径，当存在多种建立关系和保持关系的情况时，工具会选取最难满足的时序条件进行分析。在此例中，在第一种情况的建立关系中，捕获沿与发送沿之间的时间差较小，因此这种情况的时序更难满足。所以，在分析建立时序裕量时，将用第一种情况作为关键的建立时序条件。同样，第二种情况中保持关系的时间差较小，使得这种情况的时序更难满足。所以，在分析保持时序裕量时，将用第二种情况作为关键的保持时序条件。

在该例中，尽管src_clk和dest_clk的时钟频率不同，它们却有共同的周期。因此，不同情况下的建立关系是有限的，只需要分析出所有情况中最坏的一种即可。如果两个时钟没有共同的周期，那么Vivado等工具通常如何处理呢？在Vivado中，如果在发送时钟和捕获时钟的1000个周期内不能找到共同的周期，那么工具将使用这1000个周期中最坏的建立关系和保持关系来进行时序分析。在这种情况下，这两个时钟被称为不可扩展时钟或没有共同周期的时钟。这种分析可能不会反映最悲观的情况。因此，在设计过程中必须仔细检查这些时钟之间的路径，重点评估它们的有效性，并确定是否可以将它们视为异步路径处理。

建立关系和保持关系是基于理想时钟波形建立的，仅考虑时钟源创建时钟约束时的波形，而不考虑从时钟源到触发器时钟引脚的延时。默认的建立关系和保持关系可以通过多周期路径约束命令（set_multicycle_path）进行修改，这部分内容将在第7章中详细讲解。

2.4 网表中的目标路径定位

2.4.1 网表中的目标分类

在Vivado中设置约束时，经常需要精确定位目标，如为特定的时序路径设定约束，这可能包括仅限于从寄存器A到寄存器B的路径，或者适用于从时钟A到时钟B的所有路径等。因此，正确描述路径中的目标（object）是制定时序约束的关键。在Vivado中，目标可以分为五类：端口（port）、引脚（pin）、单元（cell）、网络（net）、时钟（clock）。

如图 2.14 所示，设计顶层的输入/输出被称为端口，底层模块或门级网表上的元件端口则被称为引脚。每个端口都会占用一个 FPGA 的外部引脚。包括顶层在内的各级模块、黑盒（blackbox）及门级元件都被称为单元。在 Verilog 中例化后的模块，以及 LUT、DSP48E 等资源，都属于单元的范畴。每个单元都有相应的引脚，而各引脚之间的连线被称为网络。通过 create_clock 和 create_generated_clock 命令创建的对象则被称为时钟。

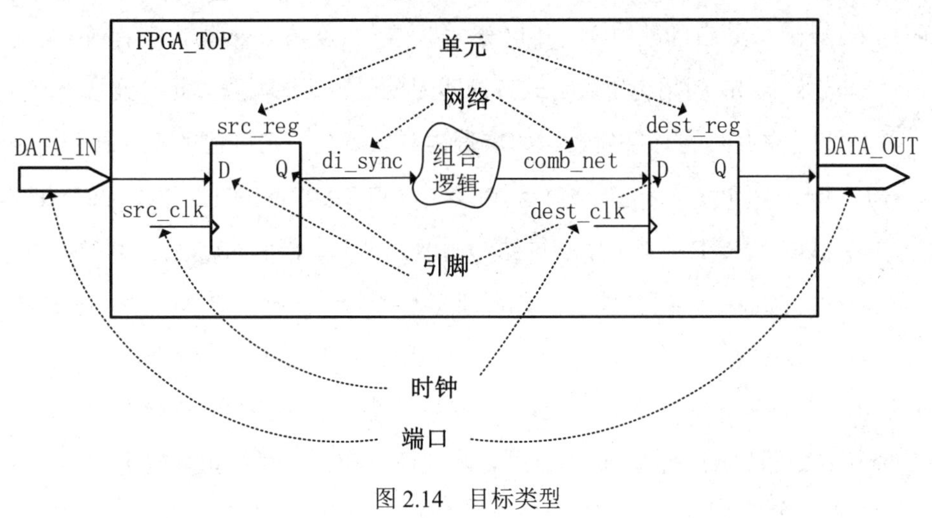

图 2.14　目标类型

2.4.2　get_cells 命令详解

在 Vivado 中，所有一级对象都可以通过 get_*的 TCL 命令进行查询和定位。在约束设置中，可以通过“get_[对象类型]”命令来精确定位指定的目标位置。这些命令的通用语法格式为“get_<对象类型><匹配模型>”。这里的“<对象类型>”可以是单元、引脚、端口、网络和时钟。“<匹配模型>”用于定位网表中的目标路径，可以通过通配符或正则表达式实现模糊匹配。

接下来，让我们通过 get_cells 命令来深入了解如何定位网表中的目标路径。该命令的语法格式如下。

```
get_cells [-hsc<args>] [-hierarchical] [-regexp] [-nocase] [-filter
<args>] [-of_objects <args>] [<patterns>]
```

各参数的含义如下。

- [-hsc <args>]：设置层次分隔符，默认为“/”。在某些开发工具中，目标路径使用“.”作为分隔符，通过修改此参数可以切换分隔符以适应不同的路径格式。
- [-hierarchical]（简记为-hier）：从设计的所有层次结构级别获取单元，起始于

current_instance 的级别，或者从当前设计的顶部开始。若未指定此参数，命令将仅从 current_instance 的设计层次结构中获取单元。当使用-hierarchical 时，搜索模式应避免包含层次分隔符，因为搜索模式将在每一层级而非完整的层次结构单元名称上应用。

- [-regexp]：指定搜索模式<patterns>以正则表达式的形式编写。
- [-nocase]：设置在匹配模式时不区分大小写（仅在-regexp 指定时有效）。
- [-filter <args>]：使用特定表达式过滤匹配模型的结果列表。此参数基于单元的属性值来过滤返回的对象列表。如需查询对象属性，则可使用 report_property 或 list_property 命令。例如，对于单元，“IS_PARTITION”“IS_PRIMITIVE”“IS_LOC_FIXED”是可用于过滤的属性。对于字符串的比较，可使用“equal”（==）、“not-equal”（!=）、“match”（=）等运算符。数字的比较可使用<、>、<=和>=等运算符。多个过滤表达式可以通过 AND 和 OR（&&和||）连接。
- [-of_objects <args>]（简记为-of）：获取与特定对象相关的查询。例如，查询某个 pin 关联的 cell。除时钟类别外，其他四个类别可通过相互索引查询对应的关联对象，如图 2.15 所示，其中一个对象到另一个对象的箭头表示可使用-of 选项获取对应的连接对象。注意，-of 选项要求通过 get_*命令指定对象，而非通过名称指定。
- [<patterns>]：根据指定的模式匹配目标单元，默认模式为通配符“*”，它会获取项目中所有单元的列表。可以指定多个模式，根据不同的搜索条件找到多个单元。

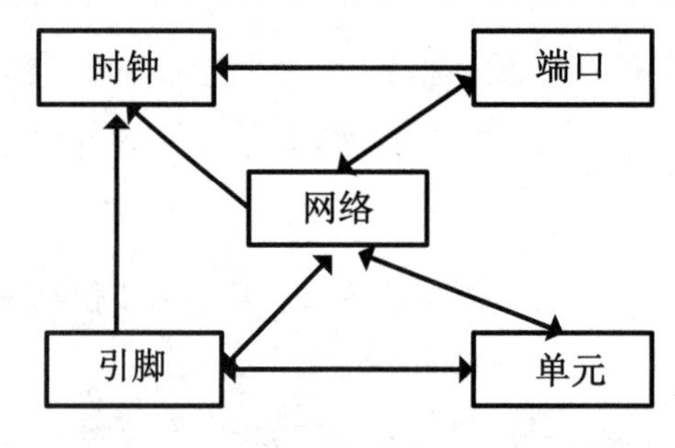

图 2.15　对象类型及其相互关系

2.4.3　get_cells 命令使用示例

下面通过几个示例来分析 get_cells 命令的具体参数使用方法。

例 1：在 FPGA 顶层模块中例化一个 clk_wiz_wrapper 模块，clk_wiz_wrapper 模块中

有一个时钟管理 IP——clk_wiz_0，如图 2.16 所示。

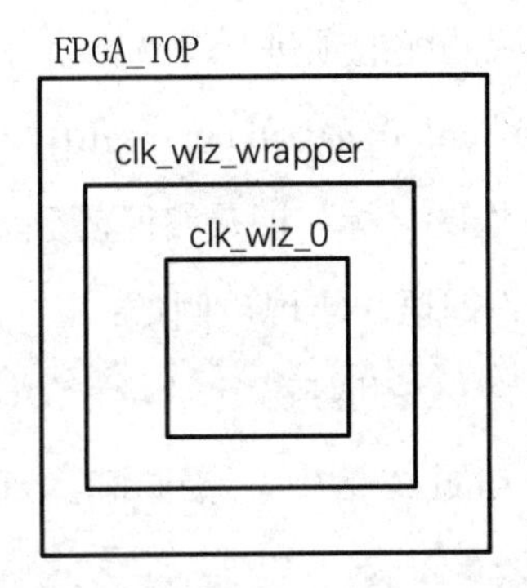

图 2.16　模块例化层次结构图

下面通过几个匹配语句来分析-hierarchical 和-regexp 参数的用法。

- 命令 1：get_cells *clk_wiz*。

  返回匹配项 1：clk_wiz_wrapper。
- 命令 2：get_cells -regexp .*clk_wiz.*。

  返回匹配项 2：clk_wiz_wrapper。
- 命令 3：get_cells -hierarchical *clk_wiz*。

  返回匹配项 3：clk_wiz_wrapper 和 clk_wiz_wrapper/clk_wiz_0。
- 命令 4：get_cells -hierarchical -regexp .*clk_wiz_0.*。

  返回匹配项 4：
  - clk_wiz_wrapper/clk_wiz_0。
  - clk_wiz_wrapper/u_clk_wiz_0/inst。
  - clk_wiz_wrapper/u_clk_wiz_0/inst/GND。
  - clk_wiz_wrapper/u_clk_wiz_0/inst/VCC。

从以上示例可以看出，如果不加-hierarchical 参数，则命令只会匹配顶层模块的单元。当添加-hierarchical 参数时，命令会匹配所有层级中的单元。而当-hierarchical 与-regexp 结合使用时，命令不仅会匹配单元名，还会匹配路径中包含该字符的信号。

例 2：对于 FPGA 内部的寄存器单元，可以使用正则表达式模糊匹配，并添加-filter 参数进一步筛选具有特定属性的单元。例如，有一个寄存器的属性单元，如图 2.17 所示，可用如下命令定位。

```
get_cells -regexp -filter { REF_NAME =~ FD.* }.*cnt.*0.*
```

在上述命令中，-regexp 表示使用正则表达式匹配，“.*”表示任意字符。因此，正则表达式可以过滤出名称中包含 cnt 的所有元素，包括属性为网络和引脚的元素。-filter 参数则进一步对所有正则表达式匹配的项进行筛选，保留参考名以 FD 开头的目标项。例如，正则表达式可能会匹配到 cnt_0_net 和 cnt_reg[0]，但-filter 参数会排除网络属性的元素，只返回寄存器（reg）属性的目标，即最终匹配到 cnt_reg[0]。

同样的匹配结果可以通过不同语法实现，例如：

```
get_cells -regexp -filter { NAME =~ .*cnt.*0.* && REF_NAME =~ FD.*}
```

上述命令将匹配名称放在-filter 参数中，通过寄存器的“Name”属性进行过滤。

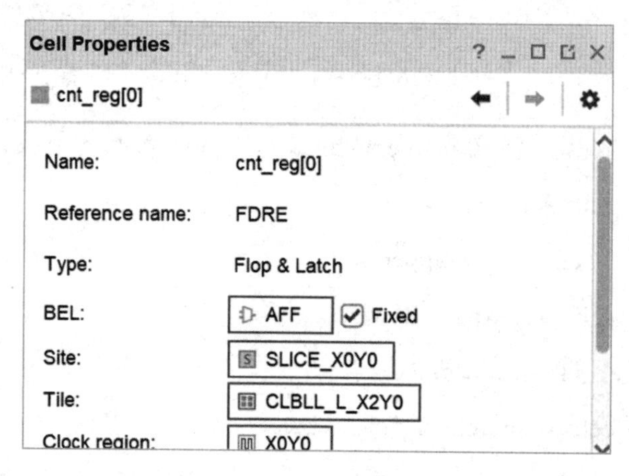

图 2.17　寄存器的属性单元

例 3：在 TCL 终端查询时，如果匹配到多个单元，返回的结果之间用空格分隔，那么可能不方便查看和对比。这时可以使用 join 命令巧妙解决显示问题。例如，搜索匹配所有层级中包含 clk_wiz 的单元，并将每个返回的单元用换行符分隔。

命令：join [get_cells -hier {*clk_wiz*}] \n。

返回匹配项：

- u_system_ctrl_pll/u_clk_wiz_0。
- u_system_ctrl_pll/u_clk_wiz_1。

例 4：可以先定位名称中包含 clk_wiz 的单元，再列出所有匹配单元的引脚，并且每个引脚单独显示在一行。

命令：join [get_pins -of [get_cells -hier {*clk_wiz*}]] \n。

返回匹配项：

- u_system_ctrl_pll/u_clk_wiz_0/clk_in1。
- u_system_ctrl_pll/u_clk_wiz_0/clk_out1。

- u_system_ctrl_pll/u_clk_wiz_0/locked。
- u_system_ctrl_pll/u_clk_wiz_0/reset。
- u_system_ctrl_pll/u_clk_wiz_1/clk_in1。
- u_system_ctrl_pll/u_clk_wiz_1/clk_out1。
- u_system_ctrl_pll/u_clk_wiz_1/locked。
- u_system_ctrl_pll/u_clk_wiz_1/reset。

还可以结合-filter 选项更加精确地定位。例如，添加过滤选项，以仅返回输入引脚。

命令：join [get_pins -of [get_cells -hier {*clk_wiz*}]] -filter {DIRECTION == IN} \n。

返回匹配项：

- u_system_ctrl_pll/u_clk_wiz_0/clk_in1。
- u_system_ctrl_pll/u_clk_wiz_0/reset。
- u_system_ctrl_pll/u_clk_wiz_1/clk_in1。
- u_system_ctrl_pll/u_clk_wiz_1/reset。

例 5：可以结合 get_cells 命令和 show_schematic 命令快速打开网表图。例如，执行以下命令即可显示匹配对象的网表图，如图 2.18 所示。

```
show_schematic [get_pins -of [get_cells -hier {*clk_wiz*}]]
```

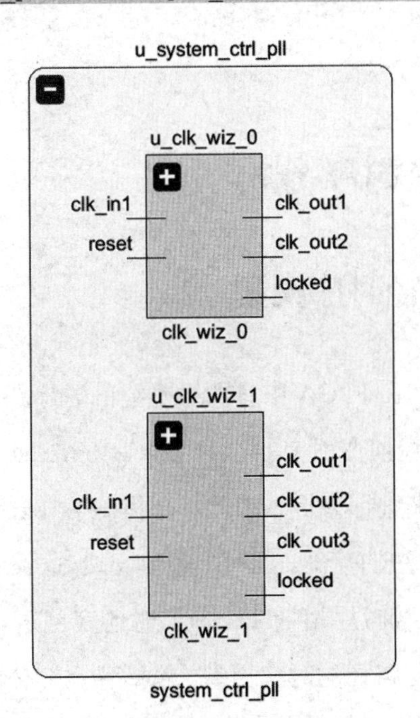

图 2.18　匹配对象的网表图

2.4.4 网表中定位目标命令的参数对比

掌握了 get_cells 命令的用法之后，其他四个命令（get_nets、get_pins、get_ports 和 get_clocks）的用法也变得非常直观。它们的用法几乎完全一致，只是针对时钟目标的 get_clocks 命令稍有不同，但其不支持-hierarchical 参数。这是因为时钟信号是在后期通过约束生成的，无法按照设计中的层次结构进行划分。不同命令的参数对比如表 2.1 所示，其中 Y 表示支持，N 表示不支持。

表 2.1 不同命令的参数对比

命令	参数				
	-hierarchical	-regexp	-nocase	-filter	-of_objects
get_ports	Y	Y	Y	Y	Y
get_nets	Y	Y	Y	Y	Y
get_pins	Y	Y	Y	Y	Y
get_cells	N	Y	Y	Y	Y
get_clocks	N	Y	Y	Y	Y

Vivado TCL 命令非常强大，利用这些命令，可以在复杂的设计中快速、精确地查找问题，从而加速 FPGA 项目开发。

2.5 reg2reg 路径时序分析

2.5.1 reg2reg 路径时序模型

在 2.1 节中，我们了解到在 FPGA 中有四种类型的时序路径，其中 pin2reg 和 reg2pin 路径实际上是由 reg2reg 路径演变而来的。这意味着 pin2reg 和 reg2pin 路径可以看作从 reg2reg 路径中截取的一段来进行分析。因此，掌握 reg2reg 路径的时序分析方法，是理解其他几类路径时序分析方法的基础。同时，理解 reg2reg 路径的时序分析方法，有助于深入理解时序分析工具在计算时序裕量（slack）时的底层逻辑。

本节将详细分析 reg2reg 路径的时序模型，包括各个部分的延时细节计算，以及建立时序裕量和保持时序裕量公式的推导与计算。

reg2reg 路径时序模型图如图 2.19 所示。

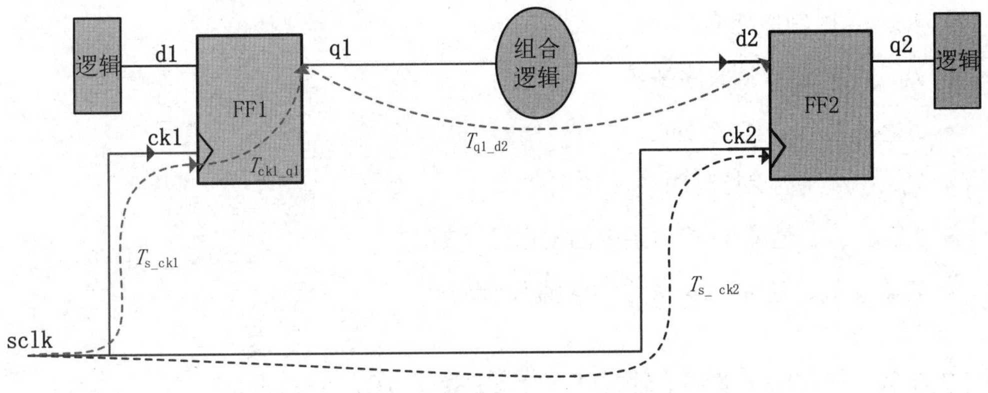

图 2.19　reg2reg 路径时序模型图

图 2.19 中的 FF1 称为源触发器（source flip-flop）、源寄存器（source register）或发送寄存器（launch register）。FF1 的驱动时钟称为源时钟（source clock）或发送时钟（launch clock）。

图 2.19 中的 FF2 称为目标触发器（destination flip-flop），也可称为目标寄存器（destination register）或捕获寄存器（capture register）。FF2 的驱动时钟称为目标时钟（destination clock）或捕获时钟（capture clock）。

为了便于时序描述，发送时钟的触发沿可简称为发送沿（launch edge），捕获时钟的触发沿可简称为捕获沿（capture edge）。

图 2.19 中的 d/q/ck 分别代表对应触发器的数据输入端口、输出端口及时钟输入端口。FF1 与 FF2 的时钟为 sclk，该时钟的起点可能是芯片的外部引脚或内部锁相环（PLL）输出的时钟。

鉴于电信号在导线及基本元器件中的传输存在延时，为准确分析这些延时，建议将延时进行分段，如图 2.19 所示。分段延时定义如下。

- T_{s_ck1}：从时钟源点至源触发器 FF1 时钟输入引脚的延时。
- T_{ck1_q1}：从源触发器 FF1 时钟输入引脚至数据输出引脚的延时，芯片手册中一般称之为数据输出时间，用 T_{co} 表示。
- T_{q1_d2}：源触发器 FF1 的数据输出端口 q1 至目标触发器 FF2 的数据输入端口 d2 的延时。该信号从 FF1.q1 到 FF2.d2 可能经过一些组合逻辑，T_{q1_d2} 包含了信号经过这些组合逻辑的延时。
- T_{s_ck2}：从时钟源点至目标触发器 FF2 时钟输入引脚的延时。

为了便于建立/保持时序裕量公式的清晰表达，增加如下定义。

- T_{period}：时钟周期值。
- T_{slack}：建立/保持时序裕量。
- T_{setup}：触发器建立时间。
- T_{hold}：触发器保持时间。
- T_{launch_edge}：建立/保持关系中的发送沿时刻。
- $T_{capture\_edge}$：建立/保持关系中的捕获沿时刻。

2.5.2 reg2reg 路径建立时序裕量公式

根据图 2.19 中的电路拓扑结构和内部延时，以目标触发器 FF2 为分析主体，可以导出建立时序裕量公式如下。

$$T_{launch\_edge}+T_{s\_ck1}+T_{ck1\_q1}+T_{q1\_d2}+T_{setup}+T_{slack}=T_{capture\_edge}+T_{s\_ck2}$$

对上述公式进行变形可得

$$T_{slack}=(T_{capture\_edge}+T_{s\_ck2}-T_{setup})-(T_{launch\_edge}+T_{s\_ck1}+T_{ck1\_d2})$$

进一步定义

- 要求时间（required time）：$T_{required\_time}=T_{capture\_edge}+T_{s\_ck2}-T_{setup}$。
- 到达时间（arrival time）：$T_{arrival\_time}=T_{launch\_edge}+T_{s\_ck1}+T_{ck1\_d2}$。

到达时间定义为新数据（在 T_{launch_edge} 时刻的发送沿传输的数据）到达目标触发器的时间。在建立时序裕量计算中，要求时间是允许新数据到达目标触发器的最大延时。

因此，建立时序裕量公式可以简化为

$$T_{slack}=T_{required\_time}-T_{arrival\_time}$$

根据 2.3 节可知，对于源时钟和目标时钟同频同相的情况，建立关系中捕获沿和发送沿的差值刚好等于 T_{period}，即 $T_{capture\_edge}-T_{launch\_edge}=T_{period}$。

因此，在源时钟和目标时钟同频同相的条件下，建立时序裕量的等式可以表示为

$$T_{s\_ck1}+T_{ck1\_q1}+T_{q1\_d2}+T_{setup}+T_{slack}=T_{period}+T_{s\_ck2}$$

依此等式，可以绘制出建立时序裕量的时序图，如图 2.20 所示。时序图中的 sclk 表示时钟源点时的时钟波形图，d2 表示目标触发器数据输入端口的时序图，ck2 表示目标

触发器时钟输入端口的时序图。

将 sclk 的第一个触发沿作为发送沿，此时刻定义为时序分析起点，并在时间轴上标记为 0 时刻。令 $T_{s\_d2}=T_{s\_ck1}+T_{ck1\_q1}+T_{q1\_d2}$，则 T_{s_d2} 表示新数据（在 0 时刻发送沿触发输出的数据）到达目标触发器 FF2 的数据输入端口的时间。

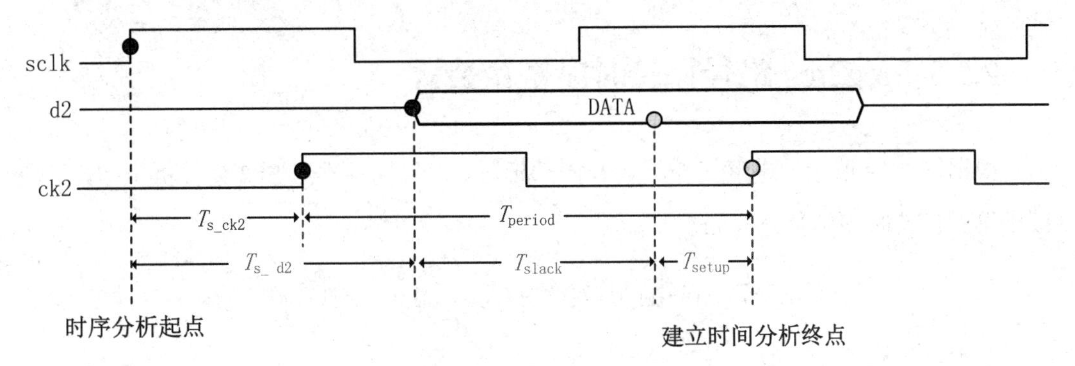

图 2.20　建立时序裕量的时序图

通过进一步变形建立时序裕量的等式，我们可以得到

$$T_{slack}=(T_{period}+T_{s\_ck2}-T_{setup})-(T_{s\_ck1}+T_{c1\_q1}+T_{q1\_d2})$$

上式可以简化为

$$T_{slack}=(T_{period}+T_{s\_ck2}-T_{setup})-(T_{s\_ck1}+T_{c1\_d2})$$

在 Vivado 时序分析报告中，$(T_{period}+T_{s_ck2}-T_{setup})$代表要求时间，$(T_{s_ck1}+T_{c1_d2})$则代表到达时间，$T_{slack}$ 即计算得出的时序裕量值。

当然，上述建立时序裕量公式考虑的是理想情况下的计算公式，然而，在实际应用中，延时计算模型涵盖一个范围，不是一个固定值。例如，在“Max at Slow Process Corner”延时模型下，2ns$<T_{s_ck2}<$3ns，2.1ns$<T_{s_ck1}<$3.1ns，5ns$<T_{c1_d2}<$7ns。

时序裕量的计算考虑了所有可能的最坏情况下的结果。因此，对与 T_{slack} 正相关的变量取最小值，与 T_{slack} 负相关的变量取最大值。根据这一原则，最终的建立时序裕量 T_{slack} 可表示为

$$T_{slack}=(T_{period}+T_{s\_ck2(min)}-T_{setup})-(T_{s\_ck1(max)}+T_{c1\_d2(max)})$$

假设 T_{period} 为 10ns，T_{setup} 为 0.3ns，则 T_{slack}=(10+2−0.3)−(3.1+7)=1.6ns

在实际情况中，除考虑延时模型的范围外，还必须考虑时钟不确定性、时钟悲观补偿等参数的影响。这些因素的详细讨论可参见 2.7 节。

在任何时序路径中，只有当建立时序裕量（T_{slack}）为正值时，该路径才被认为是安全和可靠的。否则，可能会导致亚稳态的发生，从而影响设计的正常功能。因此，T_{slack} 必须大于 0，以满足建立时序要求。如果 T_{slack} 小于 0，系统将报告建立时序违例。在这种情况下，需要对路径违例的原因进行分析并修复违例。

2.5.3 reg2reg 路径保持时序裕量公式

根据图 2.19 所示的电路拓扑结构和内部延时，以目标触发器 FF2 为分析主体，我们可以得到保持时序裕量公式如下。

$$T_{launch\_edge}+T_{s\_ck1}+T_{ck1\_q1}+T_{q1\_d2}=T_{capture\_edge}+T_{s\_ck2}+T_{hold}+T_{slack}$$

对上述公式进行变形可得

$$T_{slack}=(T_{launch\_edge}+T_{s\_ck1}+T_{ck1\_d2})-(T_{capture\_edge}+T_{s\_ck2}+T_{hold})$$

定义公式各部分如下：

- 要求时间：$T_{required\_time}=T_{capture\_edge}+T_{s\_ck2}+T_{hold}$。
- 到达时间：$T_{arrival\_time}=T_{launch\_edge}+T_{s\_ck1}+T_{ck1\_d2}$。

在这里，到达时间代表新数据（在 T_{launch_edge} 时刻的发送沿传输的数据）到达目标触发器的时间，要求时间则是允许新数据到达目标触发器的最小延时。

因此，保持时序裕量公式可以简化为

$$T_{slack}=T_{arrival\_time}-T_{required\_time}$$

根据 2.3 节可知，对于源时钟和目标时钟同频同相的情况，保持关系中发送沿与捕获沿的差值为零，即 $T_{capture\_edge}-T_{launch\_edge}=0$。

因此，当源时钟和目标时钟同频同相时，保持时序裕量的等式可以表示为

$$T_{s\_ck1}+T_{ck1\_q1}+T_{q1\_d2}=T_{s\_ck2}+T_{hold}+T_{slack}$$

根据此等式，可以得到保持时序裕量的时序图，如图 2.21 所示。图中的 sclk 为时钟源点的时钟波形图，d2 为目标触发器数据输入端口的时序图，ck2 为目标触发器时钟输入端口的时序图。

将 sclk 的第一个触发沿作为发送沿，定义为时序分析起点，并在时间轴上标记为 0 时刻。令 $T_{s\_d2}=T_{s\_ck1}+T_{ck1\_q1}+T_{q1\_d2}$，则 T_{s_d2} 为新数据（在 0 时刻发送沿触发输出的数据）

到达目标触发器 FF2 的数据输入端口的时间。

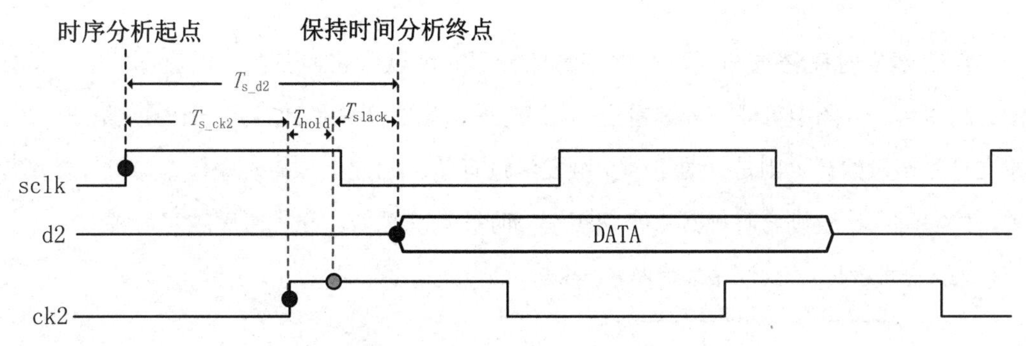

图 2.21 保持时序裕量的时序图

通过对上述保持时序裕量的等式进行变形，可以得到

$$T_{slack}=(T_{s\_ck1}+T_{ck1\_q1}+T_{q1\_d2})-(T_{s\_ck2}+T_{hold})$$

在 Vivado 时序分析报告中，$(T_{s_ck2}+T_{hold})$被称为要求时间，$(T_{s_ck1}+T_{ck1_q1}+T_{q1_d2})$则被称为到达时间。$T_{slack}$ 表示最终计算出的时序裕量值。

时序路径分析的目的是计算所有可能情况中最坏情况的时序裕量。工具会以最难满足时序条件的最坏情况作为分析的依据。因此，在保持时序裕量的计算公式中，与保持时序裕量正相关的变量按照下限（最小值）计算，而与保持时序裕量负相关的变量按照上限（最大值）计算。根据这一原则，变量 T_{s_ck1}、T_{ck1_q1} 和 T_{q1_d2} 与保持时序裕量 T_{slack} 正相关，因此采用模型中的最小值；而变量 T_{s_ck2} 与保持时序裕量 T_{slack} 负相关，因此采用模型中的最大值。

假设在"Min at Fast Process Corner"延时模型下，$2ns<T_{s\_ck2}<3ns$，$2.1ns<T_{s\_ck1}<3.1ns$，$5ns<T_{ck1\_d2}<7ns$。最终的保持时序裕量 T_{slack} 计算如下：$T_{slack}=(T_{s\_ck1(min)}+T_{ck1\_d2(min)})-(T_{s\_ck2(max)}+T_{hold})=(2.1+5)-(3+T_{hold})$，假设 T_{hold} 为 0.2ns，则 $T_{slack}=3.9ns$。

保持时序裕量的实际计算除考虑模型的延时范围外，还需考虑时钟不确定性、时钟悲观补偿等因素。关于这部分内容，详见 2.7 节。

在一条时序路径中，只有当保持时序裕量为正值时，该路径才是安全和可靠的。否则，可能会导致亚稳态，从而影响设计的正常功能。因此，保持时序裕量 T_{slack} 必须大于 0 才能满足保持时序的要求。如果 T_{slack} 小于 0，则会产生时序违例。在这种情况下，需要对路径违例的原因进行分析，并采取相应措施修复违例。

2.5.4 reg2reg 路径建立时序裕量和保持时序裕量总结

结合建立时序裕量和保持时序裕量的计算，可以将它们在同一时序图上表示，如图 2.22 所示。从图中可以清晰地看出，保持时序裕量的计算是针对同一个触发沿进行的，建立时序裕量的计算则是针对下一个触发沿进行的。因此，保持时序检查与时钟频率无关，建立时序检查则与时钟频率密切相关。时钟频率越低，建立时序越容易收敛。

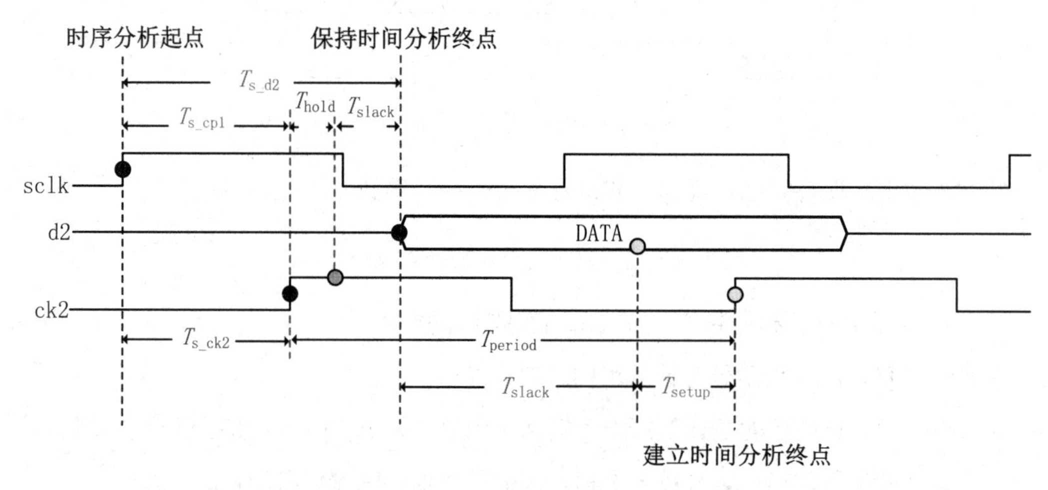

图 2.22 建立时序裕量和保持时序裕量的时序图

在建立时序裕量公式和保持时序裕量公式中，T_{slack} 必须大于 0 才能满足时序要求。因此，结合这两个公式，可以得出以下不等式。

$$T_{s\_ck2}+T_{hold}<T_{s\_ck1}+T_{ck1\_q1}+T_{q1\_d2}<T_{s\_ck2}+T_{period}-T_{setup}$$

从这个不等式可以看出，建立时间分析确定了数据路径延时的上限，保持时间分析则确定了数据路径延时的下限。也就是说，建立时间和保持时间的时序分析决定了数据路径延时既不能太小，也不能太大。

建立时间要求和保持时间要求限定了时钟路径和数据路径的布线延时。对于特定型号的 FPGA，触发器的 T_{hold}、T_{setup} 和 T_{ck1_q1} 是固定的常数，相对于数据路径布线延时 T_{q1_d2} 而言，它们的影响非常小。由于 FPGA 内部时钟具有专用的走线资源，因此两个同步触发器之间的时钟偏斜（$T_{s\_ck2}-T_{s\_ck1}$）值非常小。在相对理想的情况下，可以忽略这些小变量，进而得到一个粗略的不等式：

$$0<T_{q1\_d2}<T_{period}$$

从该不等式可以粗略得出结论：在同步的 reg2reg 路径中，两个触发器之间的数据路径延时应小于一个时钟周期。

需要注意的是，在 Vivado 中有快时序模型和慢时序模型，每种模型对应某个具体对象的延时是一个范围。例如，触发器的数据转换时间 T_{co} 在快时序模型下的延时范围为 0.1ns<T_{co}<0.3ns。同一个单元或网络在不同的时序计算中，取值可能有所不同。

在本节中，建立时序裕量和保持时序裕量公式的推导都是基于理想情况的。然而，在实际中，时钟可能存在抖动及时钟悲观补偿，这些因素在实际的时序分析中必须予以考虑。具体内容将在 2.7 节结合实际时序报告进行详细讲解。

2.6　复位路径时序检查

典型的同步复位电路如图 2.23 所示。在该电路中，FF2 的复位信号由 FF1 的输出控制，两个触发器共享同一个时钟信号 sclk。与 reg2reg 路径相比，同步复位电路的路径只是将目标触发器的输入数据端口替换为了复位端口。

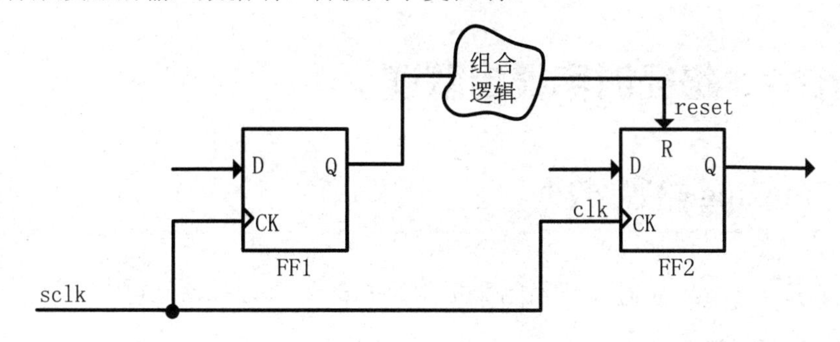

图 2.23　典型的同步复位电路

复位路径的时序要求与数据路径的类似。触发器的 D 端输入信号与时钟触发沿的关系需要遵守建立时间和保持时间的要求。同样，触发器的复位端复位信号与时钟触发沿的关系需要遵守恢复时间（recovery time）和移除时间（removal time）的要求，否则电路可能会出现亚稳态。

恢复时间是指复位信号在时钟有效沿到来之前必须到达并保持的最小时间。触发器的控制信号（如复位或置位）发生变化后，需要一定的时间恢复状态，以确保下一个时钟沿能够正常工作，因此称为恢复时间。

移除时间是指复位信号在时钟有效沿到来之后需要保持的最小时间。恢复时间和移除时间的定义如图 2.24 所示。

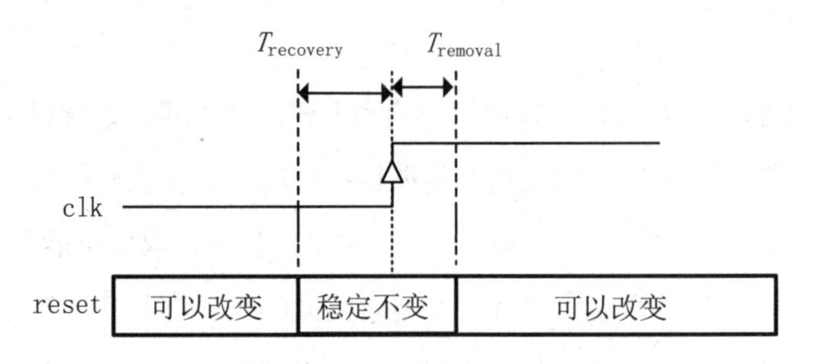

图2.24　恢复时间和移除时间的定义

从恢复时间和移除时间的定义可以看出，复位通路的恢复时间等价于数据路径的建立时间，而复位通路的移除时间等价于数据路径的保持时间。因此，复位路径的时序分析方法与数据路径的时序分析方法完全一致，其时序计算公式也可以直接套用，只需将 T_{setup} 替换为 $T_{recovery}$，T_{hold} 替换为 $T_{removal}$ 即可。因此，本书不再对相关结构公式进行推导和分析。感兴趣的读者可以自行创建一个简单的工程示例，使用Vivado进行综合后，打开复位路径的时序报告，通过对比分析来推导相关的时序裕量计算公式。

2.7　reg2reg 路径时序报告解读

2.7.1　reg2reg 路径分段

从2.5节关于reg2reg时序路径的分析中可知，每个时序路径可以分为三段，如图2.25所示。

第一段：源时钟路径（source clock path）。

源时钟路径从时钟源点（通常是输入端口）到源触发器的时钟输入端口，图2.25中该路径对应的延时为 T_{s_ck1}。

第二段：数据路径（data path）。

数据路径通常指的是从源触发器的时钟输入端口到目标触发器的数据输入端口。源触发器的时钟输入端口被称为路径起点（path startpoint），目标触发器的数据输入端口则为路径终点（path endpoint）。在图2.25中，这段路径对应的延时为 T_{ck1_d2}。

第三段：目标时钟路径（destination clock path）。

目标时钟路径从时钟源点（通常是输入端口）到目标触发器的时钟输入端口，图2.25中该路径对应的延时为 T_{s_ck2}。

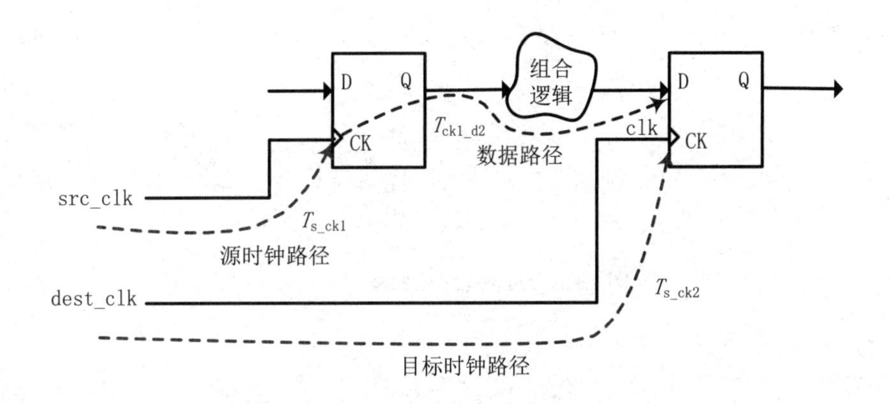

图 2.25　时序路径分段

对于 reg2reg 路径，时序报告通常分为四个部分，分别是概述部分、源时钟路径部分、数据路径部分和目标时钟路径部分。

接下来，将通过一个具体的 reg2reg 路径时序报告实例，详细分析建立时间和保持时间的时序报告结构，解释每一栏中的各个类别及名词的含义。同时，还将指出在查阅报告时需要特别关注的要点和细节。

2.7.2　reg2reg 路径报告实例环境

本章时序分析报告工具：Vivado v2022.2。

FPGA 器件：xc7s25csga225-2。

reg2reg 路径相关代码如下。

```
always @(posedge src_clk or negedge rstn_i)
    if(~rstn_i)
        src_ff1<=1'b0;
    else
        src_ff1<=data_i;

always @(posedge src_clk  or negedge rstn_i)
    if(~rstn_i)
        dest_ff2<=1'b0;
    else
        dest_ff2<=~src_ff1;
```

reg2reg 路径原理图如图 2.26 所示。

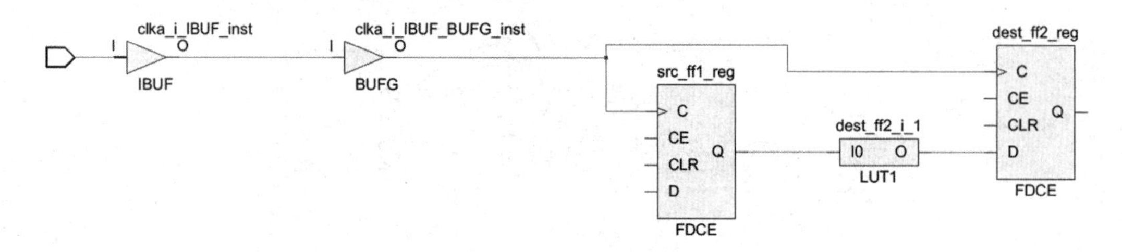

图 2.26　reg2reg 路径原理图

时钟约束如下。

```
create_clock -name src_clk -period 5  [get_ports clka_i];
```

2.7.3　reg2reg 路径建立时序报告解读

1. 概述部分解读

建立时序报告的概述部分包含一些路径的关键信息，通过这些信息可以初步了解该路径的整体情况。reg2reg 路径建立时序报告的概述部分如图 2.27 所示。

Summary

Name	Path 2
Slack	4.280ns
Source	src_ff1_reg/C (rising edge-triggered cell FDCE clocked by clka {rise@0.000ns fall@2.500ns period=5.000ns})
Destination	dest_ff2_reg/D (rising edge-triggered cell FDCE clocked by clka {rise@0.000ns fall@2.500ns period=5.000ns})
Path Group	clka
Path Type	Setup (Max at Slow Process Corner)
Requirement	5.000ns (clka rise@5.000ns - clka rise@0.000ns)
Data Path Delay	0.714ns (logic 0.590ns (82.581%) route 0.124ns (17.419%))
Logic Levels	1 (LUT1=1)
Clock Path Skew	0.000ns
Clock Uncertainty	0.035ns

图 2.27　reg2reg 路径建立时序报告的概述部分

以下是各字段的具体意义。

Slack（裕量）：指建立时序裕量，是根据时序约束条件和布局布线优化结果计算出的时序裕量。具体计算公式可见 2.5 节的建立时序裕量公式。正裕量表示路径满足时序要求，负裕量则表示路径存在时序违例，需要进一步查看路径延时的细节并优化时序。

Source（起点）：即路径起点，通常是源触发器的时钟输入端口。Source 栏后面的括号中会显示源触发器的时钟及其触发特性（上升沿或下降沿）。例如，在此实例中，src_ff1_reg 的时钟为 clka，上升沿触发，时钟周期为 5ns，相位为 0°，占空比为 50%。

通过这些特性，可以检查源时钟约束与实际报告是否一致。

Destination（终点）：即路径终点，通常是目标触发器的数据输入端口。Destination 栏后面的括号中同样指明了目标触发器的时钟特性。在此实例中，源时钟与目标时钟同源，因此它们的时钟特性一致。通过这些描述，可以验证目标时钟的约束是否正确。

Path Group（路径组）：表示路径所属的路径组，通常由时序分析工具自动分组。虽然可以通过 group_path 命令自定义分组，但在一般设计中对此属性关注较少。

Path Type（路径类型）：指时序分析的类型。对于数据路径，类型可以是建立时间分析或保持时间分析；对于复位路径，类型可以是恢复时间分析或移除时间分析。这一栏后面的括号中会指明当前路径使用的时序模型。在 Vivado 中，时序模型分为 Slow Corner 和 Fast Corner，每种模型对特定对象的延时取值有一定范围。在时序分析中，通常选择上限值或下限值进行计算。根据不同的报告类型，有以下四种时序模型组合。

- Max at Fast Process Corner。
- Max at Slow Process Corner。
- Min at Fast Process Corner。
- Min at Slow Process Corner。

前面我们提到，时序路径分析是计算最坏情况下的时序裕量。对于建立时序分析，工具会分析 Max at Fast Process Corner 和 Max at Slow Process Corner 两种模型，其中 Max at Slow Process Corner 模型对路径要求更严格，因此建立时序分析通常只关注 Max at Slow Process Corner 模型。

对于保持时序分析，工具会分析 Min at Fast Process Corner 和 Min at Slow Process Corner 两种模型，其中 Min at Fast Process Corner 模型对路径要求更严格，因此保持时序分析通常只关注 Min at Fast Process Corner 模型。

Requirement（要求）：表示该路径的建立时间要求（在当前路径中为 5ns）。该值是捕获沿时刻减去发送沿时刻的结果，即 $T_{requirement}=T_{capture}-T_{launch}$。对相关概念不熟悉的读者，可以参考 2.3 节中的建立关系和保持关系内容。

括号中的信息指示了该路径的捕获时钟（目标时钟）为 clka，捕获触发沿为 5ns 时刻的上升沿；发送时钟（源时钟）同样为 clka，发送触发沿为 0ns 时刻的上升沿。

对于源时钟和目标时钟同频同相的情况，建立/恢复时间分析中的 Requirement 是一个完整的时钟周期值，保持/移除时间分析中的 Requirement 则为 0ns。

Data Path Delay（数据路径延时）：指从源触发器到目标触发器的数据路径延时。这一栏括号中分别指明了组合逻辑延时和布线延时。在该路径中，组合逻辑延时为 0.590ns，布线延时为 0.124ns。

Logic Levels（逻辑层次）：指数据路径经过的基础单元（如 LUT、BUFG 等）的数量，不包括起点和终点单元。这一栏括号中分别指明了逻辑单元的类型及其数量。在该路径中，数据路径只经过一个查找表（LUT1）。

Clock Path Skew（时钟路径偏斜）：即时钟路径偏斜（skew），指的是目标时钟路径和源时钟路径之间的延时差。在概述窗口中，单击 Clock Path Skew 后面的延时值，会弹出延时值的计算方法，时钟路径偏斜的构成如图 2.28 所示。计算公式为 T_{skew}=DCD−SCD+CPR，其中 DCD 为源时钟延时，SCD 为目标时钟延时，CPR 为时钟悲观补偿。时钟悲观补偿的具体含义将在后面详细介绍。

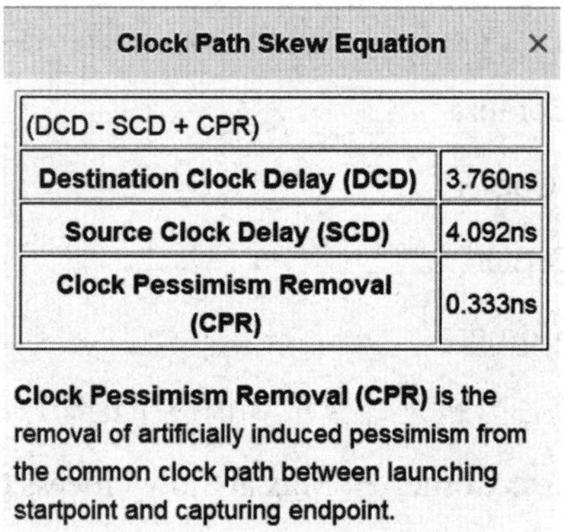

Clock Path Skew Equation

(DCD - SCD + CPR)	
Destination Clock Delay (DCD)	3.760ns
Source Clock Delay (SCD)	4.092ns
Clock Pessimism Removal (CPR)	0.333ns

Clock Pessimism Removal (CPR) is the removal of artificially induced pessimism from the common clock path between launching startpoint and capturing endpoint.

图 2.28　时钟路径偏斜的构成

Clock Uncertainty（时钟不确定性）：指时钟信号的不确定性，通常包括输入抖动和系统抖动。这些因素都会被计算进时钟不确定性中，具体的计算公式将在 3.1.3 节进行详细分析。

对于某些 FPGA 系列（如 vu440），概述部分中还会包含 Clock Net Delay（Source/Destination），分别表示源时钟和目标时钟的网络延时。源时钟网络延时是从时钟起点到源触发器时钟输入端口的延时，而目标时钟网络延时是从时钟起点到目标触发器时钟输入端口的延时。

2. 源时钟路径部分解读

时序报告中的源时钟路径部分包含从源时钟源点到源触发器时钟输入端口之间的延时细节。源时钟路径部分如图 2.29 所示。

Source Clock Path				
Delay Type	Incr (ns)	Path (ns)	Location	Netlist Resource(s)
(clock clka rise edge)	(r) 0.000	0.000		
	(r) 0.000	0.000	Site: P14	clka_i
net (fo=0)	0.000	0.000		clka_i
			Site: P14	clka_i_IBUF_inst/I
IBUF (Prop_ibuf_I_O)	(r) 0.893	0.893	Site: P14	clka_i_IBUF_inst/O
net (fo=1, routed)	1.687	2.580		clka_i_IBUF
			Site: BU...RL_X0Y0	clka_i_IBUF_BUFG_inst/I
BUFG (Prop_bufg_I_O)	(r) 0.081	2.661	Site: BU...RL_X0Y0	clka_i_IBUF_BUFG_inst/O
net (fo=2, routed)	1.432	4.092		clka_i_IBUF_BUFG
FDCE			Site: SLICE_X0Y1	src_ff1_reg/C

图 2.29　源时钟路径部分

在源时钟路径部分中，各个字段的含义如下。

- 第一列 Delay Type（延时类型）：表示当前元素的延时类型，具体指示了该路径上不同组件（如缓冲器、走线等）所引入的延时类型。
- 第二列 Incr(ns)（增量延时）：表示当前元素对延时的具体贡献值，即该元素在路径上引入了多少延时，以纳秒（ns）为单位。
- 第三列 Path(ns)（累计延时）：表示经过当前元素之后的累计延时值，这一列显示了时钟信号从源点传输到当前元素时所经历的总延时。
- 第四列 Location（位置）：表示当前元素在布局布线后的物理位置，帮助设计者明确时钟路径上的各个组件在 FPGA 布局中的具体位置。
- 第五列 Netlist Resource(s)（网表资源）：指示当前元素在 FPGA 综合生成的网表中的端点路径，通常用于显示该路径中涉及的网表资源。

在源时钟路径部分中，第一行的 Delay Type 列显示源触发器所使用的时钟及触发类型。根据报告内容可以得出，此例中的时钟为 clka，且是上升沿触发。第一行的 Path(ns) 列显示发送沿的时刻为 0ns，即 $T_{\text{launch\_edge}}$=0ns。这表明源时钟路径的延时计算从时钟上升沿触发的 0ns 时刻开始，同时说明时钟 clk_in 的约束相位为 0°。

第二行指明了源时钟的起点物理位置，在此路径中，时钟的起点是 P14 引脚。

第五行显示信号从引脚端口到 IBUF（输入缓冲器）的延时为 0.893ns。

第六行显示信号从 IBUF 到 BUFG（全局时钟缓冲器）的走线延时为 1.687ns。

倒数第二行的 Path(ns)列显示源时钟路径的累计延时为 4.092ns。

最后一行显示源触发器的类型为 FDCE（带使能功能的异步清除 D 触发器），源时钟路径的终点为 src_ff1_reg/C，即源触发器的时钟输入端口。

3. 数据路径部分解读

时序报告中的数据路径部分详细列出了从源触发器的时钟输入端口到目标触发器的数据输入端口之间的延时细节。这部分报告帮助设计者了解数据路径的延时情况，包括逻辑单元、布线及其他相关组件的延时贡献。通过分析数据路径的延时细节，设计者可以识别和优化可能影响时序收敛的关键路径。数据路径部分如图 2.30 所示。

Data Path				
Delay Type	Incr (ns)	Path (ns)	Location	Netlist Resource(s)
FDCE (Pro...fdce_C_Q)	(f) 0.348	4.440	Site: SLICE_X0Y1	src_ff1_reg/Q
net (fo=1, routed)	0.124	4.565		src_ff1
			Site: SLICE_X0Y1	dest_ff2_i_1/I0
LUT1 (Prop_lut1_I0_O)	(r)...42	4.807	Site: SLICE_X0Y1	dest_ff2_i_1/O
net (fo=1, routed)	0.000	4.807		p_0_in
FDCE			Site: SLICE_X0Y1	dest_ff2_reg/D
Arrival Time		4.807		

图 2.30　数据路径部分

在数据路径部分中，各列的含义与源时钟路径部分中的列基本一致，包括 Delay Type（延时类型）、Incr(ns)（增量延时）、Path(ns)（累计延时）、Location（位置）及 Netlist Resource(s)（网表资源）等字段。

在数据路径部分中，第一行表明源触发器的类型。在此示例中，源触发器为 FDCE。第一行中的 Incr(ns)列显示了触发器的数据传输时间，也就是 T_{co}。这表示触发器从接收到时钟沿到输出数据的延时。从第一行的第三列可以看出，数据路径延时记录起点是源时钟路径延时终点的值。

最后一行指明了数据到达目标触发器数据输入端口的延时，也就是新数据到达目标寄存器的时间点。这个值代表了数据传输完成时刻。

最终，数据到达时间（Arrival Time）可以通过下述公式计算。

Arrival Time=源时钟路径延时+数据路径延时

这表示总的延时为源时钟路径的延时加上数据路径的延时，决定了新数据到达目标触发器的实际时间点。

4. 目标时钟路径部分解读

时序报告中的目标时钟路径部分包含了从目标时钟源点到目标触发器时钟输入端口

之间的延时细节。这部分信息用于分析时钟信号在目标路径上的延时，帮助设计者理解时钟如何传播并影响目标触发器的时序性能。通过目标时钟路径部分，可以识别并优化影响时序的延时因素。

目标时钟路径部分详细列出了目标时钟路径中各个元素的延时贡献，包括时钟网络、缓冲器等组件的延时，并展示了累计延时的变化情况。目标时钟路径部分如图 2.31 所示。

Destination Clock Path

Delay Type	Incr (...	Path...	Location	Netlist Resource(s)
(clock clka rise edge)	(r)...00	5.000		
	(r)...00	5.000	Site: P14	clka_i
net (fo=0)	0.000	5.000		clka_i
			Site: P14	clka_i_IBUF_inst/I
IBUF (Prop_ibuf_I_O)	(r)...62	5.762	Site: P14	clka_i_IBUF_inst/O
net (fo=1, routed)	1.599	7.361		clka_i_IBUF
			Site: BU...RL_X0Y0	clka_i_IBUF_BUFG_inst/I
BUFG (Prop_bufg_I_O)	(r)...77	7.438	Site: BU...RL_X0Y0	clka_i_IBUF_BUFG_inst/O
net (fo=2, routed)	1.322	8.760		clka_i_IBUF_BUFG
FDCE			Site: SLICE_X0Y1	dest_ff2_reg/C
clock pessimism	0.333	9.092		
clock uncertainty	-0.035	9.057		
FDCE (Set...dce_C_D)	0.030	9.087	Site: SLICE_X0Y1	dest_ff2_reg
Required Time		9.087		

图 2.31　目标时钟路径部分

在目标时钟路径部分中，各列的含义与源时钟路径部分中的列完全一致。

报告中第一行 Delay Type：指明目标触发器使用的时钟及时钟触发类型。在此例中，报告显示目标触发器使用时钟 clka，且是上升沿触发。

报告中第一行 Path（ns）：指明建立关系中的捕获沿时刻为 5ns，即 $T_{capture\_edge}$=5ns。这一时刻是目标时钟路径延时的起始时刻。

报告中倒数第四行 clock pessimism：表示时钟悲观补偿。时钟悲观补偿是对源时钟路径和目标时钟路径中公共路径部分的延时进行补偿。由于源时钟路径和目标时钟路径的公共部分对路径延时产生的影响是一致的，因此通过时钟悲观补偿来补偿这一公共部分的延时差异，以避免对时序分析结果产生过度的负面影响。

时钟公共路径如图 2.32 所示，时钟路径的前面一段走线 T_{common} 即时钟公共路径。在进行建立时序裕量计算时，为了确保最坏情况被考虑，通常在计算数据要求时间时，会取 T_{common} 的最小值（$T_{common(min)}$），而在计算数据到达时间时，取最大值（$T_{common(max)}$）。

然而，在实际特定环境中，源时钟路径和目标时钟路径的公共部分延时是相等的，并不会产生偏斜。

因此，前面的最坏情况计算是出于保守的时序分析，但这种过于保守的估计实际上引入了错误的时序延时。为此，CPR 通过补偿公共路径的延时差异来进行修正，确保时序裕量的计算更加真实准确。补偿值的计算公式为

$$T_{cpr}=T_{common(max)}-T_{common(min)}$$

这个补偿值是由时序分析工具自动计算并添加的，用以纠正过于保守的计算结果。CPR 会根据分析的时序类别来增大或减小偏斜。

- 对于最大延时分析（max delay analysis，setup/recovery）：CPR 会被添加到目标时钟路径的延时中，以补偿数据到达时间早于时钟到达时间的情况。
- 对于最小延时分析（min delay analysis，hold/removal）：CPR 会被从目标时钟路径的延时中减去，以补偿数据到达时间晚于时钟到达时间的情况。

总结而言，当进行建立时序分析时，数据相对于时钟到达较早，因此 CPR 被添加到目标时钟延时中。而当进行保持时序分析时，数据到达较晚，因此 CPR 被从目标时钟延时中减去，完成补偿。

如果对 CPR 的计算存在疑问，那么可以将源时钟路径和目标时钟路径分为公共路径和独立路径两部分，并代入公式进行计算，这样很容易理解补偿值的逻辑。

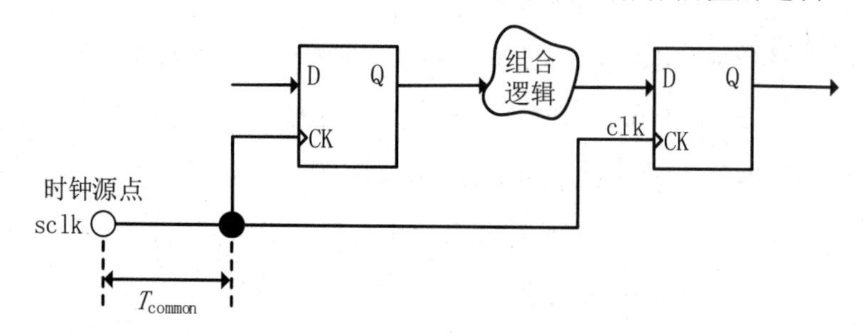

图 2.32　时钟公共路径

在报告的倒数第三行中，clock uncertainty 代表时钟的不确定性补偿。这一参数包括时钟输入抖动和系统抖动的影响，具体的计算方法会在第三章的时钟特性中详细讲解。这部分对于分析时钟信号的稳定性以及如何补偿不确定性至关重要。

倒数第二行表示触发器的建立时间（T_{setup}）对时序的影响值。在建立时序裕量公式中，数据的要求时间计算公式为

$$\text{Required Time}=T_{\text{period}}+T_{\text{s\_ck2}}-T_{\text{setup}}$$

因此，T_{setup} 的影响通常应该是减小路径的要求时间。然而，在报告中显示的增量为正值，这意味着实际的 T_{setup} 为负值，这可能会与普通的认知有所出入。那么，这到底是怎么回事呢？

实际上，这里分析的是 FDCE 单元外部的时序。可以理解为 FDCE 单元在基础单元触发器上再包了一层。当 FDCE 单元内部时钟路径的延时大于数据路径的延时时，整个 FDCE 单元显示的 T_{setup} 值可能会变成负值。假设 FDCE 单元内部时钟路径延时与数据路径延时的差异为 T_{delay}，而基础单元触发器的固有建立时间为 T_{setup}，则从 FDCE 单元整体来看，建立时间为

$$T_{\text{setup\_cell}}=T_{\text{setup}}-T_{\text{delay}}$$

当 T_{delay} 大于 T_{setup} 时，FDCE 单元的整体建立时间就可能呈现为负值。这种现象在复杂的时序分析中并不罕见，尤其是在带有额外电路路径的单元中。

最后一行计算得出最终的数据要求时间为 9.087ns。这个值是时序分析的关键输出，标志着目标时钟捕获数据的时间要求。

5. 建立时序报告整体分析

在建立时序裕量的章节中，我们推导出理想情况下的路径要求时间公式为

$$T_{\text{required\_time}}=T_{\text{capture\_edge}}+T_{\text{s\_ck2}}-T_{\text{setup}}$$

然而，在实际的时序分析中，路径要求时间还需要考虑时钟不确定性和时钟悲观补偿。因此，实际情况下的路径要求时间公式变为

$$T_{\text{required\_time}}=T_{\text{capture\_edge}}+T_{\text{s\_ck2}}-T_{\text{setup}}-T_{\text{clock\_uncertainty}}+T_{\text{clock\_pessimism}}$$

式中，$T_{\text{clock\_uncertainty}}$ 为时钟不确定性补偿，$T_{\text{clock\_pessimism}}$ 为时钟悲观补偿。

基于此，实际情况下 reg2reg 路径的建立时序裕量公式为

$$T_{\text{slack}}=T_{\text{required\_time}}-T_{\text{arrival\_time}}$$

将公式展开，得到

$$T_{\text{slack}}=(T_{\text{capture\_edge}}+T_{\text{s\_ck2}}-T_{\text{setup}}-T_{\text{clock\_uncertainty}}+T_{\text{clock\_pessimism}})-(T_{\text{launch\_edge}}+T_{\text{s\_ck1}}+T_{\text{ck1\_d2}})$$

式中，$T_{\text{launch\_edge}}+T_{\text{s\_ck1}}$ 为源时钟路径延时（$T_{\text{source\_clock\_path}}$），$T_{\text{ck1\_d2}}$ 为数据路径延时（$T_{\text{data\_path}}$）。

从建立时序报告中可以得到该路径的 $T_{required\_time}$=9.087ns，$T_{arrival\_time}$=$T_{source\_clock\_path}$+T_{data_path}=4.092+0.715=4.807ns。所以最终 T_{slack}=$T_{required\_time}$−$T_{arrival\_time}$=9.087−4.807=4.28ns。这意味着该路径的建立时序裕量为 4.28ns，表明路径在建立时序分析中是安全的，并满足建立时序要求。

2.7.4　reg2reg 路径保持时序报告解读

1. 概述部分解读

保持时序报告的概述部分包含了一些路径的关键信息，通过这些信息可以快速了解路径的整体情况。保持时序报告提供了保持时序分析所需的关键数据，用于评估路径的稳定性和时序的可靠性。具体来说，保持时序报告列出每条路径的保持要求时间、保持到达时间、保持时序裕量（T_{slack}）等信息，帮助设计者分析路径是否满足保持时序要求。

reg2reg 路径的保持时序报告概述部分如图 2.33 所示，通过该图可以直观地了解路径的关键时序信息，便于后续的优化和调整。

Summary	
Name	Path 1
Slack (Hold)	0.194ns
Source	src_ff1_reg/C (rising edge-triggered cell FDCE clocked by clka {rise@0.000ns fall@2.500ns period=5.000ns})
Destination	dest_ff2_reg/D (rising edge-triggered cell FDCE clocked by clka {rise@0.000ns fall@2.500ns period=5.000ns})
Path Group	clka
Path Type	Hold (Min at Fast Process Corner)
Requirement	0.000ns (clka rise@0.000ns - clka rise@0.000ns)
Data Path Delay	0.285ns (logic 0.227ns (79.523%) route 0.058ns (20.477%))
Logic Levels	1 (LUT1=1)
Clock Path Skew	0.000ns

图 2.33　reg2reg 路径的保持时序报告概述部分

保持时序报告中各个类别含义与建立时序报告的大致一样。下面重点分析二者的不同点。

Path Type：该报告中时序路径类型为 Hold，表明当前为保持时间的时序分析报告，当前行括号中表示当前报告中的延时计算用 Min at Fast Process Corner 模型。

Requirement：该行指明了保持关系需求值，该值的计算是保持关系中的发送沿时刻值减去对应的捕获沿时刻值（与建立时序报告中的 Requirement 相反）。从后面括号中的信息可以知道，保持关系的发送时钟是 clka，上升沿触发，发送沿时刻是 0ns。捕获时钟也是 clka，上升沿触发，捕获沿时刻也是 0ns。当前报告的源时钟和目标时钟同源，所以 Requirement 为 0ns。

对比建立时序报告，保持时序报告的概述部分中少了 Clock Uncertainty 那一行，其他内容与建立时序报告中一致。

2. 时钟路径部分和数据路径部分解读

在保持时序报告中，源时钟路径、数据路径及目标时钟路径的信息与建立时序报告基本一致。二者的主要区别在于计算模型不同，这导致了延时值的差异。在保持时间的时序分析中，使用的是 Min at Fast Process Corner 模型，因此源时钟路径和数据路径的延时可能略有不同。

保持时序报告中的源时钟路径部分和数据路径部分如图 2.34 所示。保持时序报告中的目标时钟路径部分如图 2.35 所示。在目标时钟路径部分的第一行 Path(ns)中，指明了保持关系中的捕获沿时刻为 0ns，即 $T_{capture\_edge}$=0ns。这也意味着，目标时钟路径延时的计算是从 0ns 开始的，这是保持时间时序分析的起始时刻。

Source Clock Path

Delay Type	Incr (...	Path...	Location	Netlist Resource(s)
(clock clka rise edge)	(r)...00	0.000		
	(r)...00	0.000	Site: P14	clka_i
net (fo=0)	0.000	0.000		clka_i
			Site: P14	clka_i_IBUF_inst/I
IBUF (Prop_ibuf_I_O)	(r)...90	0.190	Site: P14	clka_i_IBUF_inst/O
net (fo=1, routed)	0.631	0.821		clka_i_IBUF
			Site: BU...RL_X0Y0	clka_i_IBUF_BUFG_inst/I
BUFG (Prop_bufg_I_O)	(r)...26	0.847	Site: BU...RL_X0Y0	clka_i_IBUF_BUFG_inst/O
net (fo=2, routed)	0.592	1.438		clka_i_IBUF_BUFG
FDCE			Site: SLICE_X0Y1	src_ff1_reg/C

Data Path

Delay Type	Incr (...	Path...	Location	Netlist Resource(s)
FDCE (Prop_fdce_C_Q)	(f)...28	1.566	Site: SLICE_X0Y1	src_ff1_reg/Q
net (fo=1, routed)	0.058	1.625		src_ff1
			Site: SLICE_X0Y1	dest_ff2_i_1/I0
LUT1 (Prop_lut1_I0_O)	(r)...99	1.724	Site: SLICE_X0Y1	dest_ff2_i_1/O
net (fo=1, routed)	0.000	1.724		p_0_in
FDCE			Site: SLICE_X0Y1	dest_ff2_reg/D
Arrival Time		1.724		

图 2.34　保持时序报告中的源时钟路径部分和数据路径部分

Destination Clock Path				
Delay Type	Incr (...	Path...	Location	Netlist Resource(s)
(clock clka rise edge)	(r)...00	0.000		
	(r)...00	0.000	Site: P14	clka_i
net (fo=0)	0.000	0.000		clka_i
			Site: P14	clka_i_IBUF_inst/I
IBUF (Prop_ibuf_I_O)	(r)...78	0.378	Site: P14	clka_i_IBUF_inst/O
net (fo=1, routed)	0.685	1.063		clka_i_IBUF
			Site: BU...RL_X0Y0	clka_i_IBUF_BUFG_inst/I
BUFG (Prop_bufg_I_O)	(r)...29	1.092	Site: BU...RL_X0Y0	clka_i_IBUF_BUFG_inst/O
net (fo=2, routed)	0.863	1.955		clka_i_IBUF_BUFG
FDCE			Site: SLICE_X0Y1	dest_ff2_reg/C
clock pessimism	-0.516	1.438		
FDCE (Hold_fdce_C_D)	0.091	1.529	Site: SLICE_X0Y1	dest_ff2_reg
Required Time		1.529		

图 2.35　保持时序报告中的目标时钟路径部分

3. 保持时序报告整体分析

在保持时序裕量的章节中，推导出的理想情况下路径要求时间公式为

$$T_{\text{required\_time}}=T_{\text{capture\_edge}}+T_{\text{s\_ck2}}+T_{\text{hold}}$$

然而，在实际时序报告中，我们需要考虑时钟悲观补偿，因此实际情况下的路径要求时间公式为

$$T_{\text{required\_time}}=T_{\text{capture\_edge}}+T_{\text{s\_ck2}}+T_{\text{hold}}+T_{\text{clock\_pessimism}}$$

式中，$T_{\text{clock_pessimism}}$是时钟悲观补偿。由于保持时间时序分析针对的是时钟同一个边沿，因此不需要考虑时钟不确定性的影响。

基于此，我们可以得到实际情况下的 reg2reg 路径保持时序裕量公式为

$$T_{\text{slack}}=T_{\text{arrival\_time}}-T_{\text{required\_time}}=(T_{\text{launch\_edge}}+T_{\text{s\_ck1}}+T_{\text{ck1\_d2}})-(T_{\text{capture\_edge}}+T_{\text{s\_ck2}}+T_{\text{hold}}+T_{\text{clock\_pessimism}})$$

式中，$T_{\text{launch\_edge}}+T_{\text{s\_ck1}}$ 为源时钟路径延时（$T_{\text{source\_clock\_path}}$），$T_{\text{ck1\_d2}}$ 为数据路径延时（$T_{\text{data\_path}}$）。

从时序报告中可以得到该路径的 $T_{\text{required\_time}}$ =1.529ns，$T_{\text{arrival\_time}}=T_{\text{source\_clock\_path}}+T_{\text{data\_path}}$=1.438+0.286=1.724ns。所以最终 $T_{\text{slack}}=T_{\text{arrival\_time}}-T_{\text{required\_time}}$=1.724−1.529=0.195ns。这意味着该路径的保持时序裕量为 0.195ns，表示该路径满足保持时序要求，且有一定的时序裕量。

第 3 章 主时钟约束

3.1 时钟特性约束

在数字电路中，时钟是一个至关重要的控制信号。它负责同步各个时序器件的操作，确保所有的时序逻辑单元能够在相同的时刻更新状态。时钟的存在使数据、逻辑单元的状态更新都以统一的时间基准为基础，从而保证了电路的同步性。这种同步性不仅帮助我们预测和控制电路的行为，还确保了复杂功能的实现，因为所有的操作都在预定的时间内协调进行，避免了数据冲突和状态混乱的发生。

在 FPGA 中，时钟信号通常由芯片外部的晶振产生，通过时钟引脚输入芯片内部。随后，时钟信号经过芯片内部的一系列处理，如 PLL、自定义的分频/倍频逻辑等，来生成我们所需的时钟频率信号。

实际的时钟具有多个关键特性，主要如下。

- 时钟周期（clock period）：时钟信号在两次相同状态变化之间的时间间隔，通常表示为一个完整的时钟周期。
- 时钟占空比（clock duty cycle）：高电平持续时间与时钟周期的比值，表示时钟信号在一个周期内高电平持续时间的百分比。
- 时钟相位（clock phase）：相对于基准时钟信号的相位差，影响时钟边沿的相对时间位置。
- 时钟转换时间（clock transition time）：时钟信号从低电平转换为高电平或从高电平转换为低电平所需的时间。

- 时钟延时（clock latency）：时钟信号从生成到到达目标位置所花费的时间。
- 时钟偏斜（clock skew）：同一时钟信号在不同位置的到达时间差，通常由时钟路径不同引起。
- 时钟抖动（clock jitter）：时钟边沿的短期不稳定性，导致时钟边沿的实际到达时间与预期时间存在偏差。

只有正确地为这些时钟特性施加约束，时序分析工具才能准确评估时序路径的可靠性，确保电路在所有可能的条件下都能按时完成操作，避免时序违例。

3.1.1 时钟周期/占空比/相位约束

周期、占空比和相位是时钟最重要的基本特性。它们共同决定了时钟信号的行为。

- 周期（period）：时钟信号波形重复的最小时间间隔，通常以毫秒（ms）或纳秒（ns）为单位。频率是周期的倒数，公式为

$$频率=1/T_{\text{period}}$$

式中，频率表示时钟信号每秒的振荡次数。

- 占空比（duty cycle）：一个时钟周期内，高电平持续时间与整个周期的比值。占空比的公式为

$$占空比=\text{TH}/\text{TL}$$

式中，TH 是一个周期内高电平持续的时间，TL 是一个周期内低电平持续的时间。占空比描述了时钟信号在一个周期内高电平与低电平的比例。

- 相位（phase）：时钟信号的相对位置或延时，通常用于描述时钟信号的上升沿或下降沿相对于参考时钟的偏移。可以通过相位特性来调整不同时钟信号之间的同步性或延时。

一个理想的时钟时序模型（见图 3.1）具有以下特性。

- 周期为 T_{period}。
- 占空比为 50%（高电平和低电平时间相等）。
- 相位为 0°（无相位偏移）。

当时钟信号的周期、占空比和相位确定后，时钟的基本特性也就确定了。这三个变量是设计和分析时钟信号时需要特别关注的核心参数。

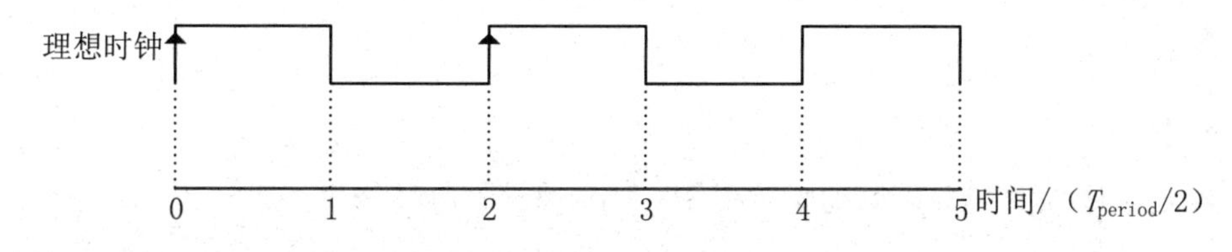

图 3.1　理想的时钟时序模型

在 XDC 语法中，可以使用 create_clock 命令创建主时钟，并声明时钟的周期、占空比和相位。create_clock 命令的基本语法格式如下。

```
create_clock -name <args> -period <args> -waveform <args> <objects> -add
```

以下是各参数的含义。

- -name：指定自定义时钟的名称，这是一个可选参数。如果不指定该参数，则综合工具会自动为该时钟生成一个名称。为了方便后续约束对时钟的引用，建议添加一个具有辨识度的名称。
- -period：指定时钟的周期，这是一个必选参数，单位为 ns。周期值必须大于 0。
- -waveform：指定时钟的相位和占空比参数，这是一个可选参数。该参数的格式为{<时钟的第一个上升沿时间> <时钟的第一个下降沿时间>}。如果不指定该参数，则默认上升沿在 0ns 时刻，下降沿在周期的 1/2 时刻，即默认相位为 0°，占空比为 50%。
- <objects>：指定时钟的物理位置，可以是端口、引脚或网络。此参数为可选参数。如果不指定时钟的物理位置，则该时钟为虚拟时钟。
- -add：指定当前约束语句不能覆盖之前创建的时钟约束。该参数用于在同一端点处创建多个主时钟，并使它们同时有效。此参数为可选参数。

以下通过几个实例来学习如何使用 create_clock 命令及其不同参数的具体用法。

例 1：创建一个时钟周期为 5ns 的时钟。

在 FPGA 的输入端口 sysclk_in 处创建一个时钟周期为 5ns 的时钟，约束如下所示。

```
create_clock -name sys_clk1 -period 5 [get_ports sysclk_in]
```

在这个约束示例中，没有指定-waveform 参数，时序分析工具会默认 0ns 时刻为时钟的上升沿，1/2 周期（2.5ns）时刻为下降沿。因此，时钟的默认占空比为 50%。

例 2：创建一个具有特殊占空比和相位差的时钟。

如果时钟具有特殊的占空比或相位差，则可以使用-waveform 参数来指定。例如，要创建周期为 5ns，相位为 72°（周期的 1/5），占空比为 60%（3/5）的时钟，对应的约束为

```
create_clock -name sys_clk2 -period 5 -waveform {1 4} [get_ports sysclk_in]
```

- 1ns 为上升沿的时刻。
- 4ns 为下降沿的时刻。
- 占空比为 60%，即高电平持续 3ns（4ns−1ns）。

同理，若要创建周期为 5ns，相位为 288°（周期的 4/5），占空比为 40%（2/5）的时钟，则约束如下。

```
create_clock -name sys_clk3 -period 5 -waveform {4 1} [get_ports sysclk_in]
```

- 4ns 为上升沿的时刻。
- 1ns 为下降沿的时刻。
- 占空比为 40%，即高电平持续 2ns（5ns−3ns）。

以上两个示例中创建的时钟波形如图 3.2 所示，由此可知，使用-waveform 参数可以灵活定义任意时钟波形。这允许设计者根据特定需求调整时钟的相位和占空比，满足不同电路设计的要求。

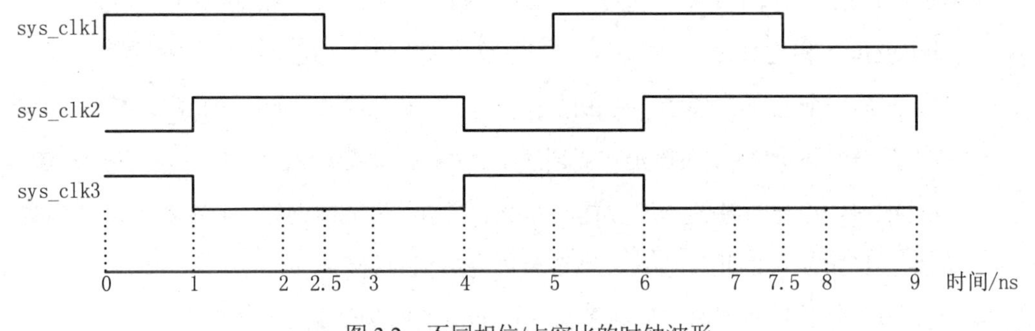

图 3.2　不同相位/占空比的时钟波形

例 3：声明多个时钟并使用-add 参数。

在同一个位置，可以声明多个时钟。如果没有使用-add 参数，那么后面声明的时钟会覆盖前面声明的时钟。当声明多个时钟时，时序分析工具会分别分析每一个时钟的时序情况。

例如，以下是 XDC 文件中的两条约束。

```
create_clock -name  sys_clk4 -period  5  [get_ports sysclk_in]
create_clock -name  sys_clk5 -period  10  [get_ports sysclk_in]
```

在这个例子中，由于没有使用-add 参数，最后声明的时钟 sys_clk5 会覆盖时钟 sys_clk4，因此只有 sys_clk5（周期为 10ns）是有效的。

如果希望在同一个位置（sysclk_in 端口）声明多个时钟并同时有效，则可以使用-add 参数。

例 4：在引脚处差分时钟输入的主时钟约束。

在差分时钟输入的场景中，如图 3.3 所示，一对差分引脚通过差分缓冲器接到 PLL 的时钟输入端口。差分时钟使用两个信号：正信号（clk_p）和负信号（clk_n）。然而，主时钟只能在正信号上创建，不能同时在正/负信号上创建。否则，可能会导致跨时钟域（CDC）路径出现错误。

因此，对于这种结构的主时钟，约束命令如下。

```
create_clock -name sysclk -period 3.33 [get_ports clk_p]
```

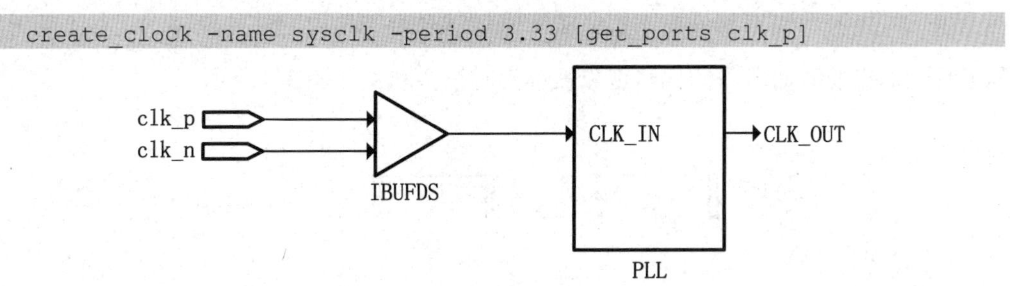

图 3.3 差分时钟输入的主时钟结构

主时钟的起点定义应尽量在时钟的源头处，如时钟的引脚或生成时钟的源头位置（如高速 SerDes 接收端从数据中恢复出的时钟）。

时序分析工具根据主时钟定义的时间零点来计算所有路径的延时。因此，时序分析以主时钟为基准，主时钟的准确性直接影响时序路径的分析结果。若主时钟的约束不准确，则可能导致时序分析的偏差或错误。所以准确约束主时钟至关重要。

在 Vivado 中，当设计初步综合成功后，打开网表，如需查看主时钟，则可以通过在 Tcl Console 窗口中运行 report_clock_networks -name mainclock 命令来查看，也可以在 Timing 窗口中的 Clock Summary 中查看，如图 3.4 所示。

Tcl Console | Messages | Log | Reports | Design Runs | DRC | Methodology | Power | Timing

General Information
Timer Settings
Design Timing Summary
Clock Summary (30)
Methodology Summary (90)
Check Timing (13)
Intra-Clock Paths
Inter-Clock Paths
clk_out1_clk_wiz_0 to clk_pll_i
clk_out1_clk_wiz_1 to clk_pll_i
clk_pll_i to clk_out1_clk_wiz_0
clk_pll_i to clk_out1_clk_wiz_1
clk_pll_i to cmos_clk_in
clk_pll_i to u_memc_ui_top_axi/mem_intf

Clock Summary

Name	Waveform	Period (ns)	Frequency (MHz)
clk	{0.000 20.833}	41.667	24.000
clk_out1_clk_wiz_0	{0.000 6.734}	13.468	74.249
clk_out2_clk_wiz_0	{0.000 1.347}	2.694	371.247
clkfbout_clk_wiz_0	{0.000 41.667}	83.334	12.000
clk2	{0.000 20.000}	40.000	25.000
clk_out1_clk_wiz_1	{0.000 2.500}	5.000	200.000
freq_refclk	{0.000 0.625}	1.250	800.000
u_memc_ui_top_axi/mem_intfc0/ddr_phy_top0/u_ddr	{0.000 1.250}	2.500	400.000
iserdes_clkdiv	{0.000 5.000}	10.000	100.000
u_memc_ui_top_axi/mem_intfc0/ddr_phy_top0/u_ddr	{0.000 1.250}	2.500	400.000
iserdes_clkdiv_1	{0.000 5.000}	10.000	100.000
mem_refclk	{0.000 1.250}	2.500	400.000
oserdes_clk	{0.000 1.250}	2.500	400.000

Timing Summary - impl_1 (saved) | Report Timing - timing_1

图 3.4 在 Clock Summary 中查看主时钟

3.1.2　时钟抖动约束

上节介绍的创建时钟基本特性（周期、占空比、相位）约束适用于理想时钟。然而，实际的时钟信号往往不会像理想时钟那样完全稳定。因此，在进行时序约束分析时，我们需要为时钟信号添加不确定性参数，其中时钟抖动就是时钟不确定性的一种表现形式。本节主要讨论时钟抖动的概念、产生原因及相关的时钟抖动约束命令。

由于时钟源的噪声和外部干扰，实际时钟信号会产生周期性的偏移。这种不随时间积累且时而提前时而滞后的偏移现象被称为时钟抖动，如图 3.5 所示。

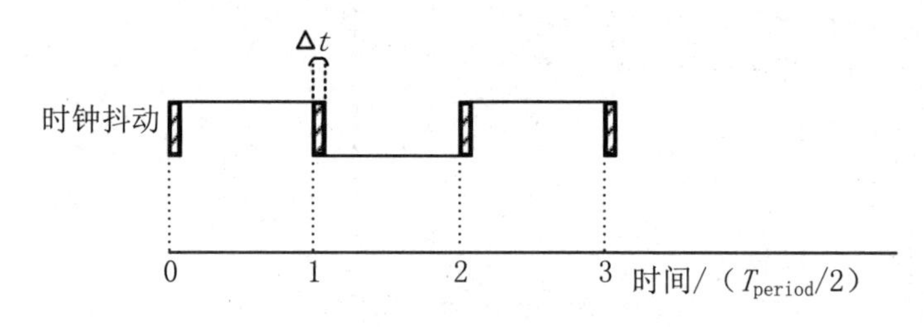

图 3.5　时钟抖动

时钟抖动可以分为随机抖动（random jitter）和固有抖动（deterministic jitter）。随机抖动的来源是热噪声，主要与电子器件和半导体器件中的电子和空穴特性有关。例如，采用发射极耦合逻辑（ECL）工艺的 PLL 相比采用 TTL 工艺和 CMOS 工艺的 PLL，随机抖动会更小。固有抖动则来源于开关电源噪声、串扰、电磁干扰等，与电路的设计密切相关，通过优化设计可以减小这类抖动，如选择合适的电源滤波方案、合理的 PCB 布局和布线。特别需要注意的是，抖动与时钟频率并无直接关系。

在数字电路中，时钟抖动越小，时钟质量越高。通常，实际时钟抖动较小，一般在皮秒（ps）级别。对于大多数 FPGA 设计来说，这种小幅度的抖动可以忽略不计，因此许多 FPGA 设计工程师不会专门设置输入时钟抖动。然而，对于某些特殊的高频设计（大于 500MHz）来说，即使是微小的抖动也需要特别关注。在 Vivado 的时序报告中，时钟抖动通过时钟不确定性参数来体现。

在对时钟抖动进行时序约束时，可以将时钟抖动分为输入抖动（源时钟本身的属性）和系统抖动（由电源噪声、板级噪声及其他额外系统抖动引起）。输入抖动是指外部输入时钟的实际边沿与创建的理想时钟（通过 create_clock 命令定义的时钟）边沿之间的差异。设置输入抖动是针对外部输入时钟的，对于内部生成的或自动衍生的时钟（如 MMCM 输出的时钟），不能设置输入抖动。

需要特别注意的是，除由 MMCM 和 PLL 生成的时钟外，其他衍生时钟都会继承主时钟的输入抖动。因此，在设计中合理设置输入抖动对于确保时序准确性非常关键。

在 XDC 文件中，可以使用 set_input_jitter 命令为特定的主时钟指定输入抖动。该命令的语法如下。

```
set_input_jitter  <clock> <input_jitter>
```

其中，<clock>为创建的主时钟名，<input_jitter>为约束的输入抖动值，抖动值必须大于 0。

例如，若需要约束 sys_clk 的输入抖动为 0.1ns，其 XDC 约束语句可以如下编写。

```
create_clock -name  sys_clk -period  5  [get_ports sysclk_in]
set_input_jitter  sys_clk  0.1
```

此命令确保 sys_clk 的输入抖动被约束为 0.1ns，有助于提升时序分析的准确性。

与输入抖动设置不同，当设置系统抖动时，会为设计中的所有时钟（包括主时钟和生成的时钟）添加系统抖动，单位为 ns。设置系统抖动的主要目的是考虑 FPGA 内部时钟受系统噪声影响（如电源噪声和板级噪声），以提高时序分析的鲁棒性。每个 Xilinx FPGA 系列都有预定义的系统抖动值，如果需要更改默认的系统抖动值，则可以使用 set_system_jitter 命令进行设置。

set_system_jitter 命令的语法为

```
set_system_jitter  <system_jitter>
```

其中，<system_jitter>为约束的系统抖动值，抖动值必须大于 0。例如，把系统抖动设置为 0.1ns，可用下述约束语句。

```
set_system_jitter  0.1
```

虽然可以手动设置系统抖动值，但官方默认的抖动值是基于具体器件型号、制造工艺和电压特性等因素综合计算得出的。因此，不建议用户使用 set_system_jitter 命令覆盖 Xilinx 预设的默认系统抖动值，以确保时序分析结果的准确性。

总的来说，对于时钟抖动的约束，输入抖动值通常可以通过查阅相关晶振或专有时钟管理芯片的手册来获得。系统抖动值则建议使用 Vivado 的默认设置，无须手动调整，因为默认值是根据具体器件的特性精心计算得出的，更能确保时序分析的准确性和设计的鲁棒性。

3.1.3　时钟不确定性约束

为了精确地进行时序分析，必须为时钟设定一些与运行环境相关的可预测变量和随机变量。这些变量可以通过时钟不确定性来表示。上节提到的时钟输入抖动和系统抖动都是时钟不确定性的一部分，最终都在时序分析中通过时钟不确定性反映出来。

时钟不确定性是由多种因素引起的抖动函数的综合表现。在 Vivado 的时序分析报告中，单击概述中的“Clock Uncertainty”一栏，可以查看当前路径约束的时钟不确定性的组成，如图 3.6 所示。

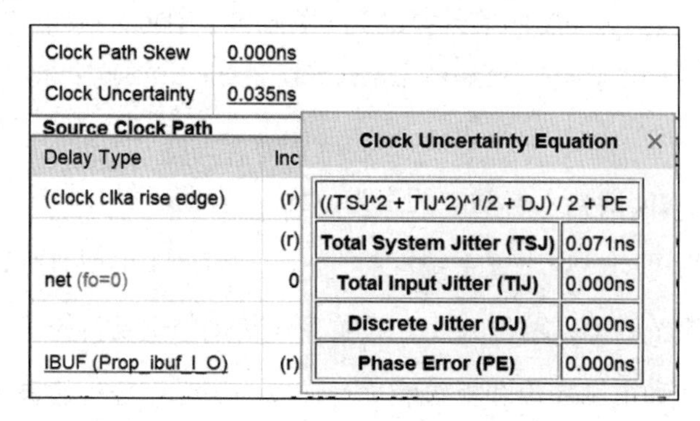

图 3.6　时钟不确定性的组成

最终的时钟不确定性（Clock Uncertainty）可以通过以下公式计算得出。

$$\text{Clock Uncertainty}=\frac{\sqrt{\text{TSJ}^2+\text{TIJ}^2}+\text{DJ}}{2}+\text{PE}+\text{UU}$$

其中各参数的含义如下。

- TSJ（total system jitter）：总系统抖动，可通过 set_system_jitter 命令设置，表示系统噪声引入的抖动。
- TIJ（total input jitter）：总输入抖动，可通过 set_input_jitter 命令设置，表示外部时钟源引入的抖动。
- DJ（discrete jitter）：离散抖动，由硬件原语（如 MMCM 或 PLL）引入，反映生成时钟的固有抖动特性，同时包含在主时钟上定义的输入抖动。
- PE（phase error）：相位误差，由 MMCM/PLL 设备模型生成并自动计算，表示相位噪声对时钟的不确定性影响。
- UU（user uncertainty）：用户手动定义的时钟不确定性，通过 set_clock_uncertainty 命令设置，用户可以根据设计需求手动调整该参数。

从该公式可以看出，时钟不确定性是系统抖动、输入抖动、离散抖动、相位误差及用户手动定义的不确定性综合作用的结果。Vivado 时序分析引擎在计算时序裕量时，会使用该时钟不确定性参数来补偿实际环境中的干扰因素，从而保证时序分析更加精确。

除时钟抖动外，所有可能影响时钟偏差的因素都可以通过用户手动定义的时钟不确定性（UU）来补偿和纠正。用户可以使用 set_clock_uncertainty 命令约束时钟不确定性的值。set_clock_uncertainty 命令的详细语法为

```
set_clock_uncertainty  [-setup] [-hold] [-from <args>] [-to <args>]
<uncertainty> [<objects>]
```

各参数说明如下。

- -setup（可选）：表示设置的时钟不确定性只作用于建立时间检查，不适用于保持时间检查。
- -hold（可选）：表示设置的时钟不确定性只作用于保持时间检查，不适用于建立时间检查。如果不加-setup 或-hold 参数，则默认同时适用于建立时间和保持时间检查。
- -from（可选）：指定时钟不确定性的源时钟。
- -to（可选）：指定时钟不确定性的目标时钟。
- <uncertainty>（必选）：指定的时钟不确定性的值，单位为 ns。
- [<objects>]（必选）：指定要应用时钟不确定性约束的时钟对象。

例如，给源时钟 src_clk 和目标时钟 dest_clk 之间的所有时序路径增加 0.2ns 的时钟不确定性，命令如下。

```
set_clock_uncertainty 0.2 -from [get_clocks src_clk] -to [get_clocks
dest_clk]
```

如果要分别为某个时钟定义建立时间和保持时间的不确定性，则命令如下。

```
set_clock_uncertainty -setup 0.3 [get_clocks clk1]
set_clock_ uncertainty -hold 0.15 [get_clocks clk1]
```

set_clock_uncertainty 命令为工程师提供了一种便捷的方式，可以在不改变时钟定义和关系的情况下，为设计中的时钟添加过度约束。这种做法用于模拟恶劣工作环境下的时序情况，从而提升系统的鲁棒性。

总体来说，时钟不确定性和时钟抖动的最终值会影响时序裕量的计算，它们主要由以下三个命令约束。

- set_input_jitter：通常依据晶振或时钟管理芯片的手册设置。
- set_system_jitter：一般建议使用 Vivado 的默认值。
- set_clock_uncertainty：在大多数情况下建议使用 Vivado 的默认值。

通常，实际应用中仅需根据手册设置 set_input_jitter 的值，而 set_system_jitter 和 set_clock_uncertainty 往往不需要手动设置，工具的默认值已足够满足设计需求。

3.1.4 时钟延时约束

时钟从时钟源（如晶振）出发到达触发器时钟端口的延时，称为时钟延时。时钟延时包含时钟源延时和时钟网络延时，如图 3.7 所示。

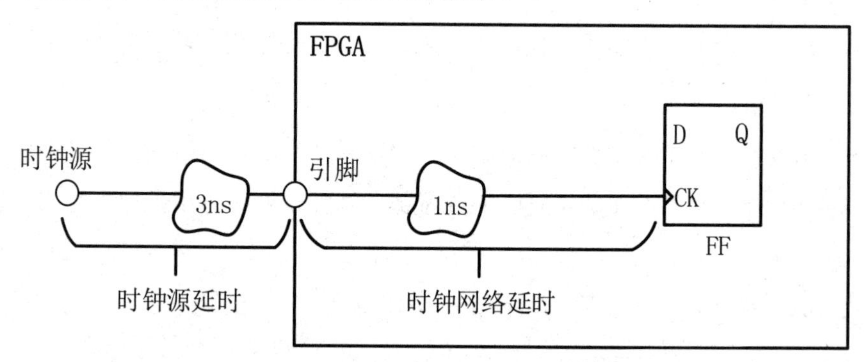

图 3.7　时钟延时示意图

- 时钟源延时（clock source latency）也称为插入延时（insertion delay），是指时钟信号从其实际时钟源到设计中定义时钟点（时钟的输入引脚）的传输时间。图 3.7 中示例的时钟源延时为 3ns。这部分延时通常发生在约束主体外部，时序布线工具对此不可控，因此需要通过约束来指定延时大小。如果不指定时钟源延时，则默认值为 0ns。
- 时钟网络延时（clock network latency）是时钟信号从时钟引脚传输到寄存器时钟端口之间的延时。该延时包括 IOBUF 和布线过程中产生的延时，图 3.7 中示例的时钟网络延时为 1ns。

设置时钟延时的命令是 set_clock_latency。不过，由于在实际的 FPGA 开发过程中，时钟延时约束几乎不需要手动设置，因此本书不进一步讲解相关细节。感兴趣的读者可以查阅相关资料进行深入了解。

3.1.5　时钟转换时间

理想时钟在从低电平跳变到高电平或从高电平跳变到低电平时没有时间差，而实际时钟从物理层面来看是模拟信号，因此无法瞬间从低电平（如 0V）直接跳变到高电平（如 3.3V）。时钟从低电平跳变到高电平或从高电平跳变到低电平的过程所花费的时间称为时钟转换时间（clock transition time）。在默认情况下，上升转换时间是指电压从 20%上升至 80%的时间，而下降转换时间是指电压从 80%下降至 20%的时间。时钟转换时间示意图如图 3.8 所示。

时钟转换时间越短，时钟信号的质量就越好。时钟转换时间受到时序单元的器件特性和电容负载的影响。

在 SDC 约束规范中，可以使用 set_clock_transition 命令来定义时钟转换时间。然而，由于该命令在 FPGA 时序约束中几乎不被使用，因此 XDC 约束规范并未包含该命令。

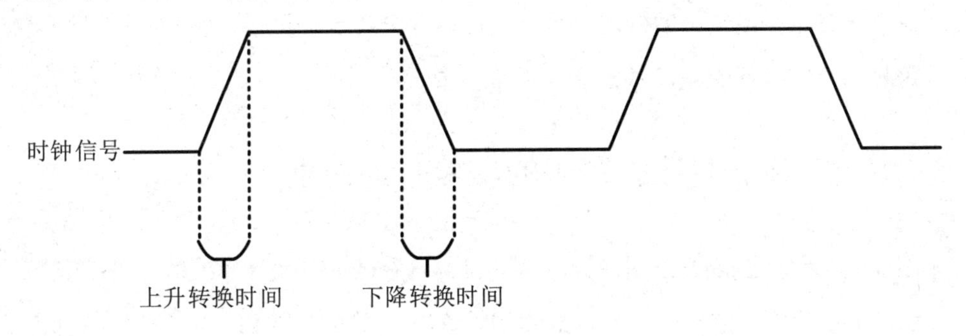

图 3.8　时钟转换时间示意图

3.2　虚拟时钟约束

在 3.1 节的介绍中，我们了解到在 XDC 语法中，可以使用 create_clock 命令来创建主时钟。创建的主时钟可以通过目标位置<objects>来指定，如 FPGA 的端口或内部 PLL 的时钟输出引脚。同时，可以不指定目标位置。当不指定时钟的目标位置时，创建的主时钟被称为虚拟时钟（virtual clock）。虚拟时钟是不依附于任何物理引脚或内部逻辑端口的时钟，用于时序分析中的特殊场景，如跨时钟域的时序分析。虚拟时钟的作用通常是在时序约束中对系统整体时钟架构进行分析，而不需要依赖于具体的硬件资源。

例如，在 FPGA 引脚 sysclk_in 处创建周期为 5ns、相位为 0°、占空比为 50%的主时钟，其约束命令如下。

```
create_clock -name sys_clk -period 5 -waveform {0 2.5} [get_ports sysclk_in]
```

如果要创建一个周期为 5ns、相位为 0°、占空比为 50%，且不依附于任何目标网络的虚拟时钟 vir_clk，则其约束命令如下。

```
create_clock -name vir_clk -period 5 -waveform {0 2.5}
```

可以看出，创建虚拟时钟和创建实际时钟的唯一区别是是否指定了实际的目标物理位置。虚拟时钟通常不依赖于任何物理引脚或信号网络，但在时序约束中有着重要的作用。

虚拟时钟常用于定义输入和输出延时约束，尤其是在外部设备的输入/输出参考时钟不是设计中的主时钟之一，或者当 FPGA 输入/输出路径与内部生成的时钟相关联时。通过分析典型的 pin2reg（从引脚到寄存器）路径和 reg2pin（从寄存器到引脚）路径中的虚拟时钟约束，我们可以更好地理解虚拟时钟在时序分析中的灵活性和作用。

虚拟时钟在这些场景中的妙用使设计中的时序分析更加灵活，特别是在处理复杂的时钟域跨越和外部设备的端口时。

3.2.1 pin2reg 时序路径中的虚拟时钟约束

如图 3.9 所示，在 pin2reg 时序路径中，目标寄存器 FF2 位于 FPGA 内部，其驱动时钟是在引脚 cp2 处定义的实际主时钟 real_clk。然而，源寄存器 FF1 位于 FPGA 外部，时序分析工具无法直接知道源时钟的特性及数据路径的延时情况。

在这种情况下，用户需要定义一个虚拟时钟，以向时序分析工具告知外部寄存器 FF1 的驱动时钟的基本特性（如周期、相位、占空比）。此外，用户还可以通过约束虚拟时钟来指定源时钟的抖动和延时。

时序分析工具不仅需要了解外部源时钟的特性，还需要知道外部寄存器 FF1 发出的新数据到达 FPGA 引脚 dp2 时的延时，即输入延时（input delay）。当时序分析工具知道源寄存器 FF1 的驱动时钟特性及输入延时这些外部变量后，它就可以对 FPGA 内部布线的时序进行准确评估了。

定义虚拟时钟和输入延时，使时序分析工具能够考虑外部设备和 FPGA 之间的时序关系，从而确保时序分析的精确性，尤其在复杂的系统设计中，确保不同时钟域之间的可靠交互和系统的时序稳定性。

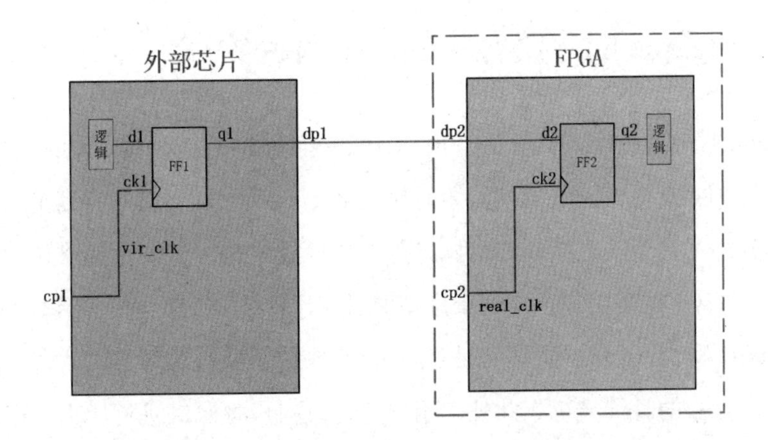

图 3.9　pin2reg 时序路径中的虚拟时钟

在图 3.9 的应用场景中，假设源时钟和目标时钟被同一个时钟驱动，时钟周期为 5ns，相位为 0°，占空比为 50%，则可以为 FPGA 端设置以下时序约束。

（1）创建 FPGA 内部目标寄存器的输入主时钟：

```
create_clock -name real_clk -period 5 -waveform {0 2.5} [get_ports cp2]
```

（2）创建外部芯片中源寄存器的驱动时钟，即虚拟时钟 vir_clk：

```
create_clock -name vir_clk -period 5 -waveform {0 2.5}
```

（3）设置 FPGA 数据输入引脚 dp2 处的输入延时：

```
set_input_delay -clock vir_clk -max T_input_delay_max [get_ports data_in]
set_input_delay -clock vir_clk -min T_input_delay_min [get_ports data_in]
```

需要注意的是，此处的输入延时是相对虚拟时钟 vir_clk 设置的。虽然实际物理上驱动新数据到 FPGA 引脚的时钟是虚拟时钟 vir_clk，而非 FPGA 内部的主时钟 real_clk，但由于 vir_clk 和 real_clk 频率相同、相位相同，因此数据相对于 vir_clk 的延时与数据相对于 real_clk 的延时完全一致。如果将输入延时约束中的 vir_clk 换为 real_clk，那么时序分析工具计算的时序裕量结果也会相同。

然而，仍建议使用虚拟时钟 vir_clk，原因如下。

（1）与实际物理意义更加吻合：虚拟时钟更好地表达了外部设备时钟的特性。

（2）方便对虚拟时钟做进一步约束：如可以对外部的虚拟时钟 vir_clk 设置抖动、相位延时等，而不影响 FPGA 内部时钟 real_clk 的特性。

关于输入延时 $T_{input\_delay\_max}$ 和 $T_{input\_delay\_min}$ 的具体计算方法，请参照第 5 章中关于输入信号接口约束的介绍。

3.2.2 reg2pin 时序路径中的虚拟时钟约束

在 reg2pin 时序路径中，如图 3.10 所示，源寄存器 FF1 位于 FPGA 的分析主体内部，其驱动时钟是 FPGA 内部定义的实际主时钟 real_clk。然而，目标寄存器 FF2 位于 FPGA 外部，时序分析工具无法直接获取目标时钟的特性及 FPGA 外部数据路径的延时需求。

在这种情况下，需要用户定义一个虚拟时钟，用来告知时序分析工具外部寄存器 FF2 的驱动时钟基本特性（如时钟周期、相位、占空比）。通过这种方式，时序分析工具能够理解目标寄存器的时钟情况。此外，用户还可以对虚拟时钟进行约束，指定时钟的抖动和延时等特性。

除需要了解目标时钟的特性外，时序分析工具还需要知道外部寄存器对 FPGA 输出数据的时序要求，即输出延时（output delay）。输出延时描述了外部寄存器在捕获来自 FPGA 的数据时的时间需求。

当时序分析工具了解了目标寄存器 FF2 的驱动时钟特性及数据输出延时这些关键参数后，它便能够对 FPGA 内部布线路径进行更加精确的时序评估，确保时序的完整性和系统的稳定运行。

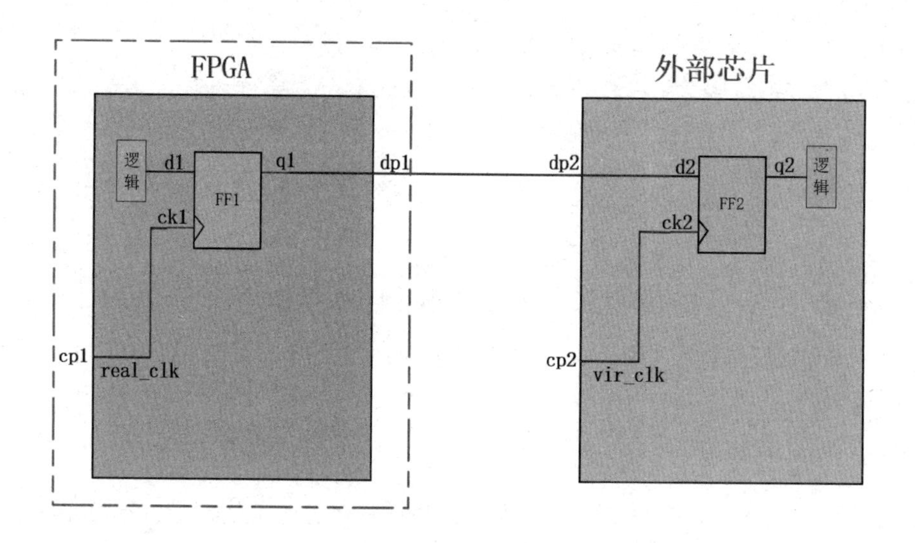

图 3.10 reg2pin 时序路径中的虚拟时钟

对于图 3.10 中描述的 reg2pin 时序路径应用场景，假设源时钟和目标时钟是同频同相驱动的，时钟周期为 5ns，相位为 0°，占空比为 50%，则可以在 FPGA 端进行如下时序约束设置。

（1）创建 FPGA 内部源寄存器的主时钟：

```
create_clock -name real_clk -period 5 -waveform {0 2.5} [get_ports clock_port]
```

（2）创建外部芯片中目标寄存器的驱动时钟（虚拟时钟 vir_clk）：

```
create_clock -name vir_clk -period 5 -waveform {0 2.5}
```

（3）设置 FPGA 数据输出引脚 dp1 处的输出延时：

```
set_output_delay -clock vir_clk -max T_output_delay_max [get_ports data_out]
set_output_delay -clock vir_clk -min T_output_delay_min [get_ports data_out]
```

需要注意的是，此处的输出延时是相对于虚拟时钟 vir_clk 设置的。因为在实际物理意义上，目标寄存器 FF2 捕获新数据时的时钟是虚拟时钟 vir_clk，而不是 FPGA 内部的主时钟 real_clk。不过，由于虚拟时钟 vir_clk 和实际时钟 real_clk 同频同相，数据相对于 vir_clk 的延时需求值与数据相对于 real_clk 的延时需求值是完全一致的。因此，将输出延时的约束时钟从 vir_clk 替换为 real_clk，时序分析工具在计算时序裕量时得到的结果也是相同的。

使用虚拟时钟进行输出延时的约束更为合理，原因如下。

（1）与实际物理意义更加吻合：虚拟时钟更能反映外部时钟的实际行为。

（2）方便对外部虚拟时钟进行进一步约束：如可以对虚拟时钟 vir_clk 设置抖动、相位延时等，而不影响 FPGA 内部的时钟特性。

关于输出延时 $T_{output\_delay\_max}$ 和 $T_{output\_delay\_min}$ 的具体计算方法，请参照第 6 章中的输出信号接口约束介绍。

至此，读者对虚拟时钟约束及其应用场景已经有了基本的了解。如果仍有疑问，那么建议读者结合第 2 章的建立关系和保持关系，以及第 5 章的输入信号接口约束和第 6 章的输出信号接口约束内容，进一步加深对虚拟时钟约束的理解和应用。

第 4 章 衍生时钟约束

4.1 引言

时钟是所有时序约束的起点，其重要性不言而喻。一般来说，时钟可以通过以下三种方式添加到设计中。

（1）使用 create_clock 命令定义的主物理或虚拟时钟。

（2）使用 create_generated_clock 命令定义的衍生时钟，这些时钟是主时钟经过某种转换而得到的。

（3）由工具自动生成的衍生时钟，如 MMCM 的输出时钟。

在前面的内容中，我们已经讲解了主时钟约束的创建，本章将介绍另一个重要的时钟生成约束——衍生时钟的创建。衍生时钟通常由设计内部的专用时钟硬核处理单元（如 MMCM、PLL）或某些用户逻辑中实现的特定时钟转换生成。衍生时钟的源头可以是主时钟，也可以是另一个衍生时钟。衍生时钟的一些属性（如抖动）直接继承自其源时钟。在创建衍生时钟时，必须指定对源时钟做了哪些修改。

衍生时钟通过 create_generated_clock 命令来创建。本章首先讲解 create _ generated _ clock 命令的详细语法，然后结合各个参数的含义，通过实例进行分类分析，最后讲解与衍生时钟相关的时钟分组命令。

通过对这些内容的理解，读者将能够掌握如何创建衍生时钟及在设计中合理使用时钟分组命令，以确保时序分析的完整性和正确性。

4.2　衍生时钟约束语法

create_generated_clock 命令的详细语法如下。

```
create_generated_clock  [-name <args>] [-source <args>] [-edges <args>]
        [-divide_by <args>] [-multiply_by <args>]
        [-combinational] [-duty_cycle <args>] [-invert]
        [-edge_shift <args>] [-add] [-master_clock <args>]
        <objects>
```

各参数含义如下。

- -name <args>（可选）：此参数用于指定创建的衍生时钟名称。若未指定，则系统默认分配一个名称。
- -source <args>（可选）：指定衍生时钟的物理源，可以是端口或引脚。物理源必须是之前定义过的实体时钟，不能是虚拟时钟，并且可以是主时钟或另一个衍生时钟。若源端口或引脚上已定义多个时钟，则需要使用-master_clock 参数明确指定哪一个时钟用于衍生。
- -edges <args>（可选）：此参数定义衍生时钟的前三个边沿与主时钟边沿的对应关系。用大括号{}标记，其中第一个数值表示衍生时钟第一个上升沿对应的主时钟边沿序号，依此类推。
- -divide_by <args>（可选）：此参数设置分频系数，即主时钟频率除以此值得到衍生时钟频率。该值必须为大于或等于 1 的整数。
- -multiply_by <args>（可选）：设置倍频系数，即主时钟频率乘以此值得到衍生时钟频率。该值必须为大于或等于 1 的整数，默认值为 1。
- -combinational（可选）：仅考虑从主时钟源点到衍生时钟源点的组合路径来计算时钟延时。
- -duty_cycle <args>（可选）：定义衍生时钟的占空比，此参数需要与-multiply_by<args>参数联用。占空比默认为 50%。
- -invert（可选）：创建的衍生时钟与主时钟相位相反。
- -edge_shift <args>（可选）：设置衍生时钟边沿相对于主时钟边沿的移动量。
- -add（可选）：此参数允许在同一物理位置定义多个衍生时钟，而不覆盖已存在的时钟。当使用此参数时，需要同时指定-master_clock 参数和-name 参数。
- -master_clock <args>（可选）：用于指定多个时钟存在时，具体使用哪一个时钟。

- <objects>（必选）：指定衍生时钟的物理位置，可以是引脚或端口。

通过对这些参数的详细讲解和实例应用，可以更好地理解和掌握 create_generated_clock 命令的用法。接下来，本书将通过具体的约束实例解释各参数的使用场景和注意事项，帮助读者全面理解衍生时钟约束的用法。

4.3 基本衍生时钟约束实例分析

在实际的工程应用中，常见的做法是利用用户自定义的逻辑分频器从一个主时钟生成更低频率的时钟。如图 4.1 所示，外部输入的时钟 clka 通过寄存器 clk_pos_div2_reg 实现二分频，从而输出频率减半的时钟 clk_pos_div2，该时钟进一步驱动寄存器 dest_ff2_reg。图 4.1 中的逻辑单元 LUT1 的功能相当于一个反相器。

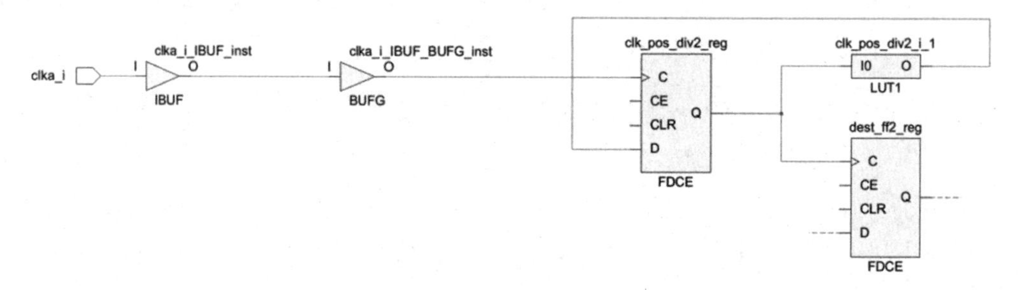

图 4.1　二分频电路结构

该二分频电路的时序如图 4.2 所示。

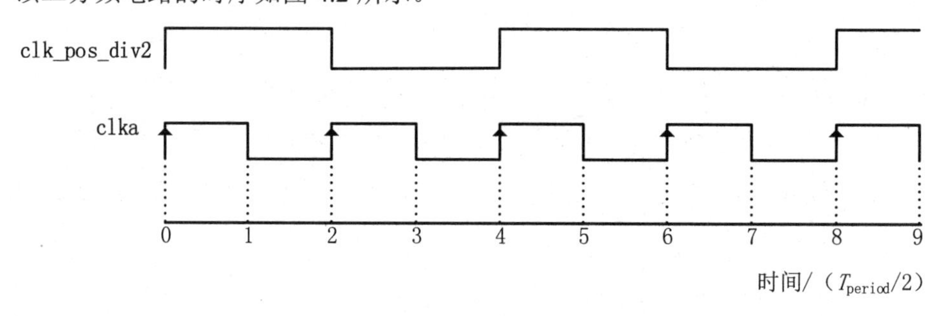

图 4.2　二分频电路的时序

当在这种自定义逻辑中实现时钟分频时，必须使用 create_generated_clock 命令来约束生成的衍生时钟。这是因为时序分析工具仅能识别各个元件的延时信息，无法从自定义逻辑中自动推断出衍生时钟的特性，如频率和相位变化。因此，为了使时序分析工具能准确分析衍生时钟相关的时序路径是否收敛，并指导物理设计工具（PR 工具）进行有效的布局和布线，必须独立创建衍生时钟。

在图 4.1 所示的电路中，寄存器 dest_ff2_reg 如果没有创建二分频衍生时钟，则时序分析工具默认的时钟路径起点将是 clka_i，驱动时钟为 clka。这与设计意图不符，因此必须在寄存器 clk_pos_div2_reg/Q 处创建新的衍生时钟，使其成为时序分析的起点。

具体的衍生时钟参考约束可以如下设定。

```
create_clock -name  clka -period  10  [ get_ports clka_i ]
create_generated_clock  -name clk_pos_div2 \
                        -source [get_ports clka_i] \
                        -divide_by  2 \
                        [get_pins clk_pos_div2_reg/Q]
```

上述命令将在寄存器 clk_pos_div2_reg/Q 的输出引脚上创建名为 clk_pos_div2 的衍生时钟，其频率为输入时钟 clka 的一半。该衍生时钟将作为寄存器 dest_ff2_reg 的驱动时钟，确保时序分析工具正确评估该寄存器及相关路径的时序性能。

在此例中，-source 参数可以指定 FPGA 输入引脚，也可以指定寄存器 clk_pos_div2_reg 时钟输入端口，即-source [get_pins clk_pos_div2_reg/C]。

如果在 clka_i 处创建了 2 个主时钟，如工程中有如下主时钟约束：

```
create_clock -name  clka_100m -period  10  [ get_ports clka_i ]
create_clock -name  clka_50m -period  20  [ get_ports clka_i ] -add
```

则在生成二分频衍生时钟时，必须使用-master_clock 参数指定对应的主时钟。此时，完整的约束应包含两个衍生时钟约束：

```
create_generated_clock  -name  clka_100m_div2  \
                        -source [get_ports clka_i] \
                        -master_clock clka_100m \
                        -divide_by 2 \
                        [get_pins clk_pos_div2_reg/Q]
create_generated_clock  -name  clka_50m_div2  \
                        -source [get_ports clka_i] \
                        -master_clock clka_50m \
                        -divide_by 2 \
                        [get_pins clk_pos_div2_reg/Q]
                        -add
```

特别需要注意的是，与创建主时钟相同，第二条衍生时钟约束命令也必须加上-add 参数，否则第二条命令将会覆盖第一条命令。

4.4 -edges 参数约束实例分析

在 4.3 节中，通过寄存器实现二分频的例子讲述了创建衍生时钟的基本用法，基本用法包括常见参数（如-name、-source、-master_clock、-divide_by、-add）的用法。本节将通过实例讲解-edges 参数的妙用。

4.4.1 下降沿二分频约束实例

如图 4.3 所示，外部输入时钟 clka 通过寄存器 clk_neg_div2_reg（下降沿触发有效）实现了二分频，输出的二分频时钟 clk_neg_div2 驱动寄存器 dest_ff2_reg。其中，LUT1 的功能等价于反相器。

下降沿二分频电路与 4.3 节介绍的上升沿二分频电路的唯一区别在于分频寄存器的触发属性不同。上升沿二分频电路使用上升沿触发，而下降沿二分频电路使用下降沿触发。这一差异导致时钟相位产生 90°的偏移，但电路的基本功能保持一致。

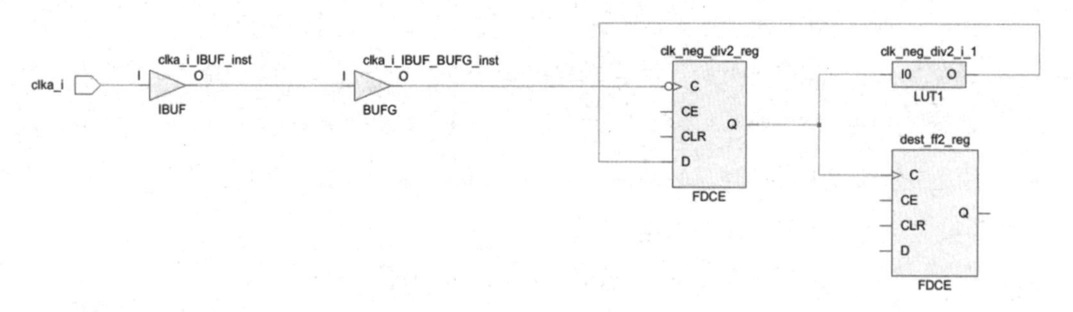

图 4.3 下降沿二分频电路结构

下降沿二分频时序图如图 4.4 所示，当这种衍生时钟与对应主时钟有相位差时，可以使用-edges 参数指定衍生时钟边沿与主时钟边沿的相对关系。

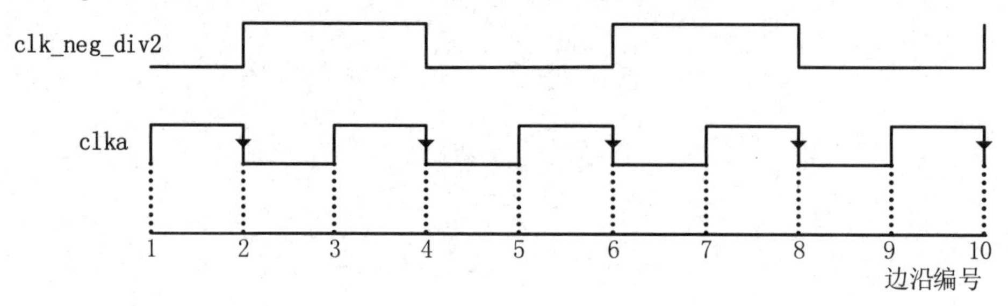

图 4.4 下降沿二分频时序图

为了能准确表达边沿的相对关系，先对主时钟 clka 的边沿进行编号，编号从 1 开始，如图 4.4 所示。基于主时钟边沿编号，可以得到 clk_neg_div2 的跳变沿标识为{2, 4, 6}。确定了边沿的对应关系，约束相位差问题即可迎刃而解。对于上述下降沿二分频电路结构，衍生时钟的参考约束如下。

```
create_clock -name  clka -period  10  [ get_ports clka_i ]
create_generated_clock   -name clk_neg_div2 \
                         -source [get_ports clka_i] \
                         -edges  {2,4,6} \
                         [get_pins clk_neg_div2_reg/Q]
```

4.3 节上升沿二分频约束实例中的-divide_by 参数也可以使用-edges 参数替代，对应的参考约束如下。

```
create_generated_clock  -name clk_pos_div2 \
                        -source [get_ports clka_i] \
                        -edges  {1,3,5} \
                        [get_pins clk_pos_div2_reg/Q]
```

4.4.2　-edge_shift 参数约束用法

由于-edges 参数是以主时钟的边沿为基准的，因此分频时钟的最小相移单位为 90°。要实现更精细的相移描述，可以结合-edge_shift 参数来进行约束，从而更加灵活地处理这种相位约束问题。与-edges 参数代表主时钟边沿编号不同，-edge_shift 参数大括号{}中的三个数值代表对应边沿向右移动的时间，单位为 ns。

例如，有如下约束。

```
create_clock -name  clk -period  4  [ get_ports clka_i ]
create_generated_clock -name  edge_246  \
                       -source [get_ports clka_i ] \
                       -edges {2 4 6} \
                       [get_pins mmcm_inst/CLKOUT]
create_generated_clock -name  edge_246_shift101  \
                       -source [get_ports clka_i ] \
                       -edges {2 4 6} \
                       -edge_shift {1  0 1} \
                       [get_pins mmcm_inst/CLKOUT]
```

上述约束的衍生时钟和主时钟波形图如图 4.5 所示。

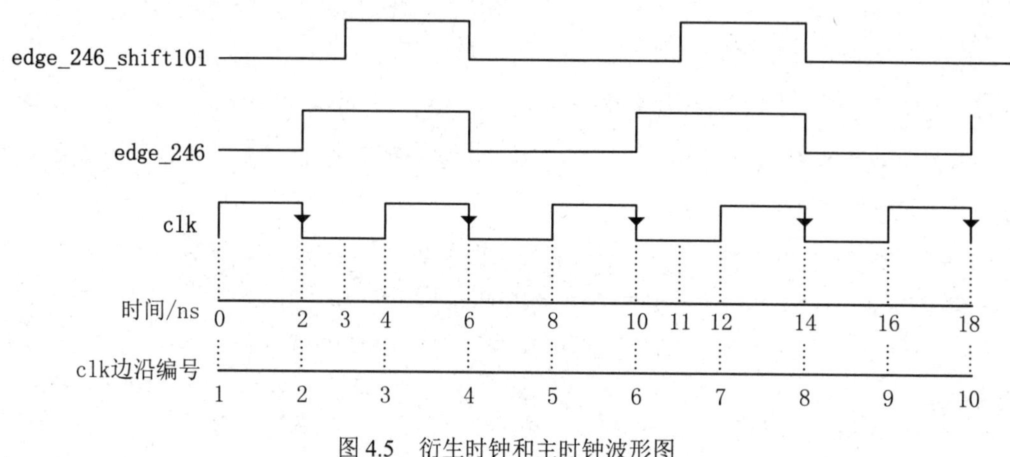

图 4.5 衍生时钟和主时钟波形图

从图 4.5 可以看出，-edge_shift 参数在-edges 参数的基础上进行了微调。时钟 edge_246 的前三个边沿时刻分别为{2ns, 6ns, 10ns}，而时钟 edge_246_shift101 在时钟 edge_246 的基础上进行了微调{1ns, 0ns, 1ns}，即时钟 edge_246 的前三个边沿时刻加上微调时间。计算公式为{2ns, 6ns, 10ns}+{1ns, 0ns, 1ns}={3ns, 6ns, 11ns}。

因此，-edge_shift 参数可以用于微调，从而改变占空比。需要注意的是，-edge_shift 参数不能与-divide_by、-multiply_by、-invert 参数同时使用。

4.4.3 三分频非标准波形约束实例

为了加深对-edges 参数的理解，我们来看一个三分频非标准波形的约束实例。三分频电路结构图如图 4.6 所示。电路的输入时钟为 clka_i，通过两个寄存器（clk_buf_reg 和 clk_div3_reg）实现三分频输出 clk_div3。其中，LUT1 的功能等价于反相器，LUT2 的功能为(~clk_buf) & clk_div3。

该电路生成的三分频时钟的占空比并非标准的 50%。其对应的时序图如图 4.7 所示。这种不对称的占空比可以通过-edges 参数来精确地定义，以确保约束的时钟边沿与实际产生的时钟边沿保持一致。

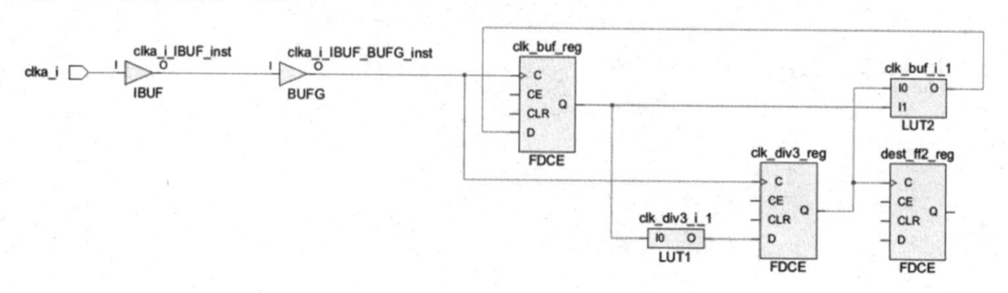

图 4.6 三分频电路结构图

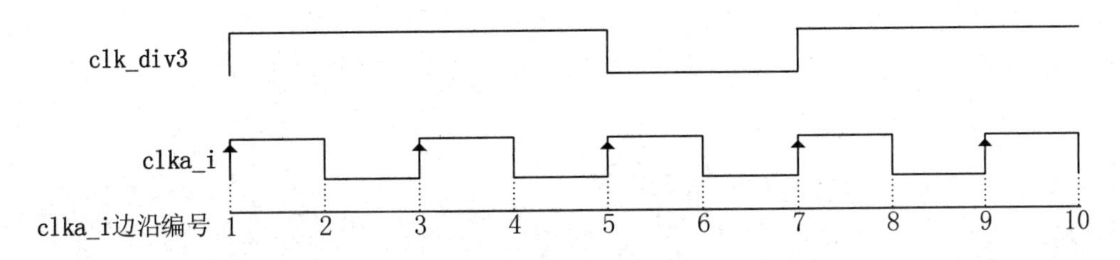

图 4.7　三分频电路时钟时序图

对于这种非标准的衍生时钟波形，适合使用-edges 参数进行约束。从图 4.7 中可以看出，clk_div3 对应的主时钟边沿编号为{1, 5, 7}，因此参考约束如下。

```
create_clock -name  clk  -period  5  [ get_ports clka_i ]
create_generated_clock  -name  clk_div3  \
                        -source [get_ports clka_i ] \
                        -edges { 1 5 7 } \
                        [get_pins  clk_div3_reg/Q]
```

4.5　-combinational 参数约束实例分析

时序分析工具在计算衍生时钟路径延时时，默认会同时考虑所有可能的路径，即使这些路径包含时序逻辑路径。典型的门控时钟电路如图 4.8 所示。

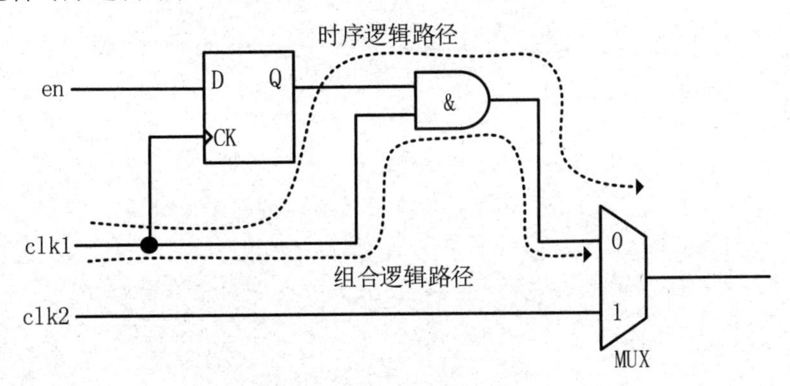

图 4.8　典型的门控时钟电路

主时钟 clk1 通过门控输出到多路复用器（MUX）。此时，主时钟 clk1 到 MUX 输出有两条路径：一条是组合逻辑路径，另一条是时序逻辑路径。考虑到实际的时序逻辑路径功能仅作为门控开关信号，在正常工作时，时序逻辑的输出是一个固定常值，不会在工作过程中动态切换。因此，主时钟 clk1 从起点到 MUX 输出的衍生时钟起点只需考虑组合逻辑路径的延时。为了使时序分析工具仅考虑组合逻辑路径的延时，在 MUX 处创建衍生时钟时，需要添加-combinational 参数，确保工具在计算时钟延时时忽略时序逻辑路径的延时影响。

针对图 4.8 所示电路结构的参考约束如下。

```
create_clock -name  clk1 -period  5  [ get_ports clka_i ]
create_generated_clock  -name  mux_clk1  \
                        -source [get_ports clka_i ] \
                        -divide_by 1    \
                        -combinational  \
                        [get_pins MUX/O]
```

其中，MUX/O 为 MUX 的输出端口。

4.6 -invert 参数约束实例分析

在数字逻辑设计中，反相时钟的情况经常出现。典型的反相时钟复用电路拓扑结构如图 4.9 所示。时钟经过 MUX 选择是否反相时钟，因此在 MUX 的输出端口存在两条时序逻辑路径：一条为源时钟路径，另一条为反相时钟路径。此时，反相时钟的特征可以通过-invert 参数来描述，对应参考约束如下。

```
create_clock -name  clk1 -period  5  [ get_ports clka_i ]
create_generated_clock  -name  mux_clk  \
                        -source [get_ports clka_i ] \
                        -divide_by 1    \
                        [get_pins MUX/O]
create_generated_clock  -name  mux_clk_inv  \
                        -source [get_ports clka_i ] \
                        -invert \
                        [get_pins MUX/O] \
                        -add
```

当然，对于这种反相时钟也可以用-edges 参数来准确约束，对应参考约束如下。

```
create_generated_clock  -name  mux_clk_inv  \
                        -source [get_ports clka_i ] \
                        -edges { 2 3 4 } \
                        [get_pins MUX/O] \
                        -add
```

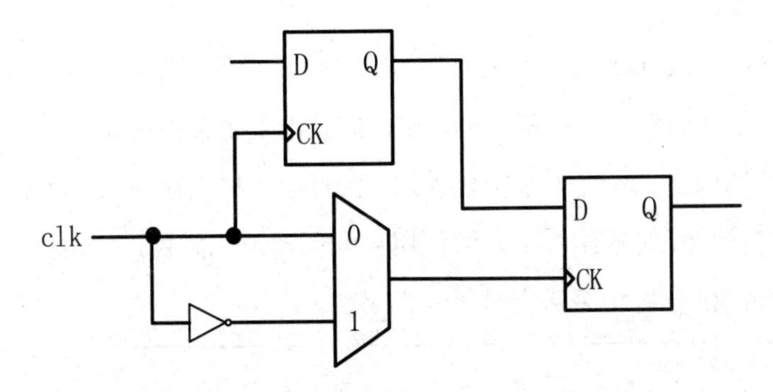

图 4.9　典型的反向时钟复用电路拓扑结构

在 Vivado 中，在简单时钟结构下，即使不约束反相时钟，在分析时序路径时也能正确识别到反向时钟。源时钟为正相时钟、目标时钟为反相时钟的时序路径电路结构图如图 4.10 所示，源寄存器 tmp_reg 的驱动时钟为正相时钟，目标寄存器 data_o_reg 的驱动时钟为反相时钟，LUT1 实现的功能等价于反相器。该图是在 Vivado 中综合后的网表示意图。可见综合的时候把时钟反相器当成组合逻辑来处理。

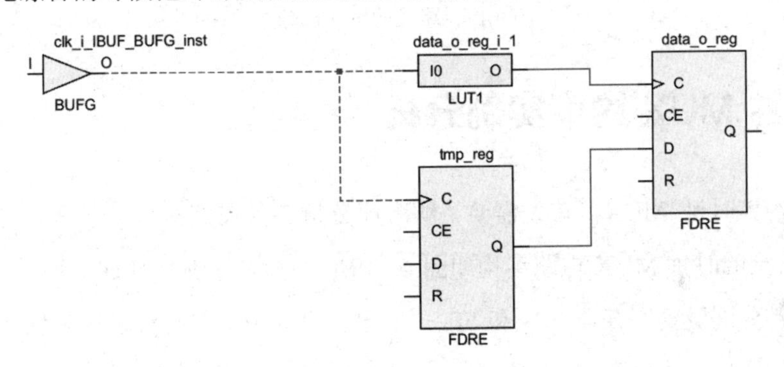

图 4.10　源时钟为正相时钟、目标时钟为反相时钟的时序路径电路结构图

对应布局布线之后的网表如图 4.11 所示，目标寄存器 data_o_reg 在综合网表中由上升沿触发有效优化为下降沿触发有效，并将网表中的 LUT1 进行了优化。显然，这种优化有助于节省逻辑资源。

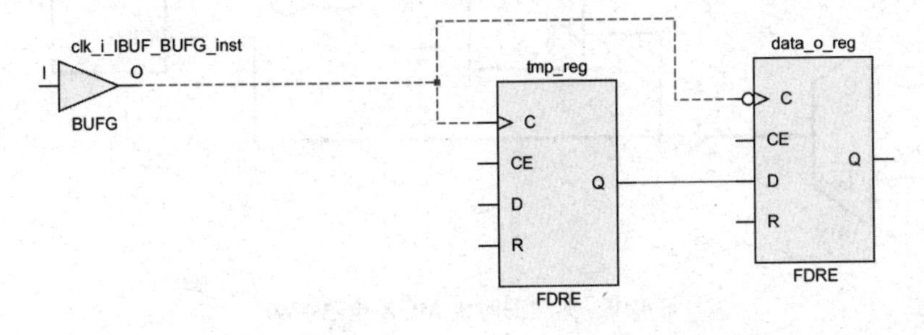

图 4.11　布局布线之后的网表

打开实现（implementation）后的时序报告，该路径的概述部分如图 4.12 所示。可以看到，发送沿发生在时钟上升沿的 0ns 时刻，捕获沿发生在时钟第一个下降沿的 20ns 时刻（时钟周期为 40ns），建立关系符合预期。因此，可以看出 Vivado 综合实现的优化流程相当智能。在简单的时钟结构下，即使用户未创建反相时钟，Vivado 仍能正确识别反相时钟行为，并准确分析相关路径时序。

Slack	18.884ns
Source	tmp_reg/C (rising edge-triggered cell FDRE clocked by clk_in {rise@0.000ns fall@20.000ns period=40.000ns})
Destination	data_o_reg/D (rising edge-triggered cell FDRE clocked by clk_in' {rise@0.000ns fall@20.000ns period=40.000ns})
Path Group	clk_in
Path Type	Setup (Max at Fast Process Corner)
Requirement	20.000ns (clk_in fall@20.000ns - clk_in rise@0.000ns)
Data P...Delay	0.376ns (logic 0.175ns (46.564%) route 0.201ns (53.436%))
Logic Levels	0
Clock ... Skew	-0.691ns
Clock U...tainty	0.035ns

图 4.12　路径的概述部分

4.7　时钟 MUX 约束实例分析

要正确约束时钟 MUX，首先需要了解时序分析工具在默认情况下是如何处理时钟 MUX 的。典型的时钟 MUX 电路结构如图 4.13 所示：时钟 clk1 和 clk2 通过时钟 MUX 选择后输出，分别驱动寄存器 FF1 和 FF2。如果在设计中只对时钟进行了创建约束，如以下约束语句所示。

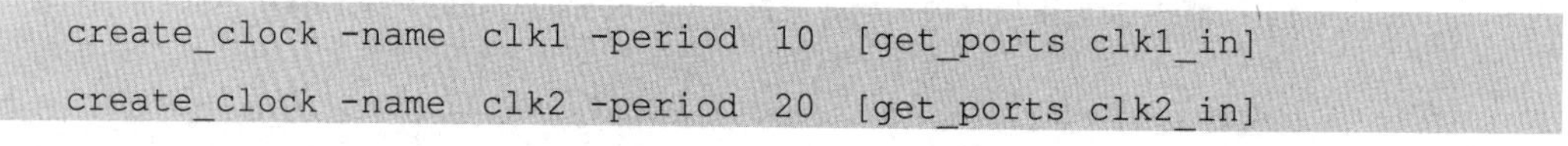

```
create_clock -name clk1 -period 10 [get_ports clk1_in]
create_clock -name clk2 -period 20 [get_ports clk2_in]
```

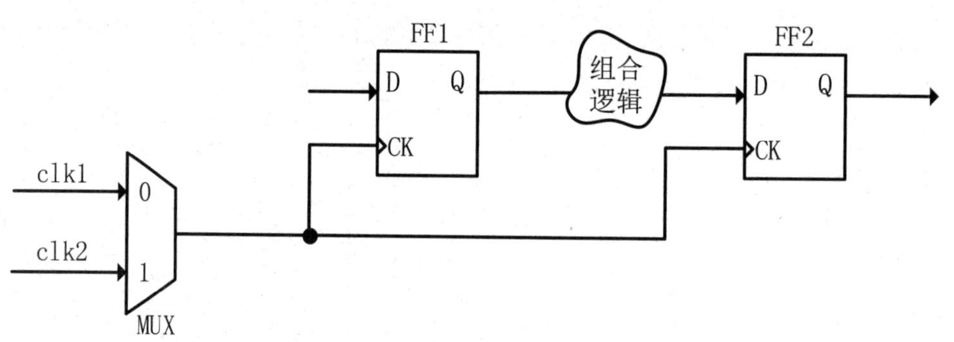

图 4.13　典型的时钟 MUX 电路结构

此时，时序分析工具会分析在四种不同情况下 FF1 到 FF2 的路径时序，分别如下。

（1）源寄存器 FF1 由时钟 clk1 驱动发送数据，目标寄存器 FF2 由时钟 clk1 驱动捕获数据。

（2）源寄存器 FF1 由时钟 clk2 驱动发送数据，目标寄存器 FF2 由时钟 clk2 驱动捕获数据。

（3）源寄存器 FF1 由时钟 clk1 驱动发送数据，目标寄存器 FF2 由时钟 clk2 驱动捕获数据。

（4）源寄存器 FF1 由时钟 clk2 驱动发送数据，目标寄存器 FF2 由时钟 clk1 驱动捕获数据。

由于在实际情况中，MUX 输出端口的时钟只能有一个有效，因此实际可能的情况只有情况（1）或情况（2），情况（3）和情况（4）是不可能发生的。因此，时序分析工具对 MUX 时钟的默认分析存在过度分析的情况。为了解决这个问题，必须新增额外的约束，将情况（3）和情况（4）予以排除。

此时，可以使用 set_clock_groups 命令将 clk1 和 clk2 设置为逻辑互斥时钟，参考命令如下。

```
set_clock_groups  -logically_exclusive  \
                  -group clk1 \
                  -group clk2
```

set_clock_groups 命令的详细语法格式请参见 4.8 节。

对于在 MUX 前没有逻辑的时钟结构，这种结构相对简单，较容易进行分析，如图 4.13 所示。

如果在 MUX 前有时序逻辑，并且与 MUX 之后的时钟存在数据交互，那么这种情况相对复杂一些，如图 4.14 所示。

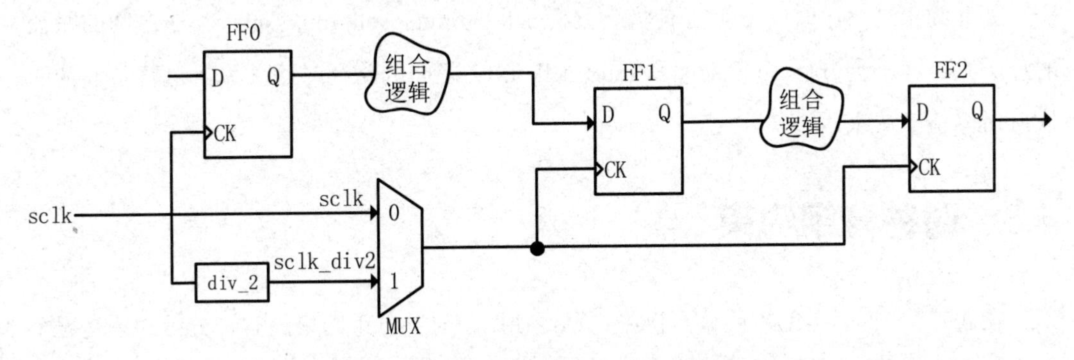

图 4.14　在 MUX 前有时序逻辑的电路结构

图 4.14 中 FF1 到 FF2 的时序路径与图 4.13 的分析情况一致。需要特别注意 FF0 到 FF1 之间的路径，因为 FF0 由时钟 sclk 驱动发送数据，而 FF1 可能由时钟 sclk_div2 驱动捕获数据。因此，不能简单地将 sclk 和 sclk_div2 设置为逻辑互斥或异步时钟。

此时，MUX 的时序约束应分为两步进行。第一步是在 MUX 的输出点创建 2 个衍生时钟，参考约束命令如下。

```
create_clock -name  sclk -period  5  [ get_ports clka_i ]
create_generated_clock  -name  sclk_div2  \
                        -source [get_ports clka_i ] \
                        -divide_by 2    \
                        [get_pins u_div_2/div2]
create_generated_clock  -name  mux_sclk  \
                        -source [get_ports clka_i ] \
                        -divide_by  1    \
                        [get_pins MUX/O] \
create_generated_clock  -name  mux_sclk_div2  \
                        -source [get_pins u_div_2/div2] \
                        -divide_by  1    \
                        [get_pins MUX/O] \
                        -add
```

第二步是用一个时钟分组命令将这 2 个衍生时钟设置为物理互斥（-physically_exclusive），参考约束命令如下。

```
set_clock_groups  -physically_exclusive  \
                  -group mux_sclk \
                  -group mux_sclk_div2
```

如此约束之后，时序分析工具将会分析 sclk 与 mux_sclk/mux_sclk_div2 之间的路径时序关系，而不会分析 mux_sclk 和 mux_sclk_div2 之间的路径时序关系。这符合设计的实际时序检查要求。

4.8 时钟分组约束

在 4.7 节的时钟 MUX 约束示例中，已经使用了时钟分组约束。时钟分组约束是整个时序约束的重点，虽然大多数人对时钟分组约束的概念有所了解，并且 set_clock_groups 命令的参数看起来比较简单，但是很多人在实际约束中容易出错。归根结底，这是因为对该命令的底层逻辑缺乏清晰的理解，对一些语法细节的概念模糊不清，从而在关键之处出现问题。因此，本书将单独用一个章节详细讲解时钟分组的使用场景、set_clock_groups 命令的详细语法结构，以及时钟分组使用时的注意事项。

4.8.1　时钟分组使用场景

当设计中存在多个独立运行的时钟域时，可以使用时钟分组来定义这些时钟域是否为异步、逻辑互斥或物理互斥关系。在处理异步信号或不同时钟域之间的信号传输问题时，通过创建异步时钟组，可以避免不必要的时序分析。

两个独立的时钟可以是同步时钟，也可以是异步时钟。同步时钟的两个时钟相位关系是可预知的（相位保持一定关系），常见情况是同步时钟来源于相同的根时钟或共享同一周期，如衍生时钟与主时钟。异步时钟的相位关系则不可预知。例如，两个晶振生成的时钟通过不同的输入端口进入 FPGA 内部，无法预测它们的相位关系。

对于时序分析工具来说，默认会将所有的时钟视为同步时钟，并分析所有时钟之间的路径时序。如图 4.15 所示，时钟 clk1 和 clk2 为异步时钟（周期不同，相位关系也不确定）。在此情况下，寄存器 FF1 在 clk1 驱动下将数据输出给寄存器 FF2，而 FF2 的时钟由 clk2 驱动。如果不声明 clk1 和 clk2 之间的时钟关系，则工具会对 FF1/CK 到 FF2/D 之间的时序关系进行分析。由于 clk1 和 clk2 的周期和相位完全不确定，分析它们之间的时序路径必然会生成错误的时序报告，这显然不是设计者所期望的。

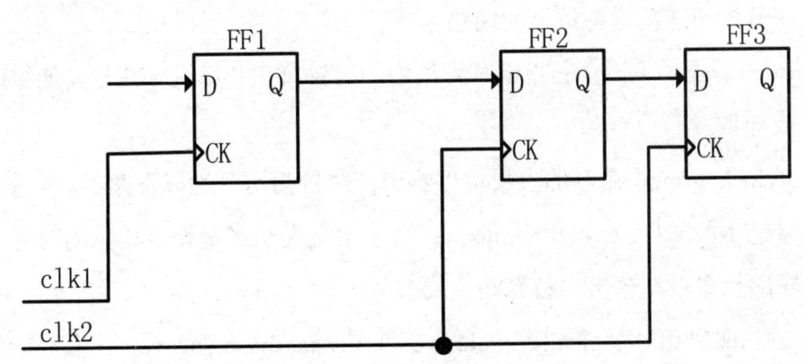

图 4.15　典型异步路径电路图

如果声明 clk1 和 clk2 为异步时钟，那么时序分析工具将不会对 clk1 和 clk2 之间的时序路径进行分析。由于异步信号在进入 clk2 时钟域时已进行了跨时钟域处理，因此不分析这种跨时钟域路径是设计者所期望的结果。

需要注意的是，时钟分组约束命令的优先级高于时序例外约束命令，因此必须熟练掌握该命令的用法及其特点，否则可能会导致约束错误。

4.8.2 set_clock_groups 语法详解

set_clock_groups 命令用于创建时钟组，并对这些时钟组之间的时序路径进行管理。通过该命令，可以指定时钟组之间的逻辑或物理关系，指示时序分析工具哪些时序路径需要分析，哪些时序路径可以忽略。

set_clock_groups 命令的详细使用语法为

```
set_clock_groups [-name <args>] [-logically_exclusive] [-physically_exclusive]
 [-asynchronous] [-group <args>]
```

其中，各参数的具体意义如下。

- -name <args>（可选）：指定要创建的时钟组名称。如果未指定，则系统会自动分配一个名称。
- -logically_exclusive（可选）：创建逻辑上互斥的时钟组，表示组内的时钟不会同时存在，适用于多工作时钟选择的设计。
- -physically_exclusive（可选）：创建物理上互斥的时钟组，表示组内的时钟在物理节点上不会同时存在。
- -asynchronous（可选）：指定异步时钟组，表示组间的时钟没有已知的相位关系，时序分析将忽略这些组之间的路径。
- -group <args>（可选）：指定时钟组中的时钟列表。每组时钟与其他组中的时钟互斥或异步。

从 set_clock_groups 命令的参数可以看出，时钟组可分为以下两类。

（1）异步时钟组（-asynchronous）：用于定义无法确定相对相位的时钟，这些时钟之间的时序路径可以在分析中被忽略。

（2）独占时钟组（-logically_exclusive 和-physically_exclusive）：用于定义那些不应该同时存在的时钟。尽管这些时钟不会同时存在，但在时序分析中仍需要考虑它们的信号完整性（如交叉耦合）。

注意：-logically_exclusive、-physically_exclusive 和-asynchronous 是互斥的参数，只

能选择其中一个。如果只指定了一组时钟，则该组时钟与设计中的所有其他时钟互斥或异步。

例如，图 4.15 中定义了两个时钟，可以使用以下约束对时钟进行分组。

```
set_clock_groups -name  clk_group  -asynchronous \
                                   -group [get_clocks  clk1]  \
                                   -group [get_clocks  clk2]
```

此约束将 clk1 和 clk2 定义为异步时钟，告知时序分析工具忽略它们之间的路径分析。

4.8.3　异步时钟组

在使用 set_clock_groups -asynchronous 命令进行异步时钟组的约束时，虽然参数和命令看起来简单，但在实际操作中容易出现混淆和错误。尤其是在声明多个时钟组时，时钟之间的关系可能会变得不清晰。我们通过几个实例来理清 set_clock_groups -asynchronous 命令的具体用法，并假设设计中有四个时钟：clka、clkb、clkc 和 clkd，这些时钟之间存在两两交互的时序路径。

通过对这四个时钟进行不同的时钟组约束，我们可以总结出时钟组路径之间是否进行时序分析，将结果记录在表格中，其中 Y 表示两个时钟之间的路径会进行时序分析，N 表示不会进行时序分析。

约束 1：只约束 clka 为一个异步组。

```
set_clock_groups -name asy_group1 -asynchronous -group [get_clocks clka]
```

在这种情况下，clka 与其他所有时钟（clkb、clkc、clkd）之间的路径都被认为是异步路径，不会进行时序分析，而其他时钟之间的路径被视为同步路径，仍会进行时序分析。具体的时序路径分析结果如表 4.1 所示。

表 4.1　约束 clka 为异步组的时序路径分析结果

源时钟	目标时钟			
	clka	clkb	clkc	clkd
clka	Y	N	N	N
clkb	N	Y	Y	Y
clkc	N	Y	Y	Y
clkd	N	Y	Y	Y

约束 2：将 clka 和 clkb 置于同一个异步组。

```
set_clock_groups -name asy_group1 -asynchronous -group [get_clocks {clka clkb}]
```

在这种情况下，clka 和 clkb 之间的路径会进行时序分析，未约束分组的 clkc 和 clkd 之间的路径也会进行时序分析，但 clka/clkb 与 clkc/clkd 之间的路径不会进行时序分析。具体的时序路径分析结果如表 4.2 所示。

表 4.2 约束 clka 和 clkb 为同一异步组的时序路径分析结果

源时钟	目标时钟			
	clka	clkb	clkc	clkd
clka	Y	Y	N	N
clkb	Y	Y	N	N
clkc	N	N	Y	Y
clkd	N	N	Y	Y

约束 3：同一个命令中设置多个异步组。

```
set_clock_groups -name asy_group1 -asynchronous \
                                            -group [get_clocks clka] \
                                            -group [get_clocks {clkb,clkc}]
```

当在同一个命令中定义了多个异步组时，这些异步组之间的路径不会进行时序分析，但每个异步组内部的路径仍会进行分析。具体的时序路径分析结果如表 4.3 所示。

表 4.3 同一个命令中设置多个异步组的时序路径分析结果

源时钟	目标时钟			
	clka	clkb	clkc	clkd
clka	Y	N	N	Y
clkb	N	Y	Y	Y
clkc	N	Y	Y	Y
clkd	Y	Y	Y	Y

约束 4：clka 和 clkb 单独约束为异步组。

```
set_clock_groups -name asy_g1 -asynchronous -groups [get_clocks clka]
set_clock_groups -name asy_g2 -asynchronous -groups [get_clocks clkb]
```

在这种情况下，clka 和 clkb 分别与其他所有时钟（clkc、clkd）之间的路径都不会进行时序分析。具体的时序路径分析结果如表 4.4 所示。

表 4.4　clka 和 clkb 单独约束为异步组的时序路径分析结果

源时钟	目标时钟			
	clka	clkb	clkc	clkd
clka	Y	N	N	N
clkb	N	Y	N	N
clkc	N	N	Y	Y
clkd	N	N	Y	Y

约束 5：同一个异步组内分为两个小组。

```
set_clock_groups -name  asy_group1 -asynchronous -group [get_clocks {clka clkb}] -group [get_clocks {clkc clkd}]
```

在这种情况下，组内的时钟路径之间会进行时序分析，但组间的时钟路径之间不会进行时序分析。具体的时序路径分析结果如表 4.5 所示。

表 4.5　同一个异步组内分为两个小组的时序路径分析结果

源时钟	目标时钟			
	clka	clkb	clkc	clkd
clka	Y	Y	N	N
clkb	Y	Y	N	N
clkc	N	N	Y	Y
clkd	N	N	Y	Y

约束 6：同名时钟组，后者覆盖前者。

```
set_clock_groups -name clk_group -asynchronous -group [get_clocks clka] -group [get_clocks clkb]
set_clock_groups -name clk_group -asynchronous -group [get_clocks clkc] -group [get_clocks clkd]
```

在这种情况下，两条约束语句使用了相同的时钟组名称 clk_group，后者的约束将覆盖前者。

从上面的 6 个约束中可以分析出，对于 Vivado 处理异步时钟组逻辑，如果不约束时钟分组，则默认所有的时钟都在同一个时钟组，假设时序分析工具默认分配的组名为 default_group。当单独约束时钟分组时，会将对应时钟的组名从 default_group 变更为当前约束指定的组名。如果在约束的时钟分组内部进一步划分成不同的小组，这时会创建一个平行分组子集，且子集中的约束优先级更高。

在约束 1 中，clka 时钟组为 asy_group1，而 clkb、clkc 和 clkd 时钟组为 default_group。在约束 2 中，clka 和 clkb 被约束为异步组 asy_group1，clkc 和 clkd 仍属于默认异步组 default_group。在约束 3 中，clka、clkb、clkc 和 clkd 都属于 default_group，同时创建了一个平行分组 asy_group1，该平行分组内部定义了两个小组：local_asy_group1 和 local_asy_group2（名称假设），其中 clka 属于 local_asy_group1，clkb 和 clkc 属于 local_asy_group2。在平行分组 asy_group1 中，异步时序路径（如 clka 与 clkb 之间及 clka 与 clkc 之间的时序路径）按照平行分组的规则处理，其他未在平行分组中定义的时序路径则按照默认分组规则处理（都按照同步时序路径处理）。

为了防止某些时钟没有被正确约束或被误约束，建议按照约束 5 的方式进行时钟分组。在理清时钟关系后，将所有主时钟和衍生时钟在对应的时钟组中列出。对于衍生时钟的分组约束，可以使用-include_generated_clocks 命令将该主时钟及其生成的衍生时钟放到同一个组中。例如，以下约束命令。

```
set_clock_groups  -asynchronous \
               -group [get_clocks -include_generated_clocks clka] \
               -group [get_clocks -include_generated_clocks clkb]
```

上述命令将 clka 及其衍生时钟、clkb 及其衍生时钟分别放入各自的同步组中，且主时钟 clka 及其衍生时钟与主时钟 clkb 及其衍生时钟之间被定义为异步关系。

set_clock_groups 命令的优先级高于普通的时序异常命令（如 set_false_path、set_multicycle_path 等）。当同一路径上的约束发生冲突时，set_clock_groups 命令的设置会覆盖其他时序例外约束。因此，当使用 set_clock_groups 命令时，需要谨慎梳理设计中所有时钟的同异步关系，确保正确地识别和分组时钟，否则错误的时钟分组可能导致时序分析结果不准确，进而影响最终的布局布线结果。

4.8.4　独占时钟组

独占时钟组是指在一个时钟组的时钟列表中，只有一个时钟最终有效。独占时钟组分为物理互斥和逻辑互斥两种类型。物理互斥表示两个时钟在物理网表中不会同时存在，通常用于同一个引脚或网络上可能输入多种不同的时钟频率的情况，此类约束可以通过 set_clock_groups -physically_exclusive 命令来实现。逻辑互斥表示两个时钟可以同时存在，但最终只有一个时钟输出是有效的，通常用于 MUX 的输入时钟，此类约束可以通过 set_clock_groups -logically_exclusive 命令来实现。

四输入时钟 MUX 电路结构如图 4.16 所示，主时钟 sclk 经过分频得到 sclk_div2、sclk_div4 和 sclk_div8。主时钟 sclk 及其三个分频衍生时钟作为输入信号提供给时钟 MUX，MUX 通过四选一的方式输出 mux_clk，用于驱动后级的时序电路。对于这种电路结构，可以使用时钟分组中的逻辑互斥命令来约束 MUX 输入前的时钟信号，也可以使用时钟分组中的物理互斥命令来约束 MUX 输出后的时钟信号。

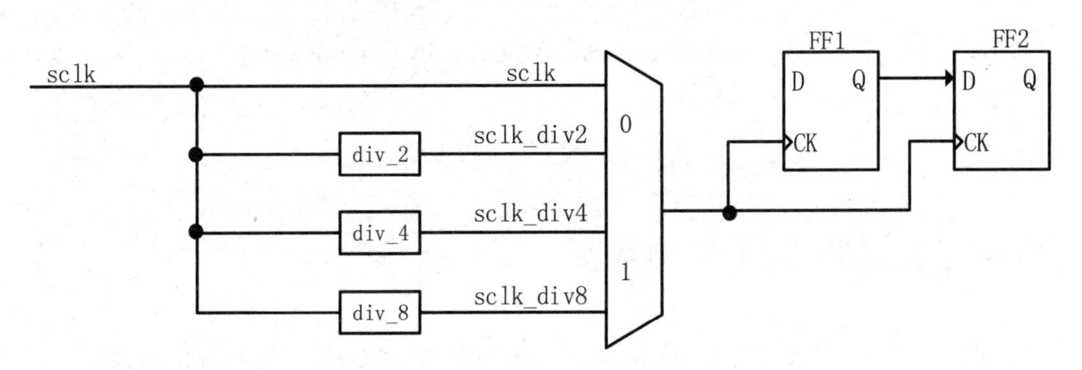

图 4.16　四输入时钟 MUX 电路结构

当使用时钟分组中的逻辑互斥命令进行约束时，可以参考以下约束命令。

```
    create_clock -name  sclk -period  5  [ get_ports clka_i ]
    create_generated_clock  -name  sclk_div2  -source [get_ports clka_i ]
-divide_by 2    [get_pins u_div_2/ div_clk_out]
    create_generated_clock  -name  sclk_div4  -source [get_ports clka_i ]
-divide_by 4   [get_pins u_div_4/div_clk_out]
    create_generated_clock  -name  sclk_div8  -source [get_ports clka_i ]
-divide_by 8   [get_pins u_div_8/div_clk_out]
    set_clock_groups -name logic_excl_group -logically_exclusive -group sclk
-group sclk_div2 -group sclk_div4 -group sclk_div8
```

此约束命令将主时钟 sclk 和其分频衍生时钟 sclk_div2、sclk_div4、sclk_div8 分为逻辑互斥的时钟组，表示这四个时钟虽然可能同时存在，但只有一个最终有效。

当使用时钟分组中的物理互斥命令进行约束时，首先需要创建 MUX 输出点的衍生时钟，然后将这些衍生时钟约束为物理互斥组。参考约束命令如下。

```
create_generated_clock -name mux_sclk -source [get_ports clka_i] -divide_by 1 [get_pins mux_inst/Y]
create_generated_clock -name mux_sclk_div2 -source
[get_pins u_div_2/div_clk_out] -divide_by 1 [get_pins mux_inst/Y]
create_generated_clock -name mux_sclk_div4 -source
[get_pins u_div_4/div_clk_out] -divide_by 1 [get_pins mux_inst/Y]
create_generated_clock -name mux_sclk_div8 -source
[get_pins u_div_8/div_clk_out] -divide_by 1 [get_pins mux_inst/Y]
set_clock_groups -name physc_excl_group -physically_exclusive -group mux_sclk -group mux_sclk_div2 -group mux_sclk_div4 -group mux_sclk_div8
```

此约束命令首先为 MUX 输出点创建了各个衍生时钟，然后将这些衍生时钟分组为物理互斥组，表示这些时钟在物理网表中不会同时存在。

set_clock_groups 命令中的-asynchronous、-logically_exclusive 和-physically_exclusive 三个参数在时序约束分析中的最终效果是完全相同的，即约束对应的时钟组后，时序分析工具都不会分析不同组之间的时序路径，不再检查它们的时序关系。

4.9 PLL/MMCM 时钟约束

在 Vivado 中，当使用 PLL 或 MMCM 等时钟管理 IP 核时，工具会自动创建它们的输出衍生时钟。因为在设置这些 IP 核时，开发者已经通过配置参数明确了输入时钟和输出时钟的特性，包括频率、相位、占空比等。因此，工具根据这些配置自动生成相应的衍生时钟，开发者无须额外手动创建这些时钟。

这种自动化处理不仅减少了手动创建时钟的烦琐步骤，还可以避免潜在的错误配置，从而确保时钟系统的准确性和时序分析的完整性。因此，开发者只需关注正确设置时钟特性，而不必担心衍生时钟的创建问题。

当工程代码综合完成后，可以打开综合生成的网表，并在 Vivado 的 TCL 终端中输入 report_clocks 命令。该命令将以报告的形式显示当前设计中所有时钟的属性及约束情况。通过这个报告，开发者可以详细查看每个时钟的频率、周期、占空比、波形等重要属性。如图 4.17 所示，报告中展示了 MMCM 自动衍生时钟的属性信息。

```
Attributes
  P: Propagated
  G: Generated
  A: Auto-derived
  R: Renamed
  V: Virtual
  I: Inverted
  S: Pin phase-shifted with Latency mode

Clock               Period(ns)  Waveform(ns)     Attributes  Sources
clk_i               40.000      {0.000 20.000}   P           {clk_i}
clk_out1_clk_wiz_0  10.000      {0.000 5.000}    P,G,A       {phase_shift/inst/mmcm_adv_inst/CLKOUT0}
clk_out2_clk_wiz_0  10.000      {2.500 7.500}    P,G,A       {phase_shift/inst/mmcm_adv_inst/CLKOUT1}
clkfbout_clk_wiz_0  40.000      {0.000 20.000}   P,G,A       {phase_shift/inst/mmcm_adv_inst/CLKFBOUT}
```

图 4.17　MMCM 自动衍生时钟属性报告

clk_i 为 PLL 的输入时钟，clk_out1_clk_wiz_0 为 MMCM 的 CLKOUT0 输出时钟，该输出名称是由 Vivado 工具自动创建的。在 Attributes 一列中，自动创建的时钟会用“A”标识。

自动生成的衍生时钟名称较长，且没有明显的特征标识，这对后续的其他约束引用不够方便。因此，可以使用 create_generated_clock 命令更改 Vivado 工具从 MMCM/PLL 自动生成的衍生时钟名称。在这种情况下，并不会创建新的时钟，而是将指定源对象上定义的现有时钟重命名为新的名称。此时，需要指定-name 和<object>参数。

例如，对于图 4.17 所示的时钟结构，可以通过以下命令更改 clk_out1_clk_wiz_0 的输出时钟名称。

```
create_generated_clock -name sysclk_100m [get_pins phase_shift/inst/
mmcm_adv_inst/CLKOUT0]
```

如图 4.18 框选内容所示，重命名后的新时钟名称 sysclk_100m 比自动生成的 clk_out1_clk_wiz_0 更加容易识别。后续的时钟分组约束及时序例外约束均可以引用 sysclk_100m 这个新时钟名称。

```
Attributes
  P: Propagated
  G: Generated
  A: Auto-derived
  R: Renamed
  V: Virtual
  I: Inverted
  S: Pin phase-shifted with Latency mode

Clock               Period(ns)  Waveform(ns)     Attributes  Sources
clk_i               40.000      {0.000 20.000}   P           {clk_i}
clk_out2_clk_wiz_0  10.000      {2.500 7.500}    P,G,A       {phase_shift/inst/mmcm_adv_inst/CLKOUT1}
clkfbout_clk_wiz_0  40.000      {0.000 20.000}   P,G,A       {phase_shift/inst/mmcm_adv_inst/CLKFBOUT}
sysclk_100m         10.000      {0.000 5.000}    P,G,A,R     {phase_shift/inst/mmcm_adv_inst/CLKOUT0}
```

图 4.18　重命名 MMCM 自动衍生时钟

当然，也可以不使用 Vivado 工具自动生成的衍生时钟约束，而是直接在 PLL/MMCM 的时钟输出端口上创建时钟。例如，可以在工程中添加 CLKOUT1 的如下主时钟创建约束。

```
    create_clock -name sysclk_100m_phase -period 10 [get_pins phase_shift/
inst/mmcm_adv_inst/CLKOUT1]
```

该命令将在 MMCM 的 CLKOUT1 输出端口上创建名为 sysclk_100m_phase 的时钟。创建时钟后，生成的时序报告如图 4.19 所示。

```
Attributes
  P: Propagated
  G: Generated
  A: Auto-derived
  R: Renamed
  V: Virtual
  I: Inverted
  S: Pin phase-shifted with Latency mode

Clock                Period(ns)  Waveform(ns)     Attributes  Sources
clk_i                40.000      {0.000 20.000}   P           {clk_i}
sysclk_100m_phase    10.000      {0.000 5.000}    P           {phase_shift/inst/mmcm_adv_inst/CLKOUT1}
clkfbout_clk_wiz_0   40.000      {0.000 20.000}   P,G,A       {phase_shift/inst/mmcm_adv_inst/CLKFBOUT}
sysclk_100m          10.000      {0.000 5.000}    P,G,A,R     {phase_shift/inst/mmcm_adv_inst/CLKOUT0}
```

图 4.19　在 MMCM 时钟输出端口创建时序报告

对比图 4.19 和图 4.18 可知，创建的时钟 sysclk_100m_phase 与之前 MMCM 自动衍生时钟的相位不一致，这会导致该时钟路径相关的时序报告出现异常。此外，在 MMCM 的时钟输出端口上创建主时钟会丢失从时钟输入引脚到 MMCM 时钟输入端口之间的时序弧，因此无法分析主时钟 clk_i 与 MMCM 输出时钟之间的时序路径。

基于以上两点原因，在 MMCM 的时钟输出端口上创建主时钟需要特别谨慎。通常推荐使用重命名的方式修改自动生成的时钟名称，或者直接使用默认的约束方式即可。

4.10　时钟检查

在主时钟和衍生时钟约束完成后，综合编译结束时，可以通过打开综合网表，并在 TCL 终端中运行 report_clocks 命令，查看所有已约束时钟的属性，如图 4.17 所示。此外，也可以在 Timing 窗口下的 Clock Summary 中查看，如图 4.20 所示。

Clock Summary

Name	Waveform	Period (ns)	Frequency (MHz)
clk_i	{0.000 20.000}	40.000	25.000
clk_out1_clk_wiz_0	{0.000 5.000}	10.000	100.000
clk_out2_clk_wiz_0	{0.000 5.000}	10.000	100.000
clkfbout_clk_wiz_0	{0.000 20.000}	40.000	25.000

图 4.20　时钟属性

在检查时序报告，确保所有时钟均已正确创建后，进行时钟分组约束。为了确保时钟分组约束的正确性，需要检查所有时钟关系是否已正确约束。在 TCL 终端中运行 report_clock_interaction 命令，可以查看所有时钟之间的关系，生成的报告如图 4.21 所示。

Clock Interaction Table

From Clock	To Clock	WNS Clock Edges	WNS(ns)	TNS(ns)	TNS Failing Endpoints	TNS Total Endpoints	WNS Path Requirement(ns)	Clock-Pair Classification	Inter-Clock Constraints
clka	clka	rise - rise	4.00	0.00	0	1	5.00	Clean	Timed
clka	clkb				0	1		Ignored	Asynchronous Groups
clka	clkc				0	1		Ignored	Asynchronous Groups
clka	clkd	rise - rise	-0.18	-0.18	1	1	1.00	No Common Clock	Timed (unsafe)
clkb	clka				0	1		Ignored	Asynchronous Groups
clkb	clkb	rise - rise	7.00	0.00	0	1	8.00	Clean	Timed
clkb	clkc	rise - rise	0.82	0.00	0	1	2.00	No Common Clock	Timed (unsafe)
clkb	clkd	rise - rise	6.82	0.00	0	1	8.00	No Common Clock	Timed (unsafe)
clkc	clka				0	1		Ignored	Asynchronous Groups
clkc	clkb	rise - rise	0.82	0.00	0	1	2.00	No Common Clock	Timed (unsafe)
clkc	clkc	rise - rise	9.00	0.00	0	1	10.00	Clean	Timed
clkc	clkd	rise - rise	0.82	0.00	0	1	2.00	No Common Clock	Timed (unsafe)
clkd	clka	rise - rise	-0.18	-0.18	1	1	1.00	No Common Clock	Timed (unsafe)
clkd	clkb	rise - rise	6.82	0.00	0	1	8.00	No Common Clock	Timed (unsafe)
clkd	clkc	rise - rise	0.82	0.00	0	1	2.00	No Common Clock	Timed (unsafe)
clkd	clkd	rise - rise	15.00	0.00	0	1	16.00	Clean	Timed

图 4.21　report_clock_interaction 命令报告

该报告列出了所有源时钟到目标时钟的组合。每组时序路径的最坏时序情况、每组时钟之间的驱动负载、时序是否收敛，以及它们之间的同步或异步关系，均可在该报告中查看。图 4.21 报告中的最后一列“Inter-Clock Constraints”表示两个时钟之间的关系，其中“Timed”表示两个时钟被约束为同一个异步时钟组，属于同步关系，且两个时钟之间的所有路径时序均收敛。“Timed（unsafe）”表示两个时钟被约束为同一个异步时钟组，属于同步关系，但在分析两个时钟之间的路径时序时，存在时序违例的情况。“Asynchronous Groups”表示两个时钟被约束在不同的异步时钟组中，属于异步关系，时序分析过程中忽略它们之间的时序路径情况。

如果时钟之间的分组不符合设计要求，应及时查看 log 中的警告信息，并检查约束语句是否正确。修改约束后，重新进行综合，查看时钟关系，反复迭代，直到所有的时钟分组都符合设计要求。

除使用命令查看时钟分组情况外，还可以通过 GUI 界面操作。如图 4.22 所示，在 GUI 界面中单击 Report Clock Interaction 命令即可。

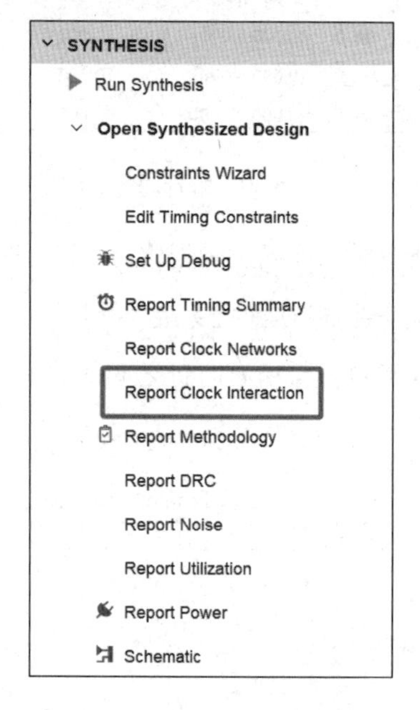

图 4.22　通过 GUI 界面操作

在弹出的窗口中单击“确定”按钮，即可生成时钟分组关系矩阵报告，如图 4.23 所示。

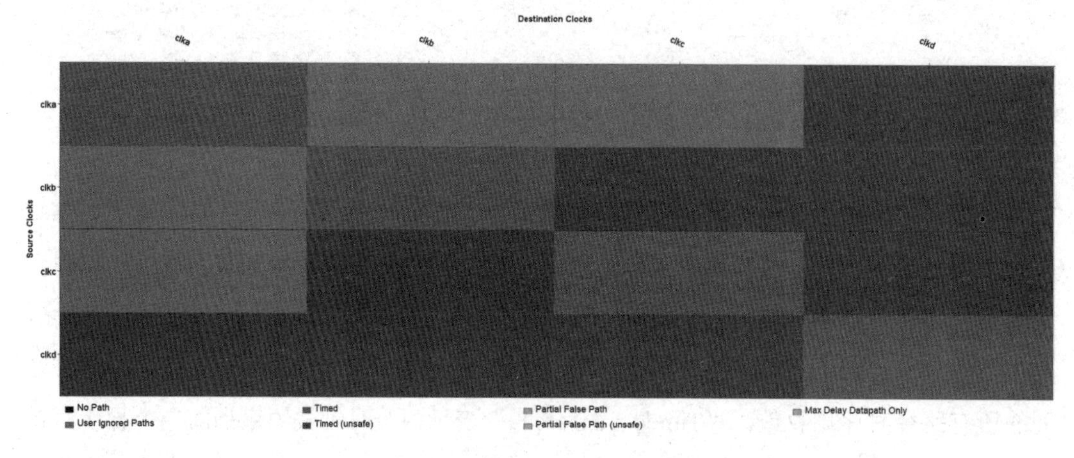

图 4.23　时钟分组关系矩阵报告

图 4.23 的内容与图 4.21 的内容大致相同，都指明了源时钟到目标时钟的所有分组关系，以及不同时钟组合之间时序是否收敛。

图 4.23 中蓝色表示两个时钟被约束在不同的异步时钟组中，属于异步关系，时序分析被忽略，对应图 4.21 中的“Asynchronous Groups”状态；绿色对应图 4.21 中的“Timed”

状态，即两个时钟被约束在同一个异步时钟组中，属于同步关系，且两个时钟之间的所有路径时序均收敛；红色对应图 4.21 中的“Timed(unsafe)”状态，表示两个时钟被约束在同一个异步时钟组中，属于同步关系，但在分析两个时钟之间的路径时存在时序违例。

在图 4.23 的示例中，时钟分组关系矩阵仅包含上述三种。此外，在实际应用中还可能出现以下几种类型。

- No Path：表示两个时钟之间没有时序路径。
- Partial False Path：表示两个时钟之间存在部分虚假路径。
- Partial False Path(unsafe)：表示两个时钟之间存在部分虚假路径，且部分时序路径没有收敛。
- Max Delay Datapath Only：表示两个时钟之间的路径仅约束了最大数据路径延时。

时钟分组关系矩阵中的不同类型通过不同颜色表示，每种颜色对应的类型说明位于矩阵的下方。

此外，还可以使用 report_cdc 命令查询整个工程的跨时钟域路径是否已安全约束，以及时钟之间的分组关系。

第 5 章

输入信号接口约束

5.1 引言

在第 2 章中，讨论了 FPGA 内部的 reg2reg 时序路径分析。内部路径的所有延时细节均由时序分析工具根据模型进行计算，因此时序裕量的计算只需要了解时钟参数即可。然而，当 FPGA 与外部芯片通信时，时序分析工具无法得知 FPGA 外部的延时信息，因此必须通过约束输入/输出延时来告知工具外部的延时情况。本章和第 6 章将分别讲解输入信号接口约束和输出信号接口约束。

本章首先讲解接口通信时序模型，这些模型同时适用于输入信号接口分析和输出信号接口分析；然后分析源同步输入信号，利用路径拆解和分段，通过公式推导建立/保持时序裕量与输入延时之间的关系；最后介绍输入延时命令的用法，以及针对不同接口时序的约束模板，并解读 pin2reg 路径的时序报告。

5.2 接口通信时序模型

接口通信时序分析分为输入接口和输出接口两类，输入接口分析的是 pin2reg 路径，输出接口分析的是 reg2pin 路径。

为了简化接口时序延时的建模分析，通常将发送数据的源寄存器芯片称为主芯片，将捕获数据的目标寄存器芯片称为从芯片。图 5.1 所示为接口通信时序模型。在这个模型中，主芯片或从芯片可以是 FPGA、专用芯片或传感器等设备。主芯片中的发送寄存器记为 FF1，从芯片中的捕获寄存器记为 FF2。

所谓接口通信时序，指的是两个芯片之间的数据收发必须满足一定的时序关系。在这种分析系统中，需要将两个芯片视为一个整体，必须正确约束主芯片和从芯片的时序，时序分析工具才能正确分析跨芯片信号的时序，从而确保信号的正确布局和布线。

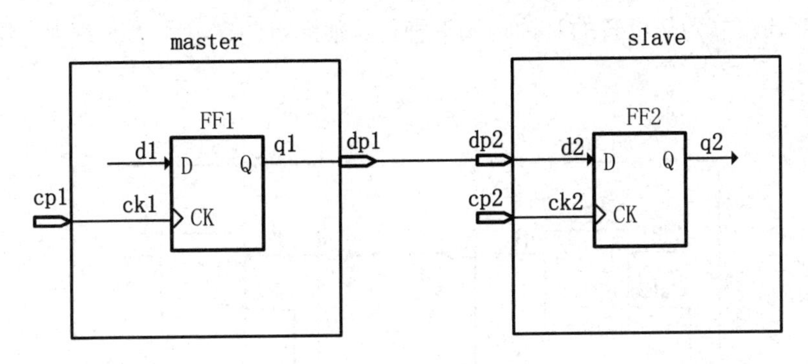

图 5.1　接口通信时序模型

对于 FPGA 系统来说，当从设备（slave）为 FPGA 时，FPGA 作为时序分析主体，此时图 5.1 展示的是输入信号接口通信时序模型。时序分析工具需要分析从设备的 pin2reg 路径，也就是数据输入 dp2 到 FF2/d2 处的路径时序。

当主设备（master）为 FPGA 时，FPGA 作为时序分析主体，此时图 5.1 展示的是输出信号接口通信时序模型。时序分析工具需要分析主设备的 reg2pin 路径，也就是从 FF1/ck1 到数据输出引脚 dp1 之间的路径时序。

从图 5.1 的接口通信时序模型中可以看出，数据路径的各个延时元素可以通过各种方法获取，但时钟路径的延时元素未知。此时，根据同步时钟的来源不同，可以将两个芯片之间的数据交互分为如下四种不同的模型。

（1）系统同步模型。

（2）源同步模型。

（3）异步模型。

（4）自同步模型。

接下来将详细分析这四种不同的模型。

5.2.1　系统同步模型

系统同步模型中的源时钟和目标时钟共用同一个外部时钟源（如晶振或时钟管理芯

片），时钟从时钟源分别经过独立的走线到达各自器件的时钟引脚。

如图 5.2 所示，这是系统同步模型，两个芯片使用共用的时钟源 S（source）进行数据收发，实现同步数据传输。图 5.2 中的 dp1（data pin 1）为主设备的数据输出引脚，dp2（data pin 2）为从设备的数据输入引脚。cp1（clock pin 1）为主设备的时钟输入引脚，cp2（clock pin 2）为从设备的时钟输入引脚。其他端点的定义与第 2 章中介绍的 reg2reg 路径模型一致。

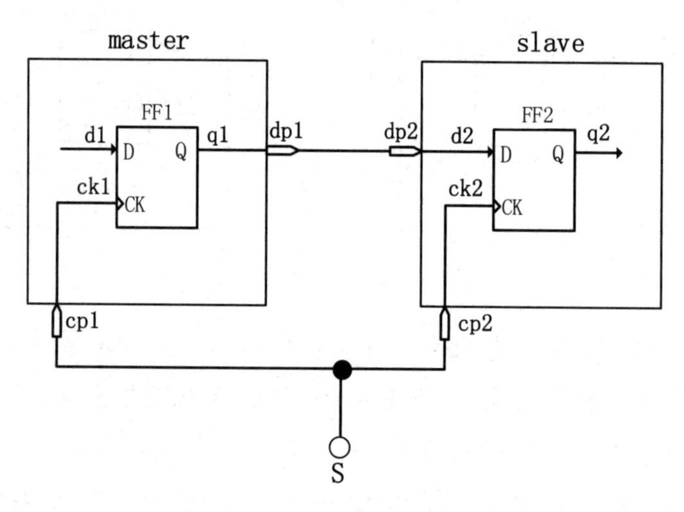

图 5.2　系统同步模型

将图 5.2 中的主设备和从设备视为一个整体，这样系统同步模型的建立时间和保持时间的时序裕量公式与第 2 章中的 reg2reg 路径的公式类似。

1. 系统同步模型建立时序裕量

根据图 5.2 的延时分段，可以得到系统同步模型下的建立时序裕量公式：

$$T_{\text{launch\_edge}}+T_{\text{s\_cp1}}+T_{\text{cp1\_dp1}}+T_{\text{dp1\_dp2}}+T_{\text{dp2\_d2}}+T_{\text{setup}}+T_{\text{slack}}=T_{\text{capture\_edge}}+T_{\text{s\_cp2}}+T_{\text{cp2\_ck2}}$$

根据建立时序裕量公式可以将整个系统同步模型的延时分为三个部分。

（1）第一部分为主设备内部的路径延时，包括源时钟延时和数据传输延时，即 $T_{\text{cp1\_dp1}}=T_{\text{cp1\_ck1}}+T_{\text{ck1\_dp1}}$。这里，$T_{\text{cp1\_ck1}}$ 表示主设备时钟输入点到主设备触发器时钟输入引脚的延时，$T_{\text{ck1\_dp1}}$ 表示数据从源寄存器的时钟接口到输出引脚 dp1 的延时。

（2）第二部分为 PCB 走线延时，包括数据从主设备的输出引脚 dp1 到从设备的输入引脚 dp2 的延时，记为 $T_{\text{dp1\_dp2}}$，以及时钟从源头 S 分别到主设备和从设备的延时，分

别为 T_{s_cp1} 和 T_{s_cp2}。

（3）第三部分为从设备内部的路径延时，包括时钟路径传输延时 T_{cp2_ck2} 和数据路径传输延时 T_{dp2_d2}。

公式中的 T_{launch_edge} 表示建立关系中的发送沿时刻，$T_{capture\_edge}$ 表示建立关系中的捕获沿时刻。在同频同相的时钟结构中，建立时序裕量的计算为 $T_{capture\_edge}-T_{launch\_edge}=T_{period}$。

2. 系统同步模型保持时序裕量

同理，根据图 5.2 的延时分段，可以得到如下系统同步模型中的保持时序裕量公式：

$$T_{launch\_edge}+T_{s\_cp1}+T_{cp1\_dp1}+T_{dp1\_dp2}+T_{dp2\_d2}=T_{capture\_edge}+T_{s\_cp2}+T_{cp2\_ck2}+T_{hold}+T_{slack}$$

公式中的 T_{launch_edge} 表示保持关系中的发送沿时刻，$T_{capture\_edge}$ 表示保持关系中的捕获沿时刻。在同频同相的时钟结构中，保持时序裕量的计算为 $T_{capture\_edge}-T_{launch\_edge}=0$。

当从设备作为时序分析主体时，以上的建立时间和保持时间的时序裕量公式可用于分析从设备的 pin2reg 路径，即系统同步输入信号接口分析。在这种情况下，必须根据已知的第一部分和第二部分的延时，通过约束输入延时并将其提供给时序分析工具，工具才能在布线后计算出第三部分的数据和时钟延时，从而计算出 pin2reg 路径的时序裕量，判断整个时序路径是否符合要求。

当主设备作为时序分析主体时，以上的建立时间和保持时间的时序裕量公式可用于分析主设备的 reg2pin 路径。在这种情况下，必须根据第二部分和第三部分的延时，通过约束输出延时并将其提供给时序分析工具，工具才能在布线后计算出第一部分的数据和时钟延时，从而计算出 reg2pin 路径的时序裕量，判断整个时序路径是否符合要求。

系统同步模型对硬件设计要求较高。为了实现严格的同步，需要确保时钟源到两个芯片时钟输入引脚之间的延时完全相等，即时钟的 PCB 走线要严格等长。这种结构广泛应用于大规模大容量 FPGA 原型验证中。当一个大型芯片的数字逻辑无法在一个 FPGA 中容纳时，可以通过逻辑分割将数字逻辑分布到多个 FPGA 中，不同的分割模块之间的数据传输使用系统同步时钟来保持同步。

由于系统同步模型在实际接口通信中的应用场景较少，因此本书不做进一步分析。对于系统同步输入/输出信号接口约束、建立/保持时序裕量与输入延时的关系，感兴趣的读者可以参考源同步模型的相关分析步骤自行推导。

5.2.2 源同步模型

与系统同步模型不同，源同步模型的时钟来源于主设备。图 5.3 所示为源同步模型，其中从设备的数据和时钟均来自主设备的输出。

在该模型中，当两个芯片进行通信时，发送芯片生成随数据传输的时钟信号，接收芯片使用该时钟进行数据的同步接收。这种模型广泛应用于各种数据接口（如 ADC/DAC 接口、摄像头接口、RGMII 等）。该类接口的特点是既有数据通道，也有时钟通道。

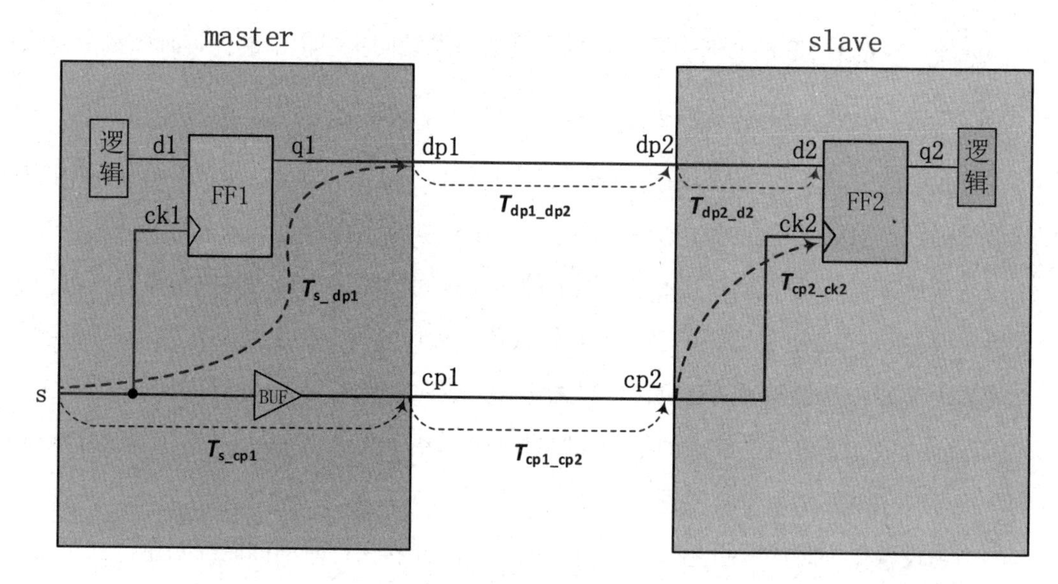

图 5.3 源同步模型

将主设备和从设备视为一个整体，这样源同步模型的建立/保持时序裕量公式与第 2 章中的 reg2reg 路径的公式类似。

根据图 5.3 的延时分段，可以得到如下源同步模型中的建立时序裕量公式：

$$T_{launch\_edge}+T_{s\_dp1}+T_{dp1\_dp2}+T_{dp2\_d2}+T_{setup}+T_{slack}=T_{capture\_edge}+T_{s\_cp1}+T_{cp1\_cp2}+T_{cp2\_ck2}$$

整个源同步模型的延时可分为如下三个部分。

（1）第一部分为主设备内部路径延时，包括 T_{s_dp1} 和 T_{s_cp1}。T_{s_dp1} 表示时钟源到主设备数据输出引脚的延时。$T_{launch\_edge}+T_{s\_dp1}$ 就是新数据输出到主设备引脚的延时。T_{s_cp1} 表示时钟源到主设备时钟输出引脚的延时。

（2）第二部分为 PCB 走线延时，包括 T_{dp1_dp2} 和 T_{cp1_cp2}。T_{dp1_dp2} 表示数据信号在 PCB 上的传输延时，T_{cp1_cp2} 表示时钟信号在 PCB 上的传输延时。

（3）第三部分为从设备内部路径延时，包括 T_{dp2_d2} 和 T_{cp2_ck2}。T_{dp2_d2} 表示数据信号从从设备的时钟引脚到从设备的捕获寄存器数据输入接口的延时，T_{cp2_ck2} 表示时钟信号从从设备的时钟引脚到从设备的捕获寄存器时钟输入接口的延时。

公式中的其他变量与第 2 章中介绍的 reg2reg 路径公式一致。需要特别注意的是，T_{launch_edge} 表示建立关系中的发送沿时刻，$T_{capture\_edge}$ 表示建立关系中的捕获沿时刻。在同一个时钟域中，$T_{period}=T_{capture\_edge}-T_{launch\_edge}$。

同理，根据图 5.3 的延时分段，可以得到如下源同步模型中的保持时序裕量公式：

$$T_{launch\_edge}+T_{s\_dp1}+T_{dp1\_dp2}+T_{dp2\_d2}=T_{capture\_edge}+T_{s\_cp1}+T_{cp1\_cp2}+T_{cp2\_ck2}+T_{hold}+T_{slack}$$

对于保持时序裕量的计算，$T_{capture\_edge}-T_{launch\_edge}=0$。

当从设备作为时序分析主体时，以上的建立时间和保持时间的时序裕量公式可用于分析从设备的 pin2reg 路径，即源同步输入信号接口分析。在此情况下，必须根据第一部分和第二部分的延时，约束输入延时并将其提供给时序分析工具，工具才能在布线后计算出第三部分的数据和时钟延时，从而计算出 pin2reg 路径的时序裕量，判断整个时序路径是否符合要求。此部分的细节将在本章后续内容中详细讲解。

当主设备作为时序分析主体时，以上的建立时间和保持时间的时序裕量公式可用于分析主设备的 reg2pin 路径。在此情况下，必须根据第二部分和第三部分的延时，约束输出延时并将其提供给时序分析工具，工具才能在布线后计算出第一部分的数据和时钟延时，从而计算出 reg2pin 路径的时序裕量，判断整个时序路径是否符合要求。此部分的细节将在本章后续内容中详细讲解。

在实际 FPGA 设计工作中，输入/输出信号接口约束最常用的应用场景是源同步模型，因此本书重点讲解源同步输入/输出信号接口约束。

5.2.3　异步模型

异步模型中的源时钟和目标时钟来自不同的外部时钟源，并且这些时钟源之间没有固定的相位关系。

图 5.4 所示为异步模型。在该模型中，主设备中的发送时钟与从设备中的捕获时钟存在异步关系，数据采集时通过跨时钟域处理将数据信号同步到采集时钟。此类模型一般应用于低速、简单的接口，如串口、外部传感器接口等。该类数据接口的特点：仅有

数据通道，没有时钟通道，接口简单，数据传输速度较慢。

对于这种接口的数据信号约束，可以设置为虚假路径，或者首先创建虚拟时钟，将信号关联到虚拟时钟上并设置输入/输出延时，然后约束该虚拟时钟与实际的捕获/发送时钟为异步关系。总的约束原则是让时序分析工具忽略该路径。

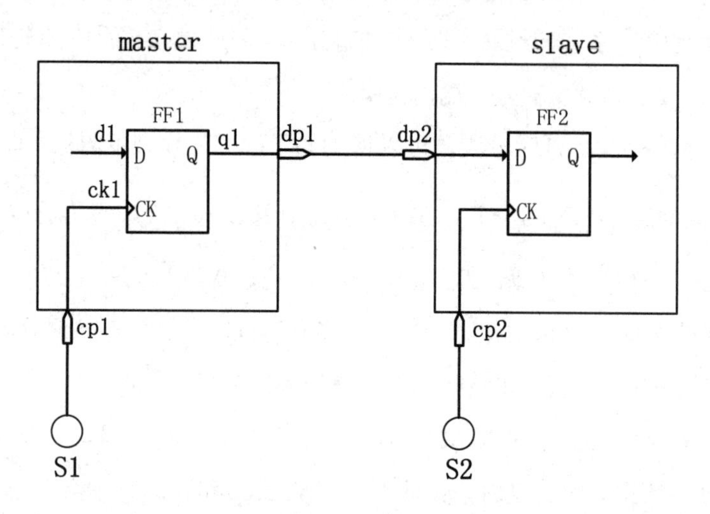

图 5.4　异步模型

5.2.4　自同步模型

自同步模型接口没有同步时钟，主设备的发送数据中包含时钟信号，从设备通过接收到的数据恢复出时钟信号，如图 5.5 所示，这种模型一般应用于高速 SerDes 传输中。

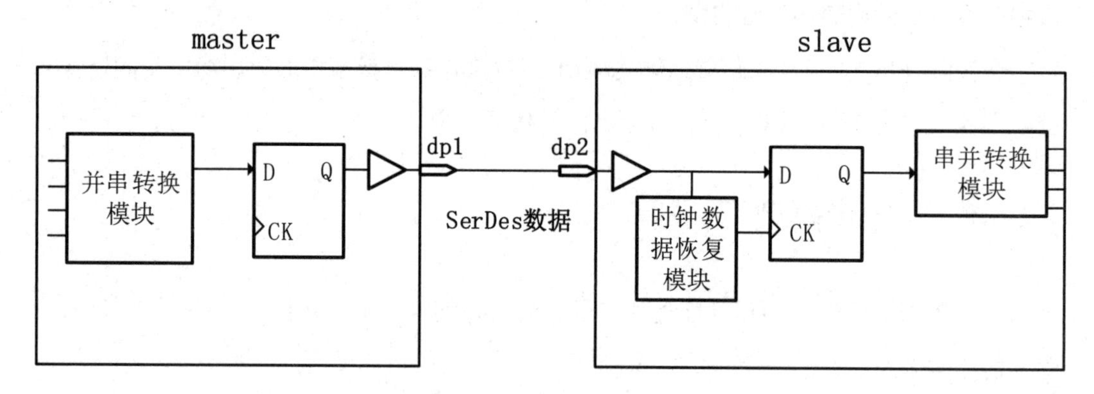

图 5.5　自同步模型

自同步模型主要包含三个功能模块：① 并串转换模块；② 串并转换模块；③ 时钟数据恢复模块。在主设备中，通过并串转换模块将并行数据转换为串行数据。高速串行数据通过高速差分数据线在 PCB 上传输，能够最大限度地减小信号干扰。在从设备中，通过时钟数据恢复模块从串行数据流中恢复出时钟信号，并用恢复后的时钟同步捕获寄存器。捕获寄存器恢复出串行数据后，将数据传输至串并转换模块，最终将串行数据转换为内部低频的并行数据。

在 FPGA 中，对于这种自同步模型的功能模块，通常通过调用官方 IP 来实现。调用 IP 时会设置时钟参数，因此一般不需要开发者额外添加约束。

5.3　源同步输入信号分析

5.2 节介绍了接口通信的四种模型，其中最常用、应用最广泛的是源同步模型。因此，本章接下来将重点讲解源同步模型下的输入信号分析，详细推导 pin2reg 路径的时序裕量公式，以及各种不同场景下的约束模板。

在图 5.3 所示的源同步模型中，如果将原先的从设备替换为目标分析主体 FPGA，此时模型就成为源同步输入信号传输模型，如图 5.6 所示。

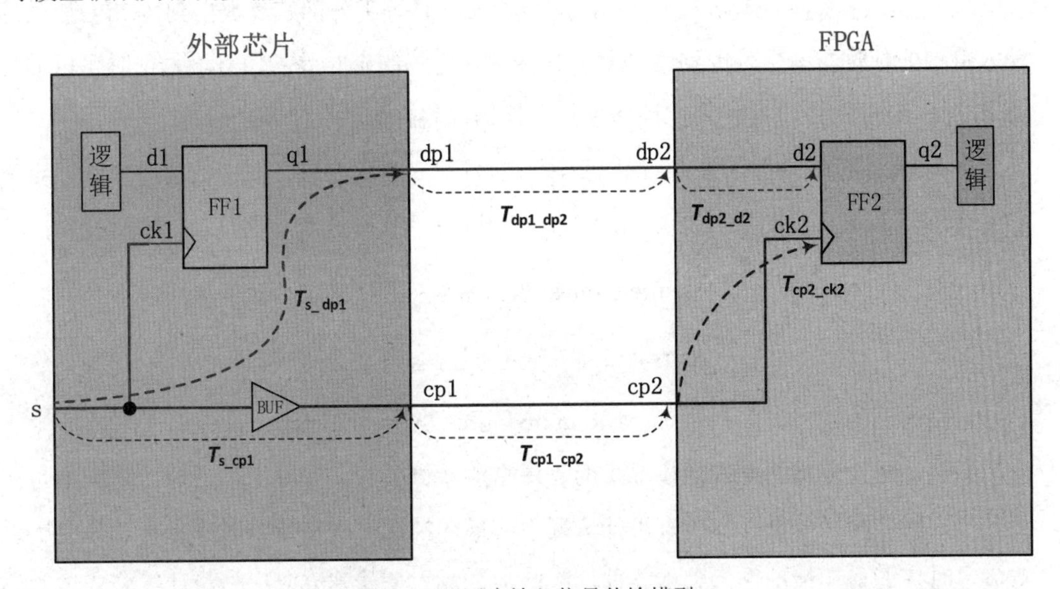

图 5.6　源同步输入信号传输模型

5.3.1　源同步输入信号建立时序裕量

在 5.2.2 节中推导得到源同步模型下的建立时序裕量公式为

$$T_{launch\_edge}+T_{s\_dp1}+T_{dp1\_dp2}+T_{dp2\_d2}+T_{setup}+T_{slack}=T_{capture\_edge}+T_{s\_cp1}+T_{cp1\_cp2}+T_{cp2\_ck2}$$

其中，$T_{period}=T_{capture\_edge}-T_{launch\_edge}$，将其代入公式后变为

$$T_{s\_dp1}+T_{dp1\_dp2}+T_{dp2\_d2}+T_{setup}+T_{slack}=T_{period}+T_{s\_cp1}+T_{cp1\_cp2}+T_{cp2\_ck2}$$

对于 FPGA 的综合布局布线来说，内部延时 T_{dp2_d2} 和 T_{cp2_ck2} 是布局布线后已知的延时，外部延时则是未知的。将外部未知延时变量归为一类，可得变形公式：

$$T_{slack}=(T_{period}+T_{cp2\_ck2}-T_{setup})-[(T_{s\_dp1}+T_{dp1\_dp2})-(T_{s\_cp1}+T_{cp1\_cp2})+T_{dp2\_d2}]$$

在此，定义输入信号的最大输入延时 $T_{(input\_delay)max}=(T_{s\_dp1}+T_{dp1\_dp2})-(T_{s\_cp1}+T_{cp1\_cp2})$。将 $T_{(input\_delay)max}$ 代入公式，即可得到最终的源同步输入信号建立时序裕量公式：

$$T_{slack}=(T_{period}+T_{cp2\_ck2}-T_{setup})-(T_{(input\_delay)max}+T_{dp2\_d2})$$

在该公式中，对于 FPGA 来说，T_{dp2_d2} 和 T_{cp2_ck2} 是时序布线工具需要约束的值，而 T_{setup} 和 T_{period} 对时序分析工具来说是已知的固定值。因此，对于输入接口信号，只需约束 $T_{(input\_delay)max}$ 即可计算出建立时间的时序裕量 T_{slack}。

从 $T_{(input\_delay)max}$ 的计算公式可知，信号输入延时等于外部芯片数据到达 FPGA 数据输入引脚的延时与衍生时钟到达 FPGA 时钟输入引脚的延时差。信号输入延时可以通过 set_input_delay 命令进行约束，该命令的具体语法将在 5.4 节详细介绍。

在 Vivado 时序分析报告中，源同步输入信号建立时序裕量公式中的前一段时间定义为 Required_time，后一段时间定义为 Arrival_time：

$$Required\_time=T_{period}+T_{cp2\_ck2}-T_{setup}$$

$$Arrival\_time=T_{(input\_delay)max}+T_{dp2\_d2}$$

最终得到的建立时序裕量 T_{slack}=Required_time–Arrival_time。

当然，此处分析的是理想情况下的时序裕量计算公式。实际上，延时计算模型是一个范围，时序路径分析计算所有可能情况下的最坏情况时序裕量。时序分析工具会用最难满足时序的最坏情况作为分析条件。因此，在输入信号建立时序裕量计算公式中，正相关的变量按照最小值计算，负相关的变量按照最大值计算。根据该原则，T_{cp2_ck2} 变量与时序裕量 T_{slack} 正相关，所以取时序模型中的最小值；$T_{(input_delay)}$和 T_{dp2_d2} 变量与时序裕量 T_{slack} 负相关，因此取时序模型中的最大值。

在实际情况中，除考虑模型延时范围外，还需要考虑时钟不确定性、时钟悲观补偿

等因素的影响。这部分内容详见 5.7 节。

5.3.2　源同步输入信号保持时序裕量

在 5.2.2 节中推导得到源同步模型下的保持时序裕量公式为

$$T_{\text{launch\_edge}}+T_{\text{s\_dp1}}+T_{\text{dp1\_dp2}}+T_{\text{dp2\_d2}}=T_{\text{capture\_edge}}+T_{\text{s\_cp1}}+T_{\text{cp1\_cp2}}+T_{\text{cp2\_ck2}}+T_{\text{hold}}+T_{\text{slack}}$$

其中，$T_{\text{capture\_edge}}-T_{\text{launch\_edge}}=0$，将其代入公式后变为

$$T_{\text{slack}}=T_{\text{s\_dp1}}+T_{\text{dp1\_dp2}}+T_{\text{dp2\_d2}}-(T_{\text{s\_cp1}}+T_{\text{cp1\_cp2}}+T_{\text{cp2\_ck2}}+T_{\text{hold}})$$

其中，$T_{\text{s\_dp1}}=T_{\text{s\_ck1}}+T_{\text{ck1\_q1}}+T_{\text{q1\_dp1}}$，$T_{\text{hold}}$ 为触发器的保持时间参数。

对于 FPGA 综合布局布线来说，外部延时是未知的。将外部未知延时放在一起整理，得到变形公式：

$$T_{\text{slack}}=[(T_{\text{s\_dp1}}+T_{\text{dp1\_dp2}})-(T_{\text{s\_cp1}}+T_{\text{cp1\_cp2}})]+T_{\text{dp2\_d2}}-(T_{\text{cp2\_ck2}}+T_{\text{hold}})$$

对于 FPGA 来说，$T_{\text{dp2\_d2}}$ 和 $T_{\text{cp2\_ck2}}$ 是芯片内部路径的延时，T_{hold} 只与芯片工艺有关。只要知道外部延时变量$[(T_{\text{s_dp1}}+T_{\text{dp1_dp2}})-(T_{\text{s_cp1}}+T_{\text{cp1_cp2}})]$，就可以计算出时序裕量 T_{slack}。

定义外部路径延时变量为

$$T_{\text{(input\_delay)min}}=[(T_{\text{s\_dp1}}+T_{\text{dp1\_dp2}})-(T_{\text{s\_cp1}}+T_{\text{cp1\_cp2}})]$$

将 $T_{\text{(input\_delay)min}}$ 代入公式，可以得到最终的源同步输入信号保持时序裕量公式：

$$T_{\text{slack}}=T_{\text{(input\_delay)min}}+T_{\text{dp2\_d2}}-(T_{\text{cp2\_ck2}}+T_{\text{hold}})$$

在最终公式中，对于 FPGA 来说，$T_{\text{dp2\_d2}}$ 和 $T_{\text{cp2\_ck2}}$ 是时序布线工具需要约束的值，T_{hold} 是已知的固定值。因此，对于输入接口信号，只需约束 $T_{\text{(input\_delay)min}}$ 即可计算出保持时间的时序裕量 T_{slack}。

在 Vivado 时序分析报告中，将上述公式中的后一段时间定义为 Required_time，前一段时间定义为 Arrival_time：

$$\text{Required\_time}=T_{\text{cp2\_ck2}}+T_{\text{hold}}$$

$$\text{Arrival\_time}=T_{\text{(input\_delay)min}}+T_{\text{dp2\_d2}}$$

最终得到的保持时序裕量 T_{slack}=Arrival_time–Required_time。

当然，此处分析的是理想情况下的时序裕量计算公式。实际上，延时计算模型是一

个范围，时序路径分析计算的是所有可能情况下的最坏情况时序裕量。时序分析工具会用最难满足时序的最坏情况作为分析条件。因此，在输入信号保持时序裕量计算公式中，与时序裕量正相关的变量按最小值计算，与时序裕量负相关的变量按最大值计算。按照该原则，$T_{(input_delay)}$和 T_{dp2_d2} 变量与时序裕量 T_{slack} 正相关，因此取最小值；T_{cp2_ck2} 变量与时序裕量 T_{slack} 负相关，因此取最大值。

在实际情况中，除考虑模型延时范围外，还需要考虑时钟不确定性、时钟悲观补偿等因素的影响。这部分内容详见 5.7 节。

5.4 输入延时命令详解

输入/输出延时约束的主要目的是向时序分析工具提供外部输入/输出信号的延时信息，便于时序分析工具真实、准确地对相关路径进行时序分析，并在时序收敛的情况下对相关路径进行布局布线。

通过 5.3 节的公式推导可知，在源同步模型中，只要知道分析主体外部的延时变量值 $T_{(input\_delay)}=[(T_{s\_dp1}+T_{dp1\_dp2})-(T_{s\_cp1}+T_{cp1\_cp2})]$，时序分析工具即可分析该 pin2reg 路径的时序情况。$T_{(input_delay)}$由 set_input_delay 命令设置，其具体语法为

```
set_input_delay [-clock <args>] [-clock_fall] [-max] [-min] [-add_delay]
<delay> <objects>
```

各参数含义如下。

- -clock <args>（可选）：表示输入延时相对于指定的时钟，默认使用上升沿，当然可以使用-clock_fall 参数来指示时序路径触发沿使用下降沿。
- -clock_fall（可选）：指定延时相对于时钟的下降沿，而不是上升沿。
- -max（可选）：表示指定的输入延时最大值。
- -min（可选）：表示指定的输入延时最小值。如果不指定-max 参数和-min 参数，则约束的延时值可同时用于建立时间和保持时间的分析。
- -add_delay（可选）：将指定的延时约束添加到端口上，而不覆盖之前已有的延时约束。如果不加该参数，则时序分析工具默认会覆盖之前设置的延时约束。
- <delay>（必选）：指定延时值大小，以 ns 为单位，有效值为浮点数，默认值为 0ns。
- <objects>（必选）：指定输入延时约束对象列表。

下面通过一个简单的例子来说明输入延时命令参数的用法。假设在一个源同步数据通信应用系统中，外部芯片通过源同步接口输出数据给 FPGA，FPGA 端的输入衍生时钟

端口为 clk_in，输入数据端口为 data_in。clk_in 的时钟频率为 100MHz，查阅外部芯片手册可知，输出数据与时钟的最大延时为 3ns，最小延时为 2ns，如图 5.7 所示，且外部芯片与 FPGA 之间时钟和数据的 PCB 走线等长。

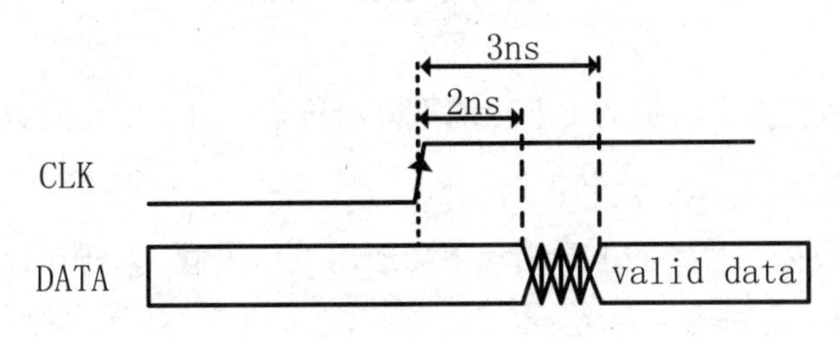

图 5.7　外部芯片数据输出时序图

对于 FPGA 的约束可以如下设置。

```
create_clock -name clkin -period 10 [get_ports clk_in]
set_input_delay -clock clkin -max 3 [get_ports data_in]
set_input_delay -clock clkin -min 2 [get_ports data_in]
```

上述约束示例是针对数据相对于时钟上升沿的延时约束。如果数据相对于时钟下降沿有效，则约束应改为

```
set_input_delay -clock clkin -max 3 [get_ports data_in] -clock_fall
set_input_delay -clock clkin -min 2 [get_ports data_in] -clock_fall
```

如果约束为上升沿和下降沿都会传输数据的 DDR 信号，则约束变为

```
set_input_delay -clock clkin -max 3 [get_ports data_in]
set_input_delay -clock clkin -min 2 [get_ports data_in]
set_input_delay -clock clkin -max 3 [get_ports data_in] -clock_fall -add_delay
set_input_delay -clock clkin -min 2 [get_ports data_in] -clock_fall -add_delay
```

对于双边沿传输数据的情况，必须使用-add_delay 参数，因为前面在 data_in 端口上已经定义过一次输入延时。如果不使用此参数，那么后面定义的下降沿输入延时会覆盖之前的上升沿延时定义。

从上述约束示例可以看出，要准确地为 FPGA 输入端口的 pin2reg 路径设置约束，关键在于确定 FPGA 输入端口的触发沿与数据之间的延时。这也是接口设计约束的难点，因为需要查阅外部芯片手册中的端口数据时序信息，并确定 PCB 走线长度。

源同步输入延时根据时钟和数据的传输特性，可分为单数据速率（single data rate，SDR）模式和双数据速率（double data rate，DDR）模式。

接下来将重点分析源同步输入延时在 SDR 和 DDR 模式下不同时序特点的约束模板。

5.5 源同步 SDR 输入延时约束模板

5.5.1 源同步输入信号时序类型

SDR 模式指数据仅在时钟的上升沿或下降沿传输。对于单比特数据信号，一个时钟周期内传输 1 位数据。

DDR 模式指数据在时钟的上升沿和下降沿均进行传输。对于单比特数据信号，一个时钟周期内可以传输 2 位数据。

SDR 和 DDR 时序示意图如图 5.8 所示。

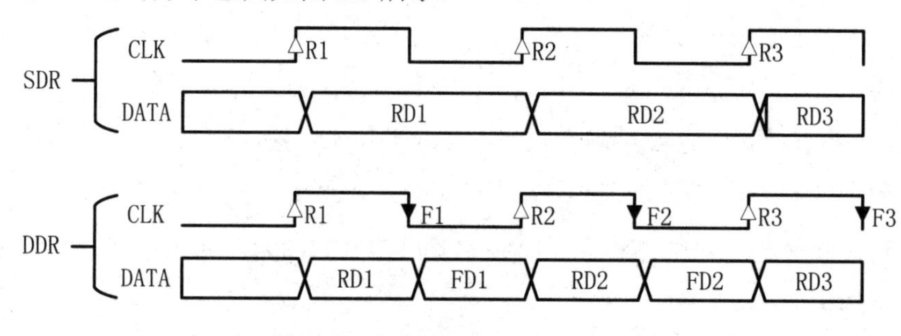

图 5.8　SDR 和 DDR 时序示意图

在 SDR 模式下，根据外部芯片电路结构，源同步数据可细分为时钟边沿对齐数据和时钟中央对齐数据。时钟边沿对齐数据有两种不同的约束方式，分别为正常捕获模式和直接捕获模式。因此，SDR 模式下共有三种不同的输入延时约束模板。DDR 模式与 SDR 模式类似，也具有三种不同的输入延时约束模板。源同步输入延时约束模板分类如图 5.9 所示。

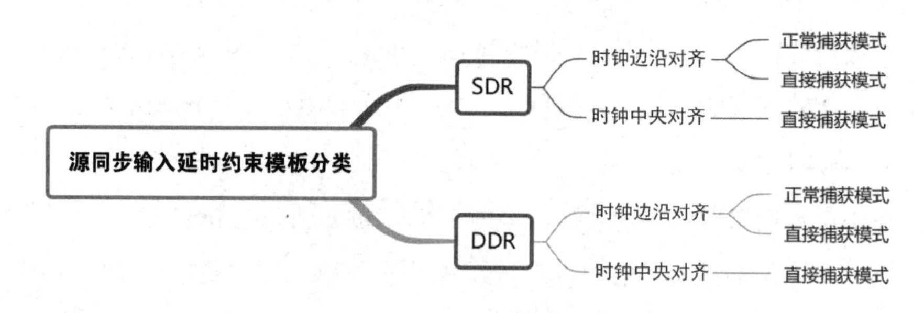

图 5.9　源同步输入延时约束模板分类

源同步输入信号的时钟边沿对齐指的是，引脚处输入的衍生时钟捕获沿与有效数据的边沿对齐；而时钟中央对齐指的是，引脚处输入的衍生时钟捕获沿与有效数据的中央对齐。

在设计中，应根据信号的发送端，即与 FPGA 相连的外部芯片来决定具体使用哪种模板来约束输入信号。接下来将详细分析源同步 SDR 输入延时约束的三种模板。

5.5.2　源同步 SDR 时钟边沿对齐

时钟边沿对齐数据的时序示意图如图 5.10 所示。将时钟的第一个上升沿记为 R1，对应的发送数据记为 RD1（rise data 1），第二个上升沿记为 R2，对应的发送数据记为 RD2（rise data 2），依此类推。以 R2 为分析边沿，R2 的 T_{skew_are} 时间之后，数据 RD2 稳定有效；R2 的 T_{skew_bre} 时间之前，数据 RD1 稳定有效。

此时，对于 FPGA 内部的捕获寄存器，有如下两种情况。

第一种情况：当 R2 到达捕获寄存器时，捕获的数据为 RD1。

第二种情况：当 R2 到达捕获寄存器时，捕获的数据为 RD2。

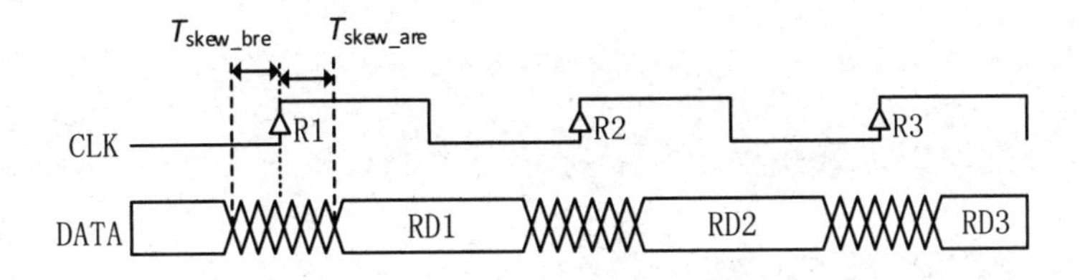

图 5.10　时钟边沿对齐数据的时序示意图

第一种情况称为正常捕获模式。在此模式下，将外部发送数据的芯片和 FPGA 视为一个整体，在正常情况下，源寄存器在 R1 发送数据，捕获寄存器应在 R2 捕获数据。即当前时钟触发沿发送，下一时钟触发沿捕获，建立关系为一个时钟周期。因此，这种模式称为正常捕获模式。

第二种情况称为直接捕获模式。在此模式下，源寄存器在 R2 发送数据 RD2，捕获寄存器则在 R2 直接捕获数据。即当前时钟触发沿发送的数据在当前时钟触发沿捕获，建立关系为 0 个时钟周期。因此，这种模式称为直接捕获模式。

正常/直接捕获模式的建立/保持关系如图 5.11 所示。为了方便区分命名，将第一个发送时钟上升沿记为 Lr1（launch rise edge 1），第一个捕获时钟上升沿记为 Cr1（capture rise edge 1），依此类推。

可以看出，正常捕获模式的建立关系是 Lr2 到 Cr3，发送沿与捕获沿相差 1 个时钟周期，即 $T_{capture\_edge}-T_{launch\_edge}=T_{period}$。正常捕获模式的保持关系是 Lr2 到 Cr2，发送沿与捕获沿相差 0 个时钟周期，即 $T_{capture\_edge}-T_{launch\_edge}=0$。

而在直接捕获模式中，建立关系为 Lr2 到 Cr2，发送沿与捕获沿相差 0 个时钟周期，即 $T_{capture\_edge}-T_{launch\_edge}=0$。保持关系为 Lr2 到 Cr1，发送沿与捕获沿相差−1 个时钟周期，即 $T_{capture\_edge}-T_{launch\_edge}=-T_{period}$。

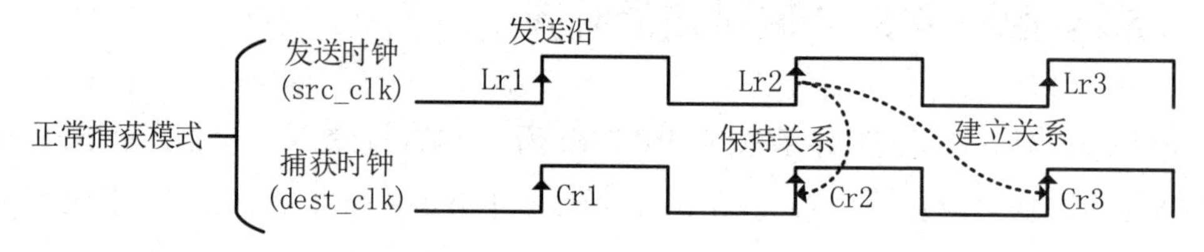

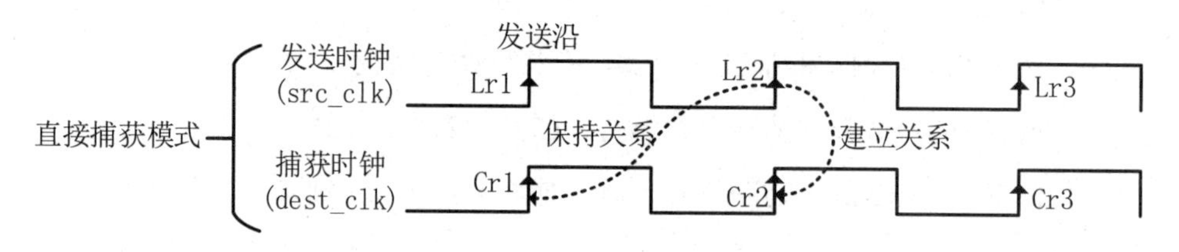

图 5.11　正常/直接捕获模式的建立/保持关系

接下来分析正常捕获模式和直接捕获模式的约束模板。

1. 正常捕获模式约束模板

为了方便模板引用，源同步 SDR 正常捕获模式的约束模板设置可以分为以下三步。

（1）根据硬件设计设置参数。

（2）创建输入时钟。

（3）设置输入延时约束。

通过使用以下完整约束模板，调用时只需修改参数即可完成引用。

```
# 根据硬件设计设置参数
set skew_bre  0.000;          #时钟上升沿之前数据不稳定时间（设置最小输入延时）
set skew_are  0.000;          #时钟上升沿之后数据不稳定时间（设置最大输入延时）
set input_ports  <input_ports>;              #输入端口列表
set clock_port   <input_clock>;              #输入时钟端口
set input_clock_period  <period_value>;      #输入时钟周期值
set clock_name  <clock_name>;                #输入时钟名
# 创建输入时钟
create_clock -name $clock_name -period $input_clock_period [get_ports
$clock_port];
```

```
# 设置输入延时约束
set_input_delay -clock $clock_name -max $skew_are [get_ports $input_ports];
set_input_delay -clock $clock_name -min -$skew_bre [get_ports $input_ports];
```

在源同步输入信号建立时序分析章节中推导出的最终源同步输入信号建立时序裕量公式为

$$T_{slack}=(T_{period}+T_{cp2\_ck2}-T_{setup})-(T_{(input\_delay)max}+T_{dp2\_d2})$$

根据源同步 SDR 正常捕获模式约束，用 T_{skew_are} 替代上述公式中的 $T_{(input\_delay)max}$，即可得到该约束模式下的最终建立时序裕量公式：

$$T_{slack}=(T_{period}+T_{cp2\_ck2}-T_{setup})-(T_{skew\_are}+T_{dp2\_d2})$$

在最终的时序报告中，第一部分括号表示“要求时间”，第二部分括号表示“到达时间”。

在实际情况中，通常 T_{setup} 和 T_{skew_are} 较小，因此上述公式可简化为 $T_{slack}=T_{period}+T_{cp2\_ck2}-T_{dp2\_d2}$。在这种情况下，数据路径有 1 个时钟周期的布线延时空间，因此建立时序分析较容易满足要求。

在源同步输入信号保持时序分析章节中推导出的最终源同步输入信号保持时序裕量公式为

$$T_{slack}=T_{(input\_delay)min}+T_{dp2\_d2}-(T_{cp2\_ck2}+T_{hold})$$

用 $-T_{skew\_bre}$ 替代上述公式中的 $T_{(input\_delay)min}$，即可得到该约束模式下的最终保持时序裕量公式：

$$T_{slack}=(T_{dp2\_d2}-T_{skew\_bre})-(T_{cp2\_ck2}+T_{hold})$$

在最终的时序报告中，第一部分括号表示“到达时间”，第二部分括号表示“要求时间”。

结合上述的建立时序裕量公式和保持时序裕量公式，要实现时序收敛，必须满足以下不等式：

$$T_{hold}+T_{skew\_bre}<T_{dp2\_d2}-T_{cp2\_ck2}<T_{period}-T_{skew\_are}-T_{setup}$$

在 FPGA 中，T_{hold} 和 T_{setup} 相对于布线延时来说几乎可以忽略不计，因此上述不等式

可简化为

$$T_{\text{skew\_bre}}<T_{\text{dp2\_d2}}-T_{\text{cp2\_ck2}}<T_{\text{period}}-T_{\text{skew\_are}}$$

从上述不等式可以看出，在源同步 SDR 正常捕获模式的约束中，如果 $T_{\text{skew\_bre}}$ 较大，则保持时间的时序分析将较难满足要求。

2. 直接捕获模式约束模板

同理，源同步 SDR 直接捕获模式的约束模板设置可以分为以下三步。

（1）根据硬件设计设置参数。

（2）创建输入时钟。

（3）设置输入延时约束。

完整约束模板如下。

```
# 根据硬件设计设置参数
set skew_bre  0.000;         # 时钟上升沿之前数据不稳定时间（设置最小输入延时）
set skew_are  0.000;         # 时钟上升沿之后数据不稳定时间（设置最大输入延时）
set input_ports  <input_ports>;              #输入端口列表
set clock_port   <input_clock>;              #输入时钟端口
set input_clock_period  <period_value>;      #输入时钟周期值
set clock_name  <clock_name>;                #输入时钟名
# 创建输入时钟
create_clock -name $clock_name -period $input_clock_period [get_ports $clock_port];
# 设置输入延时约束
set_input_delay -clock $clock_name -max [expr $input_clock_period + $skew_are] [get_ports $input_ports];
set_input_delay -clock $clock_name -min [expr $input_clock_period - $skew_bre] [get_ports $input_ports];
```

与源同步 SDR 正常捕获模式相同，在建立时序裕量分析中，使用 $T_{\text{period}}+T_{\text{skew\_are}}$ 替代 5.3.1 节中推导出的最终源同步输入信号建立时序裕量公式中的 $T_{\text{(input\_delay)}}$，可以得到直接捕获模式下的最终建立时序裕量公式：

$$T_{\text{slack}}=(T_{\text{period}}+T_{\text{cp2\_ck2}}-T_{\text{setup}})-(T_{\text{period}}+T_{\text{skew\_are}}+T_{\text{dp2\_d2}})=(T_{\text{cp2\_ck2}}-T_{\text{setup}})-(T_{\text{skew\_are}}+T_{\text{dp2\_d2}})$$

同理，在保持时序裕量分析中，使用 $T_{\text{period}}-T_{\text{skew\_bre}}$ 替代 5.3.2 节中推导出的最终源同步输入信号保持时序裕量公式中的 $T_{\text{(input\_delay)}}$，可以得到直接捕获模式下的最终保持时序裕量公式：

$$T_{slack}=(T_{dp2\_d2}+T_{period}-T_{skew\_bre})-(T_{cp2\_ck2}+T_{hold})$$

结合上述的建立时序裕量公式和保持时序裕量公式，要使时序收敛，必须满足以下不等式：

$$-T_{period}+T_{skew\_bre}+T_{hold}<T_{dp2\_d2}-T_{cp2\_ck2}<-T_{skew\_are}-T_{setup}$$

在 FPGA 中，T_{hold} 和 T_{setup} 相对于布线延时来说几乎可以忽略不计，因此上述不等式可简化为

$$-T_{period}+T_{skew\_bre}<T_{dp2\_d2}-T_{cp2\_ck2}<-T_{skew\_are}$$

通过比较上述不等式可以看出，在直接捕获模式下，保持时序较容易收敛，建立时序则较难收敛。该模式要求时钟走线的延时比数据走线的延时更大。然而，由于 FPGA 中时钟走的是专有布线资源（类似于高速公路），而数据走的是普通布线资源（类似于普通公路），因此时钟走线的延时通常比数据走线的延时要小。因此，在实际工程中，直接捕获模式下通常通过在时钟路径上加 PLL 来实现时钟相位的正向延时，以满足时序要求（加大时钟走线的延时）。

从公式中可以看出，保持时序中到达时间多了 1 个时钟周期，使得保持时序裕量更为充裕，因此保持时序更容易收敛。

从本质上看，直接捕获模式的约束改变了默认的建立关系和保持关系，使建立关系和保持关系向左移动了 1 个时钟周期。要实现这一目的，还可以通过设置多周期路径约束（set_multicycle_path）来实现。具体的多周期路径约束用法将在后续章节中详细介绍。

到这里，大家可以思考一个问题：为什么输入延时约束可以设置为直接捕获模式（Lr1 发，Cr1 收），芯片内部的寄存器却是正常捕获模式（Lr1 发，Cr2 收）呢？芯片内部的寄存器能否使用直接捕获模式呢？

5.5.3　源同步 SDR 时钟中央对齐

顾名思义，时钟中央对齐指的是，当时钟和数据到达 FPGA 输入引脚时，时钟的触发沿正好与有效数据的中央对齐。图 5.12 所示为时钟中央对齐数据的时序示意图。

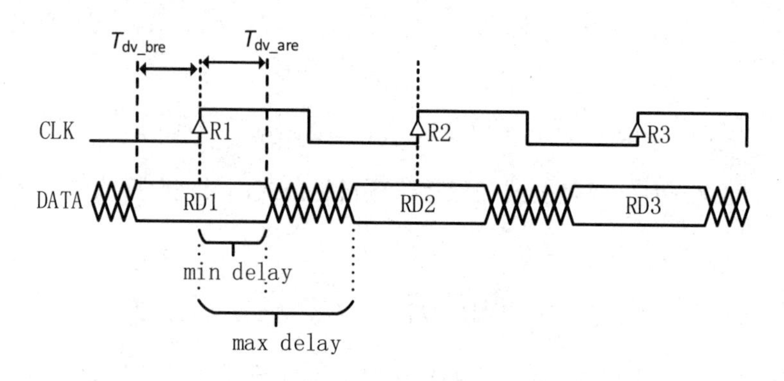

图 5.12　时钟中央对齐数据的时序示意图

以时钟上升沿 R2 为分析边沿，R2 之前的 T_{dv_bre} 时间与 R2 之后的 T_{dv_are} 时间为数据 RD2 稳定有效的时间。此类接口时序通常通过数据发送端将数据延时 1/2 个时钟周期，或者通过时钟相移 180° 来实现。

显而易见，这种时序适合直接捕获模式，即在当前时钟上升沿发送数据，并在当前时钟上升沿捕获数据。

同样，源同步 SDR 时钟中央对齐数据的直接捕获模式约束模板设置也可以分为三步，完整约束模板如下。

```
# 根据硬件设计设置参数
set dv_bre  0.000;                                #时钟上升沿之前数据有效的时间
set dv_are  0.000;                                #时钟上升沿之后数据有效的时间
set input_ports  <input_ports>;                   #输入端口列表
set clock_port   <input_clock>;                   #输入时钟端口
set input_clock_period  <period_value>;           #输入时钟周期值
set clock_name  <clock_name>;                     #输入时钟名
# 创建输入时钟
create_clock -name $clock_name -period $input_clock_period [get_ports
$clock_port];
# 设置输入延时约束
set_input_delay -clock $clock_name -max [expr $input_clock_period -
$dv_bre] [get_ports $input_ports];
set_input_delay -clock $clock_name -min $dv_are [get_ports $input_
ports];
```

在该约束模板中，输入延时最大值为 $T_{period}-T_{dv\_bre}$，输入延时最小值为 T_{dv_are}。将输入延时最大值代入源同步输入信号的建立时序裕量公式中，可得时钟中央对齐数据的最终建立时序裕量公式：

$$T_{slack}=(T_{period}+T_{cp2\_ck2}-T_{setup})-(T_{period}-T_{dv\_bre}+T_{dp2\_d2})=(T_{cp2\_ck2}-T_{setup})-(T_{dp2\_d2}-T_{dv\_bre})$$

同样，将输入延时最小值代入源同步输入信号的保持时序裕量公式中，可得时钟中央对齐数据的最终保持时序裕量公式：

$$T_{slack}=T_{input\_delay}+T_{dp2\_d2}-(T_{cp2\_ck2}+T_{hold})=(T_{dp2\_d2}+T_{dv\_are})-(T_{cp2\_ck2}+T_{hold})$$

可见，在时钟中央对齐的直接捕获模式中，建立时序裕量中的时钟周期值与输入延时最大值中的时钟周期值正好抵消。结合上述的建立时序裕量公式和保持时序裕量公式，要使时序收敛，必须满足以下不等式：

$$T_{hold}-T_{dv\_are}<T_{dp2\_d2}-T_{cp2\_ck2}<T_{dv\_bre}-T_{setup}$$

在 FPGA 中，T_{hold} 和 T_{setup} 相对于布线延时来说几乎可以忽略不计，因此上述不等式可简化为

$$-T_{dv\_are}<T_{dp2\_d2}-T_{cp2\_ck2}<T_{dv\_bre}$$

通过时钟边沿对齐正常捕获模式和时钟边沿对齐直接捕获模式的时序裕量公式可以看出，时钟中央对齐的直接捕获模式在建立时间和保持时间上刚好折中了时钟边沿对齐正常捕获模式和时钟边沿对齐直接捕获模式，使建立时序和保持时序都更容易满足要求，数据路径和时钟路径的布线延时空间更大。因此，源同步接口时序推荐使用时钟中央对齐的直接捕获模式。实际上，时钟中央对齐的数据时序通过在数据发送端增加额外的电路结构来调整时钟或数据延时，从而为数据接收端提供更多的布线延时空间。

同样，时钟中央对齐数据也可以设置为正常捕获模式，但由于这种约束的时序要求很难满足，实际中很少使用。如果读者感兴趣，可以按照之前的推理过程自行推导公式，并对比与直接捕获模式的差异。本书对此不再赘述。

5.6　源同步 DDR 输入延时约束模板

5.5 节详细分析了源同步 SDR 的输入延时约束。类似地，源同步 DDR 的输入延时约束分析过程是相似的。由于源同步 SDR 与源同步 DDR 的输入延时分析较为相似，因此本节将重点讨论二者之间的区别。

源同步 SDR 与源同步 DDR 之间的主要区别在于，源同步 SDR 仅在时钟的上升沿（或下降沿）传输和捕获数据，而源同步 DDR 则在时钟的上升沿和下降沿均传输和捕

获数据。为了明确源同步 DDR 在数据传输中的时序关系，首先需要理清其建立关系和保持关系。根据 2.2 节关于建立关系和保持关系的介绍，源同步模型中的发送时钟和捕获时钟为同源同相时钟，因此可以绘制出其建立关系和保持关系的示意图，如图 5.13 所示。

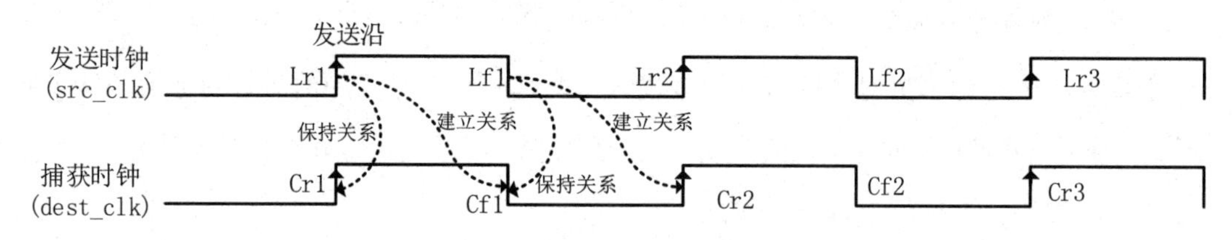

图 5.13　源同步 DDR 输入信号的建立关系和保持关系

在图 5.13 中，Lr1（launch rise edge 1）表示第一个时钟周期的发送上升沿，Lf1（launch fall edge 1）表示第一个时钟周期的发送下降沿，Cr1（capture rise edge 1）表示第一个时钟周期的捕获上升沿，Cf1（capture fall edge 1）表示第一个时钟周期的捕获下降沿。缩写名词后面的数字代表相应的时钟周期，从第一个时钟周期开始，依此类推。

如图 5.13 所示，源同步 DDR 的建立关系是 Lr1→Cf1 和 Lf1→Cr2。源同步 DDR 的保持关系是 Lr1→Cr1 和 Lf1→Cf1。由于在一个时钟周期内传输 2 位数据，因此源同步 DDR 的建立关系和保持关系各有两个。Lr1 发送的数据在 Cf1 捕获，Lf1 发送的数据在 Cr2 捕获。

在明确建立关系和保持关系之后，理解源同步 DDR 数据传输模型的时序图就变得更加简单了。接下来将详细讲解时钟边沿对齐数据和时钟中央对齐数据的时序图及其对应的约束模板。

5.6.1　源同步 DDR 时钟边沿对齐

源同步 DDR 时钟边沿对齐数据的时序示意图如图 5.14 所示。将时钟的第一个上升沿记为 R1，对应的发送数据记为 RD1（rise data 1）；第一个下降沿记为 F1，对应的发送数据记为 FD1（fall data 1）；第二个上升沿记为 R2，对应的发送数据记为 RD2（rise data 2），依此类推。以 R2 为分析边沿，R2 之后的 T_{skew_are} 时间内，数据 RD2 稳定有效；R2 之前的 T_{skew_bre} 时间内，数据 FD1 稳定有效。以 F2 为分析边沿，F2 之后的 T_{skew_afe} 时间内，数据 FD2 稳定有效；F2 之前的 T_{skew_bfe} 时间内，数据 FD2 稳定有效。

此时，FPGA 内部的捕获寄存器有如下两种情况。

（1）当 R2 到达捕获寄存器时，捕获数据 FD1，这种情况称为正常捕获模式。

（2）当 R2 到达捕获寄存器时，捕获数据 RD2，这种情况称为直接捕获模式。

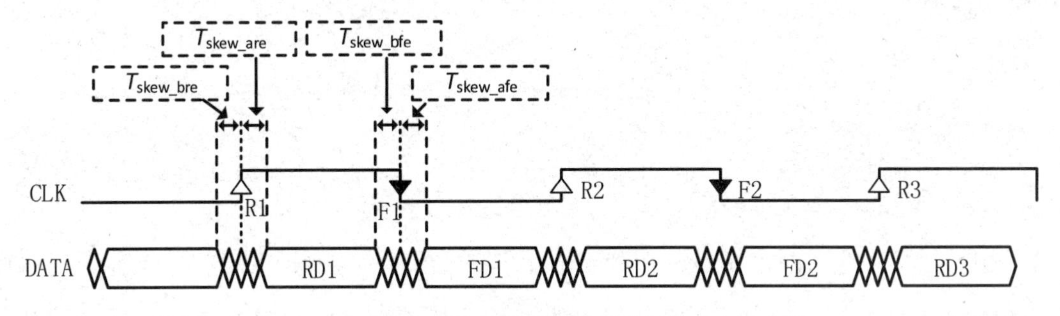

图 5.14　源同步 DDR 时钟边沿对齐数据的时序示意图

对比源同步 SDR 时钟边沿对齐数据的时序示意图，如果时钟占空比为 50%，且 T_{skew_are} 与 T_{skew_afe} 相等，T_{skew_bre} 与 T_{skew_bfe} 相等，那么源同步 DDR 相当于在源同步 SDR 的基础上将频率加倍，其建立时序裕量和保持时序裕量的分析过程完全相同。因此，本节仅简单讲解不同情况下源同步 DDR 输入延时约束模板，不再对模板进行公式推导分析。感兴趣的读者可以自行推导，以加深理解。

源同步 DDR 输入延时约束模板分为两种：一种是正常捕获模式约束模板，另一种是直接捕获模式约束模板。

1. 正常捕获模式约束模板

与源同步 SDR 约束模板类似，源同步 DDR 正常捕获模式的约束模板设置也可以分为三步，完整约束模板如下。

```
# 根据硬件设计设置参数
set skew_bre  0.000;                           #时钟上升沿之前数据不稳定时间
set skew_are  0.000;                           #时钟上升沿之后数据不稳定时间
set skew_bfe  0.000;                           #时钟下降沿之前数据不稳定时间
set skew_afe  0.000;                           #时钟下降沿之后数据不稳定时间
set input_ports  <input_ports>;                #输入端口列表
set clock_port  <input_clock>;                 #输入时钟端口
set input_clock_period  <period_value>;        #输入时钟周期值
set clock_name  <clock_name>;                  #输入时钟名
# 创建输入时钟
create_clock -name $clock_name -period $input_clock_period [get_ports $clock_port];
```

```
# 设置输入延时约束
set_input_delay -clock $clock_name -max $skew_are [get_ports $input_ports];
set_input_delay -clock $clock_name -min -$skew_bre [get_ports $input_ports];
set_input_delay -clock $clock_name -max $skew_afe [get_ports $input_ports] -clock_fall -add_delay;
set_input_delay -clock $clock_name -min -$skew_bfe [get_ports $input_ports] -clock_fall -add_delay;
```

与 SDR 相比，DDR 输入延时约束增加了一条用于约束时钟下降沿的命令，并通过-clock_fall 参数来区分。对于时钟下降沿的输入延时约束命令，必须添加-add_delay 参数，否则将覆盖时钟上升沿的输入延时约束命令。

2. 直接捕获模式约束模板

源同步 DDR 输入延时直接捕获模式的完整约束模板如下。

```
# 根据硬件设计设置参数
set skew_bre  0.000;                              #时钟上升沿之前数据不稳定时间
set skew_are  0.000;                              #时钟上升沿之后数据不稳定时间
set skew_bfe  0.000;                              #时钟下降沿之前数据不稳定时间
set skew_afe  0.000;                              #时钟下降沿之后数据不稳定时间
set input_ports  <input_ports>;                   #输入端口列表
set clock_port   <input_clock>;                   #输入时钟端口
set input_clock_period  <period_value>;           #输入时钟周期值
set clock_name  <clock_name>;                     #输入时钟名
# 创建输入时钟
create_clock -name $clock_name -period $input_clock_period [get_ports $clock_port];
# 设置输入延时约束
set_input_delay -clock $clock_name -max [expr $input_clock_period/2 + $skew_afe] [get_ports $input_ports];
set_input_delay -clock $clock_name -min [expr $input_clock_period/2 - $skew_bfe] [get_ports $input_ports];
set_input_delay -clock $clock_name -max [expr $input_clock_period/2 + $skew_are] [get_ports $input_ports] -clock_fall -add_delay;
set_input_delay -clock $clock_name -min [expr $input_clock_period/2 - $skew_bre] [get_ports $input_ports] -clock_fall -add_delay;
```

5.6.2 源同步 DDR 时钟中央对齐

源同步 DDR 时钟中央对齐数据的时序示意图如图 5.15 所示。将时钟的第一个上升沿记为 R1，对应的发送数据记为 RD1（rise data 1），第一个下降沿记为 F1，对应的发送数据记为 FD1（fall data 1），第二个上升沿记为 R2，对应的发送数据记为 RD2（rise data 2），依此类推。

以 R2 为分析边沿，R2 之前的 T_{dv_bre} 时间和 R2 之后的 T_{dv_are} 时间为数据 RD2 的稳定有效时间。

以 F2 为分析边沿，F2 之前的 T_{dv_bfe} 时间和 F2 之后的 T_{dv_afe} 时间为数据 FD2 的稳定有效时间。

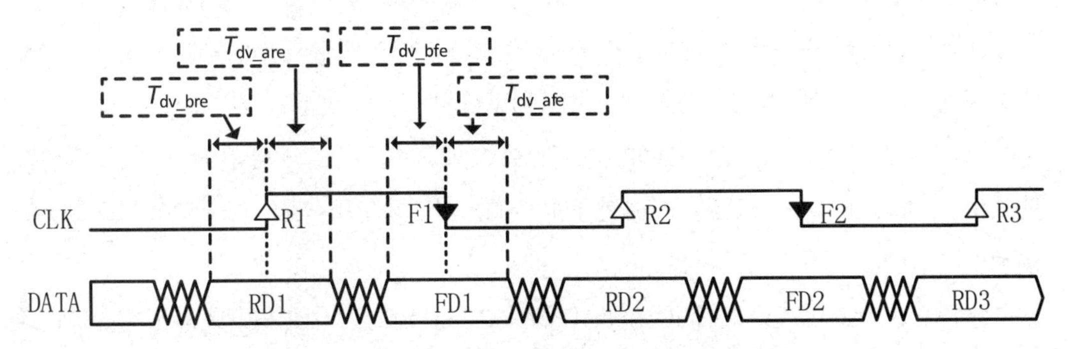

图 5.15 源同步 DDR 时钟中央对齐数据的时序示意图

很明显，这种时序适合直接捕获模式，即在当前时钟触发沿发送数据，并在当前时钟触发沿捕获数据。这种接口时序通常通过数据发送端对数据进行 1/4 个时钟周期延时，或者对时钟进行 90°相移来实现。

源同步 DDR 输入延时时钟中央对齐模式（直接捕获模式）的完整约束模板如下。

```
# 根据硬件设计设置参数
set dv_bre  0.000;                              #时钟上升沿之前数据有效的时间
set dv_are  0.000;                              #时钟上升沿之后数据有效的时间
set dv_bfe  0.000;                              #时钟下降沿之前数据有效的时间
set dv_afe  0.000;                              #时钟下降沿之后数据有效的时间
set input_ports  <input_ports>;                 #输入端口列表
set clock_port   <input_clock>;                 #输入时钟端口
set input_clock_period  <period_value>;         #输入时钟周期值
set clock_name  <clock_name>;                   #输入时钟名
```

```
    # 创建输入时钟
    create_clock -name $clock_name -period $input_clock_period [get_ports
$clock_port];
    # 设置输入延时约束
    set_input_delay -clock $clock_name -max [expr $input_clock_period/2 -
$dv_bfe] [get_ports $input_ports];
    set_input_delay -clock $clock_name -min $dv_are [get_ports $input_
ports];
    set_input_delay -clock $clock_name -max [expr $input_clock_period/2 -
$dv_bre] [get_ports $input_ports] -clock_fall -add_delay;
    set_input_delay -clock $clock_name -min $dv_afe [get_ports $input_
ports] -clock_fall -add_delay;
```

源同步 DDR 输入延时时钟中央对齐模式的约束模板与 SDR 模式的对比如下。

（1）时钟周期变为半个周期：在 DDR 模式下，一个时钟周期的延时约束变为半个时钟周期，因为 DDR 模式在时钟的上升沿和下降沿都进行数据采样。

（2）额外的下降沿约束：DDR 模式比 SDR 模式多了一个下降沿的输入延时约束。此处使用-clock_fall 参数表示针对时钟下降沿的延时，并使用-add_delay 参数来确保上升沿和下降沿的约束不会相互覆盖。

这种时钟中央对齐模式可以很好地保证数据在时钟的上升沿和下降沿都能够被准确采样，有效满足 DDR 模式数据传输的时序要求。

5.7 pin2reg 路径时序报告解读

5.7.1 pin2reg 路径分段

根据图 5.6 可知，整个时序路径可分为两段，如图 5.16 所示。

第一段：数据路径（data path），指从 FPGA 的数据输入端口到目标触发器的数据输入端口的路径。FPGA 的数据输入端口称为路径起点（path startpoint），目标触发器的数据输入端口为路径终点（path endpoint）。该路径的延时对应图 5.6 中的 T_{dp2_d2}。

第二段：目标时钟路径（destination clock path），指从 FPGA 的时钟输入端口到目标触发器的时钟输入端口的路径，该路径的延时对应图 5.6 中的 T_{cp2_ck2}。

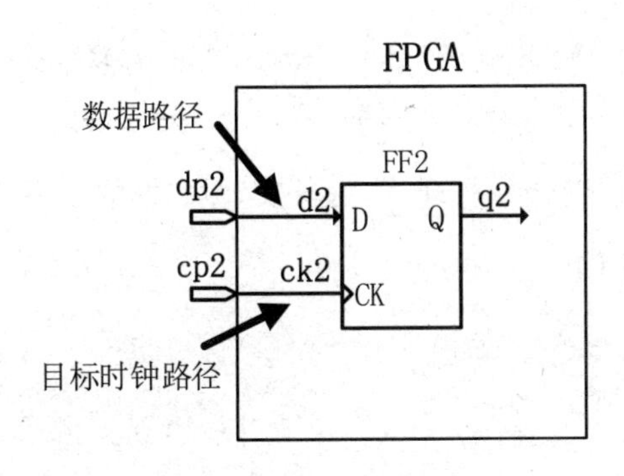

图 5.16　pin2reg 路径分段

相比 reg2reg 路径，pin2reg 路径没有源时钟路径，因为源寄存器位于 FPGA 外部，时钟信号的传输与源寄存器的时钟路径无关，分析重点在数据路径和目标时钟路径上。

5.7.2　pin2reg 路径约束实例分析

源同步输入接口电路结构如图 5.17 所示。

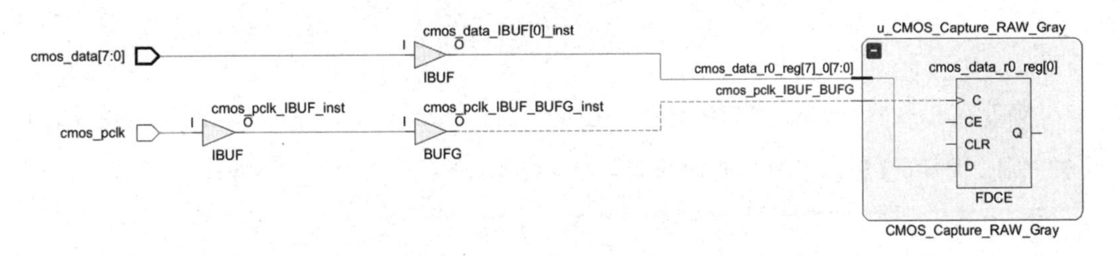

图 5.17　源同步输入接口电路结构

cmos_data 数据信号通过衍生时钟 cmos_pclk 同步捕获。通过查阅外部芯片手册及 PCB 布线资料，确认 cmos_pclk 的时钟周期为 10ns，数据在 FPGA 引脚处的最大延时为 1ns，最小延时为-1ns。依据源同步 SDR 输入延时约束的时钟边沿对齐捕获模式模板，约束命令如下。

```
set skew_bre 1;                              #时钟上升沿之前数据不稳定时间
set skew_are 1;                              #时钟上升沿之后数据不稳定时间
set input_ports {cmos_data[*]};              #输入端口列表
set clock_port cmos_pclk;                    #输入时钟端口
set input_clock_period 10;                   #输入时钟周期值
set clock_name cmos_clk_in;                  #输入时钟名
create_clock -name $clock_name -period $input_clock_period [get_ports
$clock_port];
```

```
set_input_delay -clock $clock_name -max $skew_are [get_ports $input_ports];
set_input_delay -clock $clock_name -min -$skew_bre [get_ports $input_ports];
```

在 Vivado 中，将工程综合并实现后，打开实现后的网表，首先在菜单栏中单击 Reports 选项卡，然后依次选择 Timing→Report Timing 选项，如图 5.18 所示。

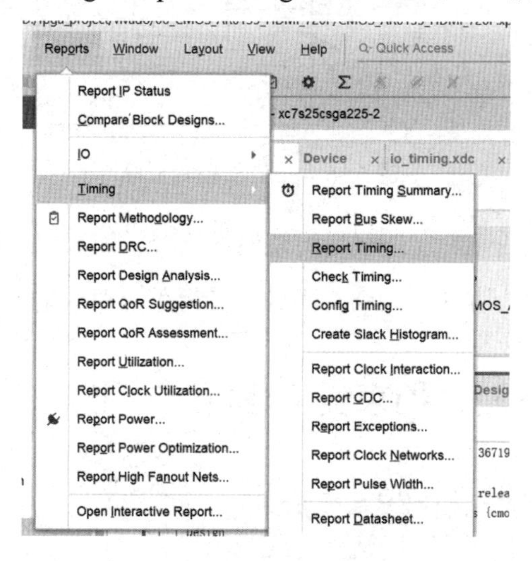

图 5.18　Report Timing 打开路径

接着在 Report Timing 窗口中选择对应的“Start Points”和“End Points”，最后单击 OK 按钮，即可打开该路径的时序报告，如图 5.19 所示。

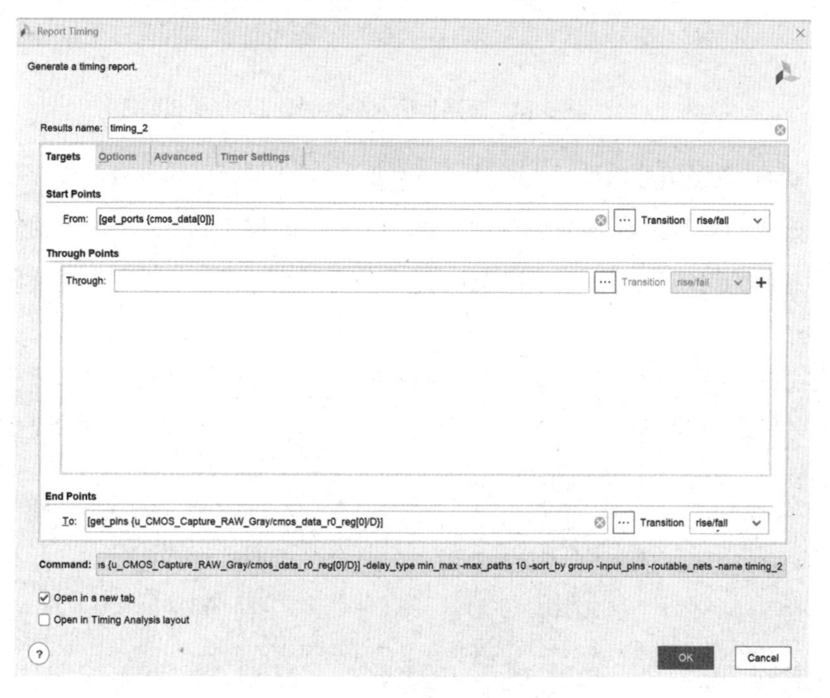

图 5.19　Report Timing 窗口

当然，查看路径报告也可以通过在 TCL 控制台输入命令来实现。例如，查看路径的建立时序报告可以使用以下命令。

```
    report_timing -from [get_ports {cmos_data[0]}] -to [get_pins {u_CMOS_
Capture_RAW_Gray/cmos_data_r0_reg[0]/D}]
```

查看保持时序报告，可以添加-hold 参数，命令如下。

```
    report_timing -hold -from [get_ports {cmos_data[0]}] -to [get_pins
{u_CMOS_Capture_RAW_Gray/cmos_data_r0_reg[0]/D}]
```

5.7.3　pin2reg 路径建立时序报告分析

pin2reg 路径的建立时序报告如图 5.20 所示。

Summary

Name	Path 2
Slack	5.490ns
Source	cmos_data[0] (input port clocked by cmos_clk_in {rise@0.000ns fall@5.000ns period=10.000ns})
Destination	u_CMOS_Capture_RAW_Gray/cmos_data_r0_reg[0]/D (rising edge-triggered cell FDCE clocked by cmos_clk_in {rise@0.000ns fall@5.000ns period=10.000ns})
Path Group	cmos_clk_in
Path Type	Setup (Max at Slow Process Corner)
Requirement	10.000ns (cmos_clk_in rise@10.000ns - cmos_clk_in rise@0.000ns)
Data P...Delay	7.747ns (logic 1.411ns (18.214%) route 6.336ns (81.786%))
Logic Levels	1 (IBUF=1)
Input Delay	1.000ns
Clock ... Skew	4.319ns
Clock U...tainty	0.035ns

Data Path

Delay Type	Incr (ns)	Path...	Location	Netlist Resource(s)
(clock cmos_... rise edge)	(r) 0.000	0.000		
input delay	1.000	1.000		
	(r) 0.000	1.000	Site: M8	cmos_data[0]
net (fo=0)	0.000	1.000		cmos_data[0]
			Site: M8	cmos_data_IBUF[0]_inst/I
IBUF (Prop_ibuf_I_O)	(r) 1.411	2.411	Site: M8	cmos_data_IBUF[0]_inst/O
net (fo=1, routed)	6.336	8.747		u_CMOS_Capture_RAW_Gray/cmos_data_r0_reg[7]_0[0]
FDCE			Site: SLICE_X3Y19	u_CMOS_Capture_RAW_Gray/cmos_data_r0_reg[0]/D
Arrival Time		8.747		

Destination Clock Path

Delay Type	Incr (ns)	Path ...	Location	Netlist Resource(s)
(clock cmos_... rise edge)	(r) 000	10.000		
	(r) 0.000	10.000	Site: M9	cmos_pclk
net (fo=0)	0.000	10.000		cmos_pclk
			Site: M9	cmos_pclk_IBUF_inst/I
IBUF (Prop_ibuf_I_O)	(r) 1.330	11.330	Site: M9	cmos_pclk_IBUF_inst/O
net (fo=1, routed)	1.599	12.930		cmos_pclk_IBUF
			Site: BU...RL_X0Y4	cmos_pclk_IBUF_BUFG_inst/I
BUFG (Prop_bufg_I_O)	(r) 0.077	13.007	Site: BU...RL_X0Y4	cmos_pclk_IBUF_BUFG_inst/O
net (fo=106, routed)	1.313	14.319		u_CMOS_Capture_RAW_Gray/cmos_pclk_IBUF_BUFG
FDCE			Site: SLICE_X3Y19	u_CMOS_Capture_RAW_Gray/cmos_data_r0_reg[0]/C
clock pessimism	0.000	14.319		
clock uncertainty	-0.035	14.284		
FDCE (Setup_fdce_C_D)	-0.047	14.237	Site: SLICE_X3Y19	u_CMOS_Capture_RAW_Gray/cmos_data_r0_reg[0]
Required Time		14.237		

图 5.20　pin2reg 路径的建立时序报告

整个时序报告分为三个部分，分别为概述部分、数据路径部分和目标时钟路径部分。由于源寄存器位于 FPGA 外部，因此没有源时钟路径延时。

在概述部分中，pin2reg 路径相比 reg2reg 路径，多了一个 Input Delay（输入延时）行，该行指示数据路径的输入延时。由于报告类型是建立时序分析，因此该值为输入延时的最大值。其他信息与 reg2reg 路径一致。

在数据路径部分中，pin2reg 路径相比 reg2reg 路径，同样多了一个 Input Delay（输入延时）行，最大输入延时的设置反映在该部分的报告中。

在目标时钟路径部分中，pin2reg 路径与 reg2reg 路径完全一致。

在源同步模型输入信号建立时序分析章节中，推导出在理想情况下，建立时序裕量的路径到达时间公式为 Arrival_time=$T_{(input\_delay)}+T_{dp2\_d2}$。根据实际时序报告中的数据路径部分可知，约束的最大输入延时 $T_{(input\_delay)max}$=1ns，数据路径延时 $T_{(data\_path)}=T_{dp2\_d2}$=7.747ns。因此，最终的路径到达时间为 Arrival_time=$T_{(input\_delay)max}+T_{(data\_path)}$=1+7.747=8.747ns。

同样，在源同步模型输入信号建立时序分析章节中，推导出在理想情况下，建立时序裕量的路径要求时间公式为 Required_time=$T_{period}+T_{cp2\_ck2}-T_{setup}$。根据实际时序报告中的目标时钟路径部分可知，时钟周期 T_{period}=10ns，时钟路径延时 T_{cp2_ck2}=4.319ns，建立时间 T_{setup}=0.047ns。与 reg2reg 路径相同，实际情况还需要考虑时钟不确定性 $T_{clock\_uncertainty}$=0.035ns 和时钟悲观补偿 $T_{clock\_pessimism}$=0ns。

因此，最终的要求时间为 Required_time=$T_{period}+T_{cp2\_ck2}-T_{setup}-T_{clock\_uncertainty}+T_{clock\_pessimism}$=10+4.319−0.047−0.035+0=14.237ns。

在最终报告中，建立时序裕量为 T_{slack}=Required_time−Arrival_time=14.237−8.747=5.49ns。

5.7.4 pin2reg 路径保持时序报告分析

由于 pin2reg 路径中的数据路径和目标时钟路径与建立时序报告中的信息类似，同样的路径与建立时序报告中的数据路径相比，只有计算模型不同，导致延时值有所不同。pin2reg 路径的保持时序报告如图 5.21 所示。

Summary

Name	Path 1
Slack (Hold)	0.216ns
Source	cmos_data[0] (input port clocked by cmos_clk_in {rise@0.000ns fall@5.000ns period=10.000ns})
Destination	u_CMOS_Capture_RAW_Gray/cmos_data_r0_reg[0]/D (rising edge-triggered cell FDCE clocked by cmos_clk_in {rise@0.000ns fall@5.000ns period=10.000ns})
Path Group	cmos_clk_in
Path Type	Hold (Min at Fast Process Corner)
Requirement	0.000ns (cmos_clk_in rise@0.000ns - cmos_clk_in rise@0.000ns)
Data P...Delay	3.307ns (logic 0.248ns (7.493%) route 3.060ns (92.507%))
Logic Levels	1 (IBUF=1)
Input Delay	-1.000ns
Clock ... Skew	1.986ns
Clock U...tainty	0.035ns

Data Path

Delay Type	Incr (ns)	Path (ns)	Location	Netlist Resource(s)
(clock cmos_... rise edge)	(r)...00	0.000		
input delay	-1.000	-1.000		
	(r)...00	-1.000	Site: M8	cmos_data[0]
net (fo=0)	0.000	-1.000		cmos_data[0]
			Site: M8	cmos_data_IBUF[0]_inst/I
IBUF (Prop_ibuf_I_O)	(r)...48	-0.752	Site: M8	cmos_data_IBUF[0]_inst/O
net (fo=1, routed)	3.060	2.307		u_CMOS_Capture_RAW_Gray/cmos_data_r0_reg[7]_0[0]
FDCE			Site: SLICE_X3Y19	u_CMOS_Capture_RAW_Gray/cmos_data_r0_reg[0]/D
Arrival Time		2.307		

Destination Clock Path

Delay Type	Incr (...	Path...	Location	Netlist Resource(s)
(clock cmos_... rise edge)	(r)...00	0.000		
	(r)...00	0.000	Site: M9	cmos_pclk
net (fo=0)	0.000	0.000		cmos_pclk
			Site: M9	cmos_pclk_IBUF_inst/I
IBUF (Prop_ibuf_I_O)	(r)...21	0.421	Site: M9	cmos_pclk_IBUF_inst/O
net (fo=1, routed)	0.685	1.106		cmos_pclk_IBUF
			Site: BU...RL_X0Y4	cmos_pclk_IBUF_BUFG_inst/I
BUFG (Prop_bufg_I_O)	(r)...29	1.135	Site: BU...RL_X0Y4	cmos_pclk_IBUF_BUFG_inst/O
net (fo=106, routed)	0.852	1.986		u_CMOS_Capture_RAW_Gray/cmos_pclk_IBUF_BUFG
FDCE			Site: SLICE_X3Y19	u_CMOS_Capture_RAW_Gray/cmos_data_r0_reg[0]/C
clock pessimism	0.000	1.986		
clock uncertainty	0.035	2.021		
FDCE (Hold_fdce_C_D)	0.070	2.091	Site: SLICE_X3Y19	u_CMOS_Capture_RAW_Gray/cmos_data_r0_reg[0]
Required Time		2.091		

图 5.21　pin2reg 路径的保持时序报告

在源同步模型输入信号保持时序分析章节中，推导出保持时序裕量在理想情况下的路径到达时间公式为 $Arrival\_time=T_{(input\_delay)min}+T_{dp2\_d2}$。根据实际保持时序报告中的数据路径部分可知，约束的输入最小延时 $T_{(input\_delay)min}=-1ns$，数据路径延时 $T_{(data\_path)}=T_{dp2\_d2}=3.307ns$。因此，最终的路径到达时间为 $Arrival\_time=T_{(input\_delay)min}+T_{(data\_path)}=-1+3.307=2.307ns$。

同样，在源同步模型输入信号保持时序分析章节中，推导出保持时序裕量在理想情况下的路径要求时间公式为 $Required\_time=T_{cp2\_ck2}+T_{hold}$。根据实际保持时序报告中的目标时钟路径部分可知，$T_{cp2\_ck2}=1.986ns$，保持时间 $T_{hold}=0.07ns$。与建立时序分析类似，实际情况还需考虑时钟不确定性 $T_{clock\_uncertainty}=0.035ns$ 和时钟悲观补偿 $T_{clock\_pessimism}=0ns$。

因此，最终的路径要求时间为 $Required\_time=T_{cp2\_ck2}+T_{hold}+T_{clock\_uncertainty}+T_{clock\_pessimism}=1.986+0.07+0.035+0=2.091ns$。

最终报告中的保持时序裕量为 $T_{slack}=Arrival\_time-Required\_time=2.307-2.091=0.216ns$。

第 6 章

输出信号接口约束

6.1 引言

在 5.2 节中，分析了接口通信时序模型。在这些模型中，将 master（FPGA）作为时序分析主体，slave 则是外部接收数据的芯片。时序分析工具需要分析 master 的 reg2pin 路径，此时需要对输出信号接口进行约束。

在实际 FPGA 设计工作中，应用最广泛的信号接口模型是源同步模型，因此本章重点讲解源同步模型。按照第 5 章的讲解步骤，本章首先介绍源同步输出信号传输模型和输出延时公式的推导，然后讲解输出延时命令 set_output_delay 的语法，接着介绍输出延时的约束模板，最后解读 reg2pin 时序路径的报告。

6.2 源同步输出信号分析

源同步输出信号传输模型如图 6.1 所示。

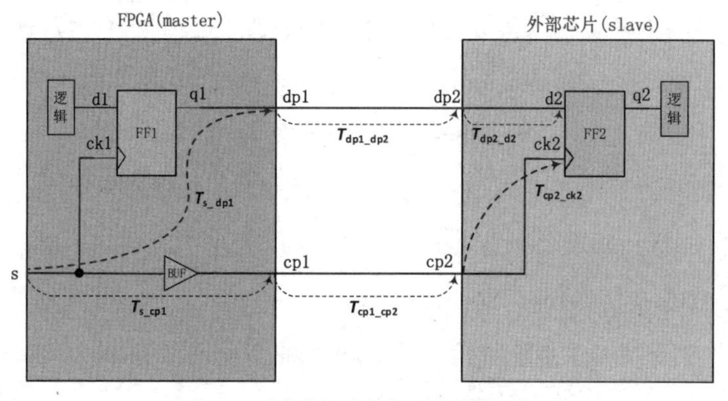

图 6.1　源同步输出信号传输模型

6.2.1　源同步输出信号建立时序裕量

在 5.2.2 节中，推导得出源同步模型下建立时序裕量公式：

$$T_{launch\_edge}+T_{s\_dp1}+T_{dp1\_dp2}+T_{dp2\_d2}+T_{setup}+T_{slack}=T_{capture\_edge}+T_{s\_cp1}+T_{cp1\_cp2}+T_{cp2\_ck2}$$

其中，$T_{period}=T_{capture\_edge}-T_{launch\_edge}$，将其代入公式后可变为

$$T_{s\_dp1}+T_{dp1\_dp2}+T_{dp2\_d2}+T_{setup}+T_{slack}=T_{period}+T_{s\_cp1}+T_{cp1\_cp2}+T_{cp2\_ck2}$$

对于 FPGA 综合布局布线而言，内部延时 T_{s_dp1} 和 T_{s_cp1} 是布局布线后的已知延时，而外部延时是未知的。我们将所有外部未知的延时变量归为一类，由此可得变形公式：

$$T_{slack}=T_{period}+T_{s\_cp1}-T_{s\_dp1}-[(T_{dp1\_dp2}+T_{dp2\_d2}+T_{setup})-(T_{cp1\_cp2}+T_{cp2\_ck2})]$$

在此定义输出信号的最大输出延时为

$$T_{(output\_delay)max}=[(T_{dp1\_dp2}+T_{dp2\_d2}+T_{setup})-(T_{cp1\_cp2}+T_{cp2\_ck2})]$$

将定义的 $T_{(output\_delay)max}$ 代入公式，即可得到最终的源同步输出信号建立时序裕量公式：

$$T_{slack}=[T_{period}+T_{s\_cp1}-T_{(output\_delay)max}]-T_{s\_dp1}$$

在该公式中，对于 FPGA 而言，T_{s_cp1} 和 T_{s_dp1} 是时序布线工具需要约束的值，T_{period} 则是时序分析工具已知的固定约束值。因此，对于输入接口信号，只需要约束 $T_{(output\_delay)max}$，时序分析工具即可计算出 reg2pin 路径的建立时序裕量 T_{slack}。

对比第 2 章中介绍的 reg2reg 路径建立时序裕量公式 $T_{slack}=(T_{period}+T_{s\_ck2}-T_{setup})-(T_{s\_ck1}+T_{c1\_q1}+T_{q1\_d2})$，可以看出，reg2pin 路径中的 $T_{(output\_delay)max}$ 与 reg2reg 路径中的 T_{setup} 是等价的。这可以理解为将 FPGA 输出信号在引脚后的路径视作一个虚拟寄存器的输入端口，数据输出引脚 dp1 相当于虚拟寄存器的数据输入端口，时钟输出引脚 cp1 则相当于虚拟寄存器的时钟输入端口。输出端口的等价虚拟寄存器示意图如图 6.2 所示。

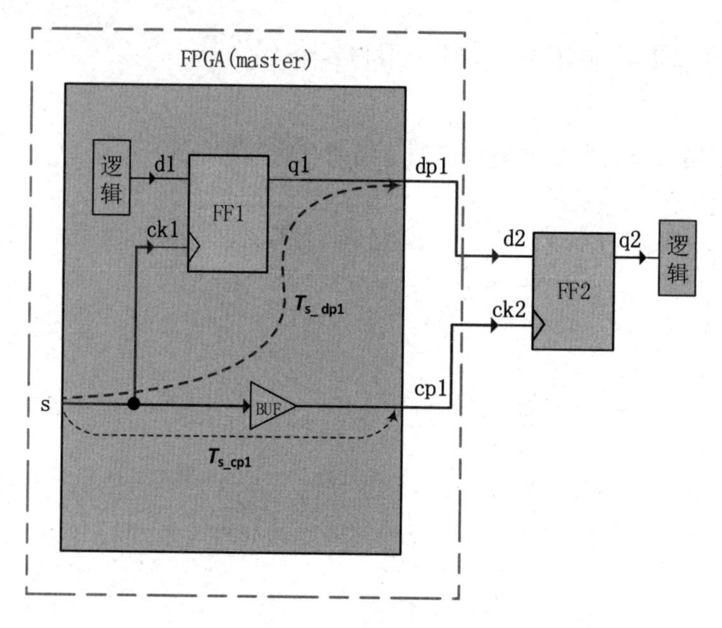

图 6.2 输出端口的等价虚拟寄存器示意图

此时，时钟路径延时为 T_{s_cp1}，数据路径延时为 T_{s_dp1}，虚拟寄存器的建立时间为 $T_{setup}=T_{(output\_delay)max}$。因此，只要知道虚拟寄存器的建立时间，工具即可分析完整的路径时序。信号输出延时可以通过 set_output_delay-max 命令进行约束，具体的约束语法见下节。

在时序报告中，公式中的前一段延时定义为要求时间（Required_time），后一段延时定义为到达时间（Arrival_time）：

$$Required\_time=T_{period}+T_{s\_cp1}-T_{(output\_delay)max}$$

$$Arrival\_time=T_{s\_ck1}+T_{ck1\_dp1}$$

源同步输出端口的建立时序裕量为

$$T_{slack}=Required\_time-Arrival\_time$$

当然，这里分析的是理想情况下的时序裕量计算公式。实际上，延时计算模型是一个范围，时序路径分析会计算所有可能情况中的最坏情况时序裕量。时序分析工具会用最难满足时序条件的最坏情况作为分析的基准。因此，在输出信号建立时序裕量计算公式中，与时序裕量正相关的变量都按最小值计算，而与时序裕量负相关的变量都按最大值计算。根据这一原则，在输出信号建立时序裕量中，T_{s_cp1} 与时序裕量 T_{slack} 正相关，因此取时序模型中的最小值；$T_{(output\_delay)}$、T_{ck1_dp1} 和 T_{s_ck1} 与时序裕量 T_{slack} 负相关，因此取时序模型中的最大值。

在实际情况中，除考虑模型的延时范围外，还需要考虑时钟不确定性、时钟悲观补偿等参数的影响，详见 6.6 节的分析。

6.2.2　源同步输出信号保持时序裕量

在 5.2.2 节中，推导得出源同步模型下保持时序裕量公式：

$$T_{launch\_edge}+T_{s\_dp1}+T_{dp1\_dp2}+T_{dp2\_d2}=T_{capture\_edge}+T_{s\_cp1}+T_{cp1\_cp2}+T_{cp2\_ck2}+T_{hold}+T_{slack}$$

其中，$T_{capture\_edge}-T_{launch\_edge}=0$，将其代入公式后可变为

$$T_{slack}=T_{s\_dp1}+T_{dp1\_dp2}+T_{dp2\_d2}-(T_{s\_cp1}+T_{cp1\_cp2}+T_{cp2\_ck2}+T_{hold})$$

其中，$T_{s\_dp1}=T_{s\_ck1}+T_{ck1\_q1}+T_{q1\_dp1}$，$T_{hold}$ 为触发器的保持时间。

对于 FPGA 综合布局布线而言，外部延时是未知的，我们将未知延时归为一类，由此可得变形公式：

$$T_{slack}=T_{s\_dp1}-[T_{s\_cp1}+(T_{cp1\_cp2}+T_{cp2\_ck2}+T_{hold})-(T_{dp1\_dp2}+T_{dp2\_d2})]$$

对于 FPGA 而言，T_{s_dp1} 和 T_{s_cp1} 是芯片内部路径延时，T_{hold} 只与芯片工艺相关。只要知道外部延时变量$[(T_{dp1_dp2}+T_{dp2_d2})-(T_{cp1_cp2}+T_{cp2_ck2}+T_{hold})]$，就可以计算出保持时序裕量 T_{slack}。

在此定义输出信号的最小输出延时为

$$T_{(output\_delay)min}=[(T_{dp1\_dp2}+T_{dp2\_d2})-(T_{cp1\_cp2}+T_{cp2\_ck2}+T_{hold})]。$$

将最小输出延时代入公式，即可得到

$$T_{slack}=T_{s\_dp1}-(T_{s\_cp1}-T_{(output\_delay)min})。$$

在时序报告中，公式的后一段延时定义为要求时间（Required_time），前一段延时定义为到达时间（Arrival_time）：

$$Required\_time=T_{s\_cp1}-T_{(output\_delay)min}$$

$$Arrival\_time=T_{s\_dp1}$$

源同步输出信号的保持时序裕量为 T_{slack}=Arrival_time–Required_time。

当然，这里分析的是理想情况下的时序裕量计算公式。实际上，延时计算模型是一

个范围，时序路径分析会计算所有可能情况中的最坏情况时序裕量。时序分析工具会用最难满足时序条件的最坏情况作为分析的基准。因此，在输出信号保持时序裕量计算公式中，与时序裕量正相关的变量都按最小值计算，而与时序裕量负相关的变量都按最大值计算。根据这一原则，在输出信号保持时序裕量中，T_{s_dp1} 与 T_{slack} 正相关，因此取时序模型中的最小值；T_{s_cp1} 与 T_{slack} 负相关，因此取时序模型中的最大值。

在实际情况中，除考虑模型的延时范围外，还需要考虑时钟不确定性、时钟悲观补偿等参数的影响。这部分内容详见 6.6 节。

对比第 2 章中介绍的 reg2reg 路径保持时序裕量公式，可以得出 reg2pin 路径中的 $T_{(output\_delay)min}$ 与 reg2reg 路径中的 T_{hold} 是等价的。同样，这可以理解为将 FPGA 输出信号在引脚后的路径视作一个虚拟寄存器的输入端口。如图 6.2 所示，此时，时钟路径延时为 T_{s_cp1}，数据路径延时为 T_{s_dp1}，虚拟寄存器的保持时间 $T_{hold}=T_{(output\_delay)min}$。因此，只要知道虚拟寄存器的保持时间，时序分析工具即可分析完整的路径时序。信号输出的最小延时可以用 set_output_delay -min 命令进行约束，具体的约束语法见 6.3 节。

6.3 输出延时命令详解

从 6.2 节的公式推导中可知，在源同步模型中，只要知道分析主体外部的最大延时变量值和最小延时变量值：

$$T_{(output\_delay)max}=(T_{dp1\_dp2}+T_{dp2\_d2}+T_{setup})-(T_{cp1\_cp2}+T_{cp2\_ck2})$$

$$T_{(output\_delay)min}=(T_{dp1\_dp2}+T_{dp2\_d2})-(T_{cp1\_cp2}+T_{cp2\_ck2}+T_{hold})$$

时序分析工具便可以分析该 reg2pin 路径的时序情况。$T_{(output\_delay)max}$ 和 $T_{(output\_delay)min}$ 由 set_output_delay 命令设置，其具体语法如下。

```
set_output_delay   [-clock  <args>]  [-clock_fall]  [-max]  [-min]  [-add_delay]  <delay> <objects>
```

各参数说明如下。

- -clock <args>：可选，表示输出延时相对于指定的时钟，在默认情况下相对于指定时钟的上升沿。
- -clock_fall：可选，指示输出延时相对于时钟的下降沿，而不是上升沿。如不指定该参数，则默认使用时钟的上升沿。

- -max：可选，指定输出延时的最大值，也就是虚拟寄存器的建立时间。
- -min：可选，指定输出延时的最小值，也就是虚拟寄存器的保持时间。
- -add_delay：可选，表示当前的输出延时约束不覆盖之前已经在该对象上设置的输出延时约束。如果不使用该参数，则默认行为是替换现有的输出延时约束。
- <delay>：必选，指定输出延时值，单位为 ns，有效值为浮点数，默认值为 0ns。
- <objects>：必选，指定要约束的数据端口对象。该对象可以是单个信号或多个信号，支持使用通配符匹配多个信号。

下面我们来看一个简单的例子。如图 6.3 所示，这是一个 FPGA 源同步输出电路的原理图。FPGA 通过源同步端口与外部芯片进行通信。FPGA 的时钟输出端口为 clk_out，该时钟来源于内部系统时钟 sys_clk，数据输出端口为 data_out，数据的驱动时钟同样为 sys_clk，且 sys_clk 的频率为 100MHz。假设外部芯片的数据输入端口名为 ex_di，时钟输入端口名为 ex_ci，并且外部芯片与 FPGA 之间的时钟和数据信号 PCB 走线完全等长。

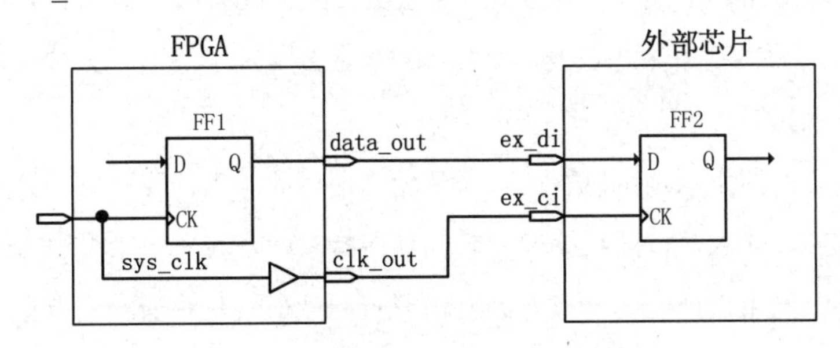

图 6.3　FPGA 源同步输出电路的原理图

根据外部芯片手册，得知 ex_di 端口的数据相对于 ex_ci 端口的输入时钟有以下要求：建立时间 T_{setup}=2ns，保持时间 T_{hold}=1ns。如图 6.4 所示，这是外部芯片端口的时序要求图。

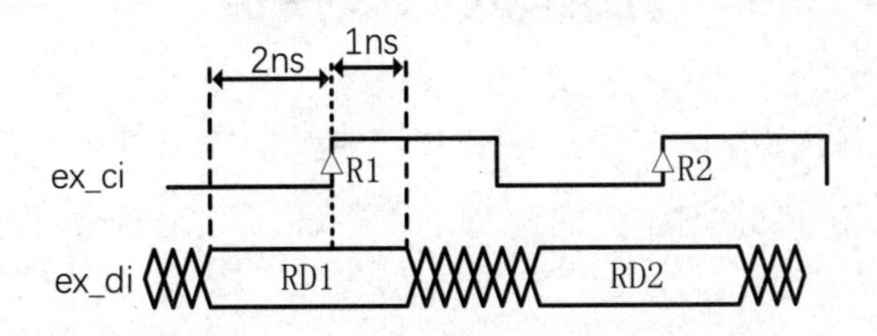

图 6.4　外部芯片端口的时序要求图

对于 FPGA 来说，可以如下约束 data_out 端口的输出延时。

```
create_generated_clock -name txclk -source [get_pins mmcm/CLKOUT0] -multiply_by 1 [get_ports clk_out ]
```

```
set_output_delay -clock txclk -max 2 [get_ports data_out]
set_output_delay -clock txclk -min 1 [get_ports data_out]
```

在上述约束示例中，数据相对于时钟上升沿的有效延时进行了约束。如果是相对于时钟下降沿的有效延时，则约束变为

```
set_input_delay -clock txclk -max 2 [get_ports data_out] -clock_fall
set_input_delay -clock txclk -min 1 [get_ports data_out] -clock_fall
```

如果端口采用上升沿和下降沿都发送数据的 DDR 模式，则约束变为

```
set_input_delay -clock txclk -max 2 [get_ports data_ out]
set_input_delay -clock txclk -min 1 [get_ports data_ out]
set_input_delay -clock txclk -max 2 [get_ports data_ out] -clock_fall
-add_delay
set_input_delay -clock txclk -min 1 [get_ports data_ out] -clock_fall
-add_delay
```

在双边沿约束中，必须加上-add_delay 参数，因为前面在 data_out 端口已经定义过一次输入延时。如果不加-add_delay 参数，则后续定义的下降沿输入延时会覆盖前面定义的上升沿输入延时。

从上述简单的约束示例可以看出，对于输出端口的约束，要准确约束 reg2pin 路径，需要知道外部芯片输入端口的数据建立时间和保持时间，以及 PCB 走线延时。确定这些延时是输出端口约束设计中的难点，因为需要查阅外部芯片手册获取端口的时序要求，同时需要确定 PCB 走线的长度。

接下来将重点分析源同步输出信号在 SDR 模式和 DDR 模式下的不同时序特点及其约束模板。

6.4 源同步 SDR 输出延时约束模板

第 5 章介绍了源同步输入信号分为 SDR 模式和 DDR 模式。与输入延时约束相似，输出延时约束也根据外部芯片端口的输入时序要求，分为时钟边沿对齐和时钟中央对齐两种方式。

源同步输出信号的时钟边沿对齐意味着，引脚处输出的数据与时钟触发的边沿对齐，即数据在时钟的上升沿或下降沿有效；时钟中央对齐则意味着，引脚处输出的数据与时钟触发沿对齐的是数据的中央，而不是数据的边沿。

源同步输出延时约束模板分类如图 6.5 所示。在设计中，具体使用哪种模板来约束

输出信号，需要根据信号接收端（相连的外部芯片）的端口要求来确定。

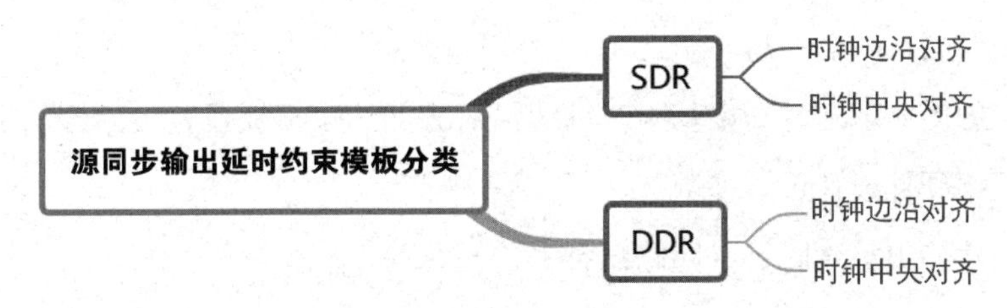

图 6.5　源同步输出延时约束模板分类

6.4.1　源同步 SDR 时钟边沿对齐

时钟边沿对齐的时序特点是在输出端口处，时钟的触发沿刚好对应数据的跳变不稳定区间。输出数据的时钟边沿对齐时序图如图 6.6 所示。

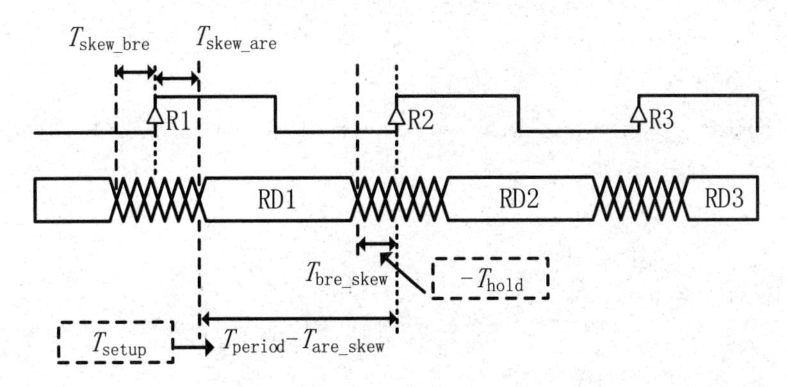

图 6.6　输出数据的时钟边沿对齐时序图

图 6.6 中将时钟的第一个上升沿记为 R1，对应的发送数据为 RD1（rise data 1），第二个上升沿记为 R2，对应的发送数据为 RD2（rise data 2），依此类推。以 R2 为分析边沿，在 R2 的 T_{are_skew} 时间之后，数据 RD2 稳定有效；在 R2 的 T_{bre_skew} 时间之前，数据 RD1 稳定有效。

需要注意的是，此处的时序图是外部芯片要求的时序图，这意味着 FPGA 输出的数据和时钟到达外部芯片输入端口后，只要符合该时序要求，外部芯片就能正确捕获数据。

在 6.2 节的输出延时公式推导中，我们了解到，对于外部器件端口，可以将整个器件视为一个虚拟寄存器，虚拟寄存器的建立时间就是最大输出延时，保持时间就是最小输出延时。从图 6.6 中可知，虚拟寄存器的建立时间为 $T_{setup}=T_{period}-T_{are\_skew}$，保持时间为 $T_{hold}=-T_{bre\_skew}$。

因此，时钟边沿对齐的最大输出延时 $T_{(output\_delay)max}=T_{setup}=T_{period}-T_{are\_skew}$，最小输出延时 $T_{(output\_delay)min}=-T_{hold}=T_{bre\_skew}$。

源同步 SDR 输出延时约束基于时钟边沿对齐的约束模板设置可分为三步。

（1）根据硬件设计设置参数。

（2）创建输出衍生时钟（随路时钟）。

（3）设置输出延时约束。

完整的约束模板如下。

```
# 根据硬件设计设置参数
set txclk_period <period_value>;          #设置输出延时参考时钟周期
set bre_skew 0.000;                       #设置时钟上升沿之前数据不稳定时间
set are_skew 0.000;                       #设置时钟上升沿之后数据不稳定时间
set output_ports <output_ports>;          #设置输出端口列表
set txclk_name <name>;                    #设置在时钟输出端口创建的衍生时钟名
set src_source_clk [get_pins <source_pin>];            #设置衍生时钟源头
set src_txclk_port [get_ports <output_clock_port>];  #设置时钟输出端口
# 创建输出衍生时钟
create_generated_clock -name $txclk_name -source $src_source_clk -multiply_by 1 $src_txclk_port
# 设置输出延时约束
set_output_delay -clock $txclk_name -max [expr $txclk_period - $are_skew] [get_ports $output_ports];
set_output_delay -clock $txclk_name -min $bre_skew [get_ports $output_ports];
```

将约束的输出延时最大值 $T_{period}-T_{are\_skew}$ 代入输出信号的建立时序裕量公式：

$$T_{slack}=(T_{period}+T_{s\_cp1}-T_{(output\_delay)max})-T_{s\_dp1}$$

可以得到源同步 SDR 输出信号时钟边沿对齐约束下的建立时序裕量为

$$T_{slack}=(T_{s\_cp1}+T_{are\_skew})-T_{s\_dp1}$$

同理，将约束的输出延时最小值 T_{bre_skew} 代入输出信号的保持时序裕量公式：

$$T_{slack}=T_{s\_dp1}-(T_{s\_cp1}-T_{(output\_delay)min})$$

可以得到源同步 SDR 输出信号时钟边沿对齐约束下的保持时序裕量为

$$T_{slack}=T_{s\_dp1}-(T_{s\_cp1}-T_{bre\_skew})$$

由此可见，对于此时的约束，属于正常捕获模式，即当前上升沿发送数据，下一个上升沿捕获数据，当前 R1 发送，R2 捕获。

当然，和输入延时约束类似，输出延时约束也可以设置为直接捕获模式，即当前 R1 发送，R1 捕获。对应的时序关系如图 6.7 所示。这时需要约束 $T_{(output\_delay)max}=-T_{are\_skew}$，$T_{(output\_delay)min}=T_{period}-T_{bre\_skew}$。

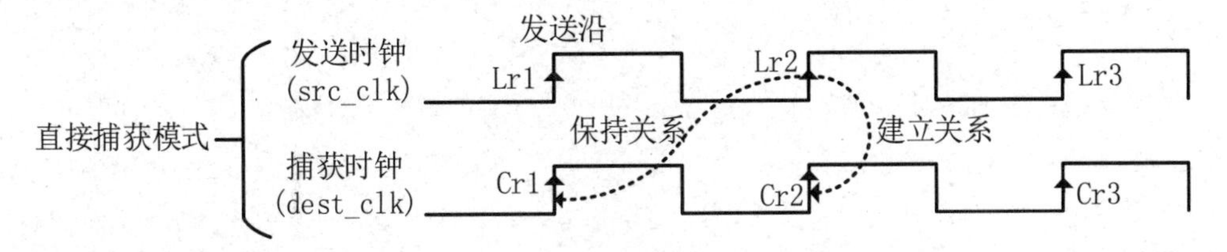

图 6.7　输出信号直接捕获模式下的建立关系和保持关系

对比输出延时约束的时钟边沿对齐正常捕获模式和直接捕获模式，直接捕获模式的建立时序要求更容易满足，而正常捕获模式的保持时序要求更容易满足。

6.4.2　源同步 SDR 时钟中央对齐

时钟中央对齐的时序特点是在输出端口处，时钟的触发沿刚好对应数据的稳定区间，这与时钟边沿对齐正好相反。输出数据的时钟中央对齐时序图如图 6.8 所示。

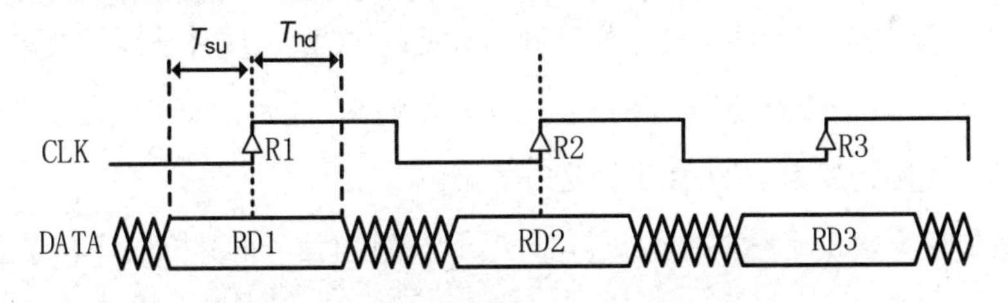

图 6.8　输出数据的时钟中央对齐时序图

在图 6.8 中，将时钟的第一个上升沿记为 R1，对应的发送数据为 RD1（rise data 1），第二个上升沿记为 R2，对应的发送数据为 RD2（rise data 2），依此类推。以 R2 为分析边沿，R2 之前的 T_{su} 时间和 R2 之后的 T_{hd} 时间为数据 RD2 的稳定有效时间。

在 6.2 节的输出延时公式推导中，我们了解到，对于外部器件端口，可以将整个器件视为一个虚拟寄存器，虚拟寄存器的建立时间就是最大输出延时，保持时间就是最小输出延时。从图 6.8 中可知，虚拟寄存器的建立时间 $T_{setup}=T_{su}$，保持时间 $T_{hold}=T_{hd}$。

因此，时钟中央对齐的最大输出延时 $T_{(output\_delay)max}=T_{setup}=T_{su}$，最小输出延时

$T_{(output\_delay)min}= -T_{hold}= -T_{hd}$。

与时钟边沿对齐约束模板一样，时钟中央对齐的约束模板设置也分为三步，完整的约束模板如下。

```
# 根据硬件设计设置参数
set txclk_period <period_value>;           #设置输出延时参考时钟周期
set tsu 0.000;                              #设置时钟上升沿之前数据不稳定时间
set thd 0.000;                              #设置时钟上升沿之后数据不稳定时间
set output_ports <output_ports>;            #设置输出端口列表
set txclk_name <name>;                      #设置在时钟输出端口创建的衍生时钟名
set src_source_clk [get_pins <source_pin>];          #设置衍生时钟源头
set src_txclk_port [get_ports <output_clock_port>];  #设置时钟输出端口
# 创建输出衍生时钟
create_generated_clock -name $txclk_name -source $src_source_clk -multiply_by 1 $src_txclk_port
# 设置输出延时约束
set_output_delay -clock $txclk_name -max $tsu [get_ports $output_ports];
set_output_delay -clock $txclk_name -min -$thd [get_ports $output_ports];
```

需要注意的是，本书中的所有源同步约束都未考虑 PCB 走线延时，因为根据硬件工程师的 PCB 设计规范，源同步信号的时钟和数据的 PCB 走线必须等长设置，即 $T_{dp1\_dp2} = T_{cp1\_cp2}$。因此，对于常规设计，PCB 走线延时差为 0。当然，如果电路设计中有特殊情况导致不等长，则需要考虑 PCB 走线延时的影响。

将约束的最大输出延时 $T_{(output\_delay)max}=T_{su}$ 代入输出信号的建立时序裕量公式：

$$T_{slack}=(T_{period}+T_{s\_cp1} -T_{(output\_delay)max})-T_{s\_dp1}$$

可得

$$T_{slack}=(T_{period}+T_{s\_cp1}-T_{su})-T_{s\_dp1}$$

同理，将约束的最小输出延时 $T_{(output\_delay)min}= -T_{hold}$ 代入输出信号的保持时序裕量公式：

$$T_{slack}=T_{s\_dp1} -(T_{s\_cp1}-T_{(output\_delay)min})$$

可得

$$T_{slack}=T_{s\_dp1}-(T_{s\_cp1}+T_{hold})$$

在输出信号的时序报告中，第一项表示要求时间，第二项表示到达时间。

由此可见，对于此时的约束，属于正常捕获模式，即当前上升沿发送数据，下一个上升沿捕获数据，当前 R1 发送，R2 捕获。

6.5　源同步 DDR 输出延时约束模板

6.5.1　源同步 DDR 时钟边沿对齐

6.4 节详细分析了源同步 SDR 输出延时约束，依葫芦画瓢，源同步 DDR 的约束分析过程也是相同的。源同步 DDR 时钟边沿对齐的时序特点是在输出端口处，时钟的触发沿刚好对应数据的跳变不稳定区间。输出数据的时钟边沿对齐时序图如图 6.9 所示。

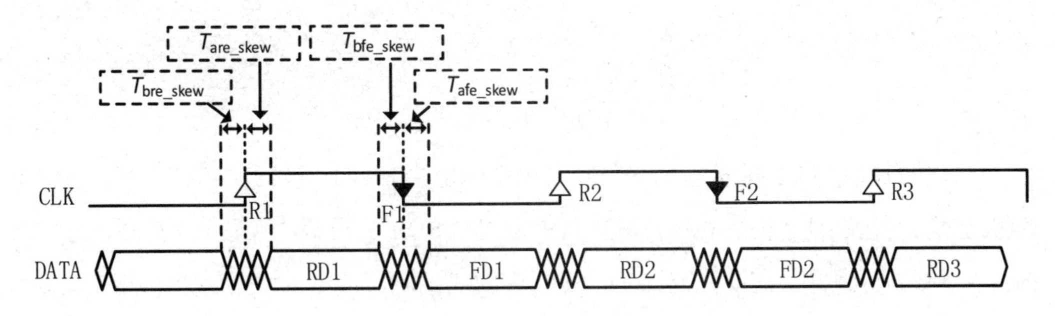

图 6.9　输出数据的时钟边沿对齐时序图

在图 6.9 中，将时钟的第一个上升沿记为 R1，对应的发送数据为 RD1（rise data 1）；将第一个下降沿记为 F1，对应的发送数据为 FD1（fall data 1）；第二个上升沿记为 R2，对应的发送数据为 RD2（rise data 2），依此类推。

以 R2 为分析边沿，R2 的 T_{are_skew} 时间之后，数据 RD2 稳定有效；R2 的 T_{bre_skew} 时间之前，数据 FD1 稳定有效。以 F2 为分析边沿，F2 的 T_{afe_skew} 时间之后，数据 FD2 稳定有效；R2 的 T_{bfe_skew} 时间之前，数据 RD2 稳定有效。

与 SDR 一样，DDR 时钟边沿对齐的约束模板设置也分为三步，完整的约束模板如下。

```
# 根据硬件设计设置参数
set txclk_period <period_value>;            #设置输出延时参考时钟周期
set bre_skew 0.000;                         #设置时钟上升沿之前数据不稳定时间
```

```
    set are_skew 0.000;                    #设置时钟上升沿之后数据不稳定时间
    set bfe_skew 0.000;                    #设置时钟下降沿之前数据不稳定时间
    set afe_skew 0.000;                    #设置时钟下降沿之后数据不稳定时间
    set output_ports <output_ports>;       #设置输出端口列表
    set txclk_name <name>;                 #设置在时钟输出端口创建的衍生时钟名
    set src_source_clk [get_pins <source_pin>];         #设置衍生时钟源头
    set src_txclk_port [get_ports <output_clock_port>]; #设置时钟输出端口
    # 创建输出衍生时钟
    create_generated_clock -name $txclk_name -source $src_source_clk -
multiply_by 1 $src_txclk_port
    # 设置输出延时约束
    set_output_delay -clock $txclk_name -max [expr $txclk_period/2 -
$afe_skew] [get_ports $output_ports];
    set_output_delay -clock $txclk_name -min $bre_skew [get_ports $output_
ports];
    set_output_delay -clock $txclk_name -max [expr $txclk_period/2 -
$are_skew] [get_ports $output_ports] -clock_fall -add_delay;
    set_output_delay -clock $txclk_name -min $bfe_skew [get_ports
$output_ports] -clock_fall -add_delay;
```

该约束模板与 SDR 的类似，最终建立关系满足 Lr1→Cf1 和 Lf1→Cr2。对于该约束模板，对应的建立时序裕量和保持时序裕量公式与 SDR 的类似，这里不再赘述，感兴趣的读者可以自行推导。需要注意的是，SDR 中的 T_{period} 在 DDR 中变为半个周期 $T_{period}/2$。

6.5.2 源同步 DDR 时钟中央对齐

源同步 DDR 输出信号的时钟中央对齐传输模型时序图如图 6.10 所示。将时钟的第一个上升沿记为 R1，相应的发送数据为 RD1（rise data 1）；将时钟的第一个下降沿记为 F1，相应的发送数据为 FD1（fall data 1）；第二个上升沿记为 R2，相应的发送数据为 RD2（rise data 2），依此类推。

以 R2 为分析边沿，R2 之前的 T_{su_r} 时间与 R2 之后的 T_{hd_r} 时间构成数据 RD2 的稳定有效时间。

以 F2 为分析边沿，F2 之前的 T_{su_f} 时间与 F2 之后的 T_{hd_f} 时间构成数据 FD2 的稳定有效时间。

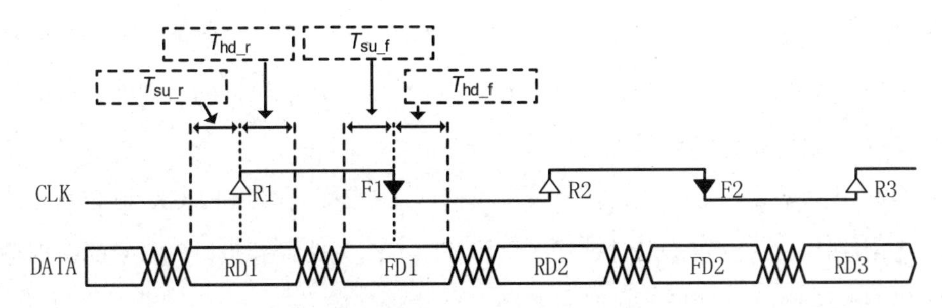

图 6.10　源同步 DDR 输出信号的时钟中央对齐传输模型时序图

DDR 时钟中央对齐的约束模板如下。

```
# 根据硬件设计设置参数
set txclk_period    <period_value>;      #设置输出延时参考时钟周期
set tsu_r          0.000;                #设置外部器件上升沿建立时间要求值
set thd_r          0.000;                #设置外部器件上升沿保持时间要求值
set tsu_f          0.000;                #设置外部器件下降沿建立时间要求值
set thd_f          0.000;                #设置外部器件下降沿保持时间要求值
set output_ports    <output_ports>;      #设置输出端口列表
set txclk_name     <name>;               #设置在时钟输出端口创建的衍生时钟名
set src_source_clk  [get_pins <source_pin>];           #设置衍生时钟源头
set src_txclk_port  [get_ports <output_clock_port>]; #设置时钟输出端口
# 创建输出衍生时钟
create_generated_clock -name $txclk_name -source $src_source_clk -
multiply_by 1 $src_txclk_port
# 设置输出延时约束
set_output_delay -clock $txclk_name -max $tsu_r [get_ports $output_ ports];
set_output_delay -clock $txclk_name -min -$thd_r [get_ports $output_ ports];
set_output_delay -clock $txclk_name -max $tsu_f [get_ports $output_
ports] -clock_fall -add_delay;
set_output_delay -clock $txclk_name -min -$thd_f [get_ports $output_
ports] -clock_fall -add_delay;
ports];
```

6.6　reg2pin 路径时序报告解读

6.6.1　reg2pin 路径分段

reg2pin 路径可以分为三段，如图 6.11 所示。

- 第一段：源时钟路径。该路径从 FPGA 的时钟输入端口到源触发器的时钟输入引脚 FF1.CK。FPGA 的时钟输入端口为路径起点，源触发器的时钟输入引脚为路径终点，该路径延时对应图 6.11 中的 T_{s_ck1}。
- 第二段：数据路径。该路径从源触发器的时钟输入引脚 FF1.CK 到 FPGA 的数据输出端口。源触发器的时钟输入引脚 FF1.CK 为路径起点，FPGA 的数据输出端口为路径终点，该路径延时对应图 6.11 中的 T_{ck1_dp1}。
- 第三段：目标时钟路径。该路径从 FPGA 的时钟输入端口到衍生时钟输出端口，路径延时对应图 6.11 中的 T_{s_cp1}。

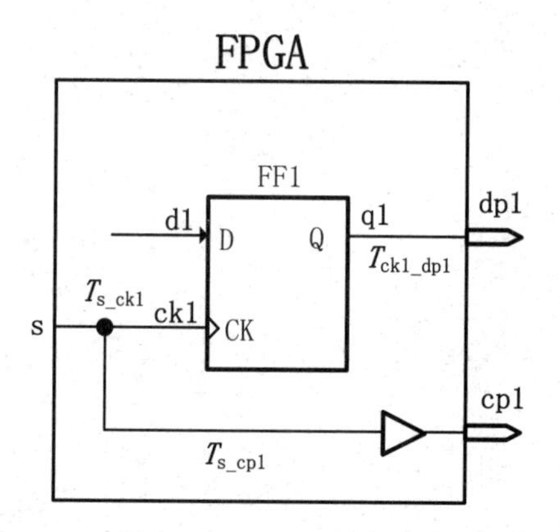

图 6.11　reg2pin 路径分段

6.6.2　reg2pin 路径约束实例分析

源同步输出接口电路结构如图 6.12 所示。其中，cmos_dout 为输出数据信号接口，该信号通过衍生时钟 pclk 进行同步输出。输出时钟 pclk 的周期定为 10ns。依据外部芯片手册，数据输入的建立时间（T_{su}）为 1ns，保持时间（T_{hd}）为 1ns。此外，PCB 上的时钟线和数据线长度相等。

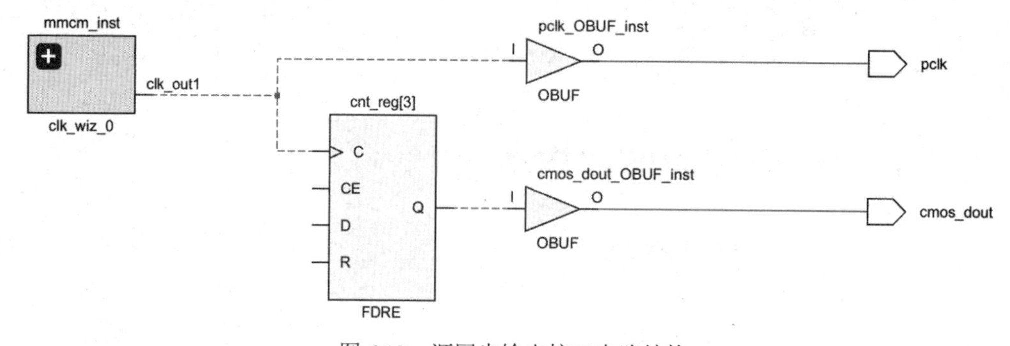

图 6.12　源同步输出接口电路结构

根据源同步 SDR 输出延时约束章节的介绍，可以使用 SDR 输出延时时钟中央对齐约束模板，具体约束如下。

```
# 根据硬件设计设置参数
set txclk_period   10;                         #设置输出延时参考时钟周期
set tsu            1;                          #设置时钟上升沿之前数据不稳定时间
set thd            1;                          #设置时钟上升沿之后数据不稳定时间
set output_ports   cmos_dout;                  #设置输出端口列表
set txclk_name     tx_pclk;                    #设置在时钟输出端口创建的衍生时钟名
set src_source_clk [get_pins mmcm_inst/inst/mmcm_adv_inst/CLKOUT0]; # 设置衍生时钟源头
set src_txclk_port [get_ports pclk];           #设置时钟输出端口
# 创建输出衍生时钟
create_generated_clock -name $txclk_name -source $src_source_clk -multiply_by 1 $src_txclk_port
# 设置输出延时约束
set_output_delay -clock $txclk_name -max $tsu [get_ports $output_ports];
set_output_delay -clock $txclk_name -min -$thd [get_ports $output_ports];
```

6.6.3　reg2pin 路径建立时序报告分析

reg2pin 路径建立时序报告的概述部分如图 6.13 所示。reg2pin 路径建立时序报告的源时钟路径部分和数据路径部分如图 6.14 所示。reg2pin 路径建立时序报告的目标时钟路径部分如图 6.15 所示。

Summary

Name	Path 2
Slack	4.642ns
Source	cnt_reg[3]/C (rising edge-triggered cell FDRE clocked by clk_out1_clk_wiz_0_1 {rise@0.000ns fall@5.000ns period=10.000ns})
Destination	cmos_dout (output port clocked by pclk_out {rise@0.000ns fall@5.000ns period=10.000ns})
Path Group	pclk_out
Path Type	Max at Slow Process Corner
Requirement	10.000ns (pclk_out rise@10.000ns - clk_out1_clk_wiz_0_1 rise@0.000ns)
Data Path Delay	7.389ns (logic 2.810ns (38.031%) route 4.579ns (61.969%))
Logic Levels	1 (OBUF=1)
Output Delay	1.000ns
Clock Path Skew	3.143ns
Clock Uncertainty	0.112ns

图 6.13　reg2pin 路径建立时序报告的概述部分

Source Clock Path

Delay Type	Incr (ns)	Path (ns)	Location	Netlist Resource(s)
(clock clk_out1_clk_wiz_0_1 rise edge)	(r) 0.000	0.000		
	(r) 0.000	0.000	Site: P14	clk_i
net (fo=0)	0.000	0.000		mmcm_inst/inst/clk_in1
			Site: P14	mmcm_inst/inst/clkin1_ibufg/I
IBUF (Prop_ibuf_I_O)	(r) 0.893	0.893	Site: P14	mmcm_inst/inst/clkin1_ibufg/O
net (fo=1, routed)	1.065	1.958		mmcm_inst/inst/clk_in1_clk_wiz_0
			Site: MMC...ADV_X0Y0	mmcm_inst/inst/mmcm_adv_inst/CLKIN1
MMCME2_ADV (Prop_mmc...adv_CLKIN1_CLKOUT0)	(r) -5.773	-3.816	Site: MMC...ADV_X0Y0	mmcm_inst/inst/mmcm_adv_inst/CLKOUT0
net (fo=1, routed)	1.419	-2.397		mmcm_inst/inst/clk_out1_clk_wiz_0
			Site: BUFGCTRL_X0Y0	mmcm_inst/inst/clkout1_buf/I
BUFG (Prop_bufg_I_O)	(r) 0.081	-2.316	Site: BUFGCTRL_X0Y0	mmcm_inst/inst/clkout1_buf/O
net (fo=5, routed)	1.432	-0.884		pclk_OBUF
FDRE			Site: SLICE_X0Y0	cnt_reg[3]/C

Data Path

Delay Type	Incr (ns)	Path ...	Location	Netlist Resource(s)
FDRE (Prop_fdre_C_Q)	(r) 0.348	-0.536	Site: SLICE_X0Y0	cnt_reg[3]/Q
net (fo=2, routed)	4.579	4.043		cmos_dout_OBUF
			Site: L10	cmos_dout_OBUF_inst/I
OBUF (Prop_obuf_I_O)	(r) 2.462	6.505	Site: L10	cmos_dout_OBUF_inst/O
net (fo=0)	0.000	6.505		cmos_dout
			Site: L10	cmos_dout
Arrival Time		6.505		

图 6.14　reg2pin 路径建立时序报告的源时钟路径部分和数据路径部分

Destination Clock Path

Delay Type	Incr (ns)	Path (ns)	Location	Netlist Resource(s)
(clock pclk_out rise edge)	(r) 10.000	10.000		
	(r) 0.000	10.000	Site: P14	clk_i
net (fo=0)	0.000	10.000		mmcm_inst/inst/clk_in1
			Site: P14	mmcm_inst/inst/clkin1_ibufg/I
IBUF (Prop_ibuf_I_O)	(r) 0.762	10.762	Site: P14	mmcm_inst/inst/clkin1_ibufg/O
net (fo=1, routed)	1.004	11.766		mmcm_inst/inst/clk_in1_clk_wiz_0
			Site: MMC...ADV_X0Y0	mmcm_inst/inst/mmcm_adv_inst/CLKIN1
MMCME2_ADV (Prop_mmc...adv_CLKIN1_CLKOUT0)	(r) -5.919	5.846	Site: MMC...ADV_X0Y0	mmcm_inst/inst/mmcm_adv_inst/CLKOUT0
net (fo=1, routed)	1.352	7.199		mmcm_inst/inst/clk_out1_clk_wiz_0
			Site: BUFGCTRL_X0Y0	mmcm_inst/inst/clkout1_buf/I
BUFG (Prop_bufg_I_O)	(r) 0.077	7.276	Site: BUFGCTRL_X0Y0	mmcm_inst/inst/clkout1_buf/O
net (fo=5, routed)	2.299	9.575		pclk_OBUF
			Site: R6	pclk_OBUF_inst/I
OBUF (Prop_obuf_I_O)	(r) 2.210	11.784	Site: R6	pclk_OBUF_inst/O
net (fo=0)	0.000	11.784		pclk
			Site: R6	pclk
clock pessimism	0.474	12.259		
clock uncertainty	-0.112	12.147		
output delay	-1.000	11.147		
Required Time		11.147		

图 6.15　reg2pin 路径建立时序报告的目标时钟路径部分

在概述部分中，reg2pin 路径与 reg2reg 路径相比，多了一个“Output Delay”行，用于指出数据路径的输出延时约束。因为时序报告的类型为 setup，所以该值代表输出延时的最大值。其他信息与 reg2reg 路径保持一致。

源时钟路径部分和数据路径部分与 reg2reg 路径完全相同。在 6.2.1 节中，推导出建立时序裕量在理想情况下的路径到达时间的公式为

$$\text{Arrival\_time}=T_{\text{s\_ck1}}+T_{\text{ck1\_dp1}}$$

其中，实际时序报告显示源时钟路径延时 $T_{\text{s\_ck1}}$ 为−0.884ns，数据路径延时 $T_{\text{ck1\_dp1}}$ 为 7.389ns。因此，最终的到达时间 Arrival_time= −0.884+7.389=6.505ns。源时钟路径延时为负数，是由于时钟通过 MMCM 产生了相移。

在 6.2.1 节中，推导出建立时序裕量在理想情况下的路径要求时间的公式为

$$\text{Required\_time}=T_{\text{period}}+T_{\text{s\_cp1}}-T_{\text{(output\_delay)max}}$$

从实际时序报告中目标时钟路径部分的数据可以看出，周期 T_{period} 为 10ns，路径延时 $T_{\text{s\_cp1}}$ 为 1.784ns，最大输出延时 $T_{\text{(output\_delay)max}}$ 为 1ns。与 reg2reg 路径相同，实际情况还需要考虑时钟不确定性 $T_{\text{clock\_uncertainty}}$（0.112ns）和时钟悲观补偿 $T_{\text{clock\_pessimism}}$（0.474ns）。

因此，最终的要求时间为

$$\text{Required\_time}=T_{\text{period}}+T_{\text{s\_cp1}}-T_{\text{(output\_delay)max}}-T_{\text{clock\_uncertainty}}+T_{\text{clock\_pessimism}}$$

$$=10+1.784-1-0.112+0.474=11.146\text{ns}$$

这样，最终报告中建立时序裕量为

$$T_{\text{slack}}=\text{Required\_time}-\text{Arrival\_time}=11.146-6.505=4.641\text{ns}$$

在概述部分中得到的 T_{slack} 为 4.642ns，这是因为工具在计算过程中的精度高于小数点后三位，所以 4.641 加上小数点后第四位数并四舍五入得到 4.642。

6.6.4　reg2pin 路径保持时序报告分析

reg2pin 路径保持时序报告的概述部分如图 6.16 所示。reg2pin 路径保持时序报告的源时钟路径部分和数据路径部分如图 6.17 所示。reg2pin 路径保持时序报告的目标时钟路径部分如图 6.18 所示。

Summary

Name	Path 1
Slack (Hold)	0.301ns
Source	cnt_reg[3]/C (rising edge-triggered cell FDRE clocked by clk_out1_clk_wiz_0_1 {rise@0.000ns fall@5.000ns period=10.000ns})
Destination	cmos_dout (output port clocked by pclk_out {rise@0.000ns fall@5.000ns period=10.000ns})
Path Group	pclk_out
Path Type	Min at Fast Process Corner
Requirement	0.000ns (pclk_out rise@0.000ns - clk_out1_clk_wiz_0_1 rise@0.000ns)
Data Path Delay	3.066ns (logic 1.280ns (41.734%) route 1.787ns (58.266%))
Logic Levels	1 (OBUF=1)
Output Delay	-1.000ns
Clock Path Skew	1.765ns

图 6.16　reg2pin 路径保持时序报告的概述部分

Source Clock Path

Delay Type	Incr (ns)	Path (ns)	Location	Netlist Resource(s)
(clock clk_out1_clk_wiz_0_1 rise edge)	(r) 0.000	0.000		
	(r) 0.000	0.000	Site: P14	clk_i
net (fo=0)	0.000	0.000		mmcm_inst/inst/clk_in1
			Site: P14	mmcm_inst/inst/clkin1_ibufg/I
IBUF (Prop_ibuf_I_O)	(r) 0.190	0.190	Site: P14	mmcm_inst/inst/clkin1_ibufg/O
net (fo=1, routed)	0.440	0.630		mmcm_inst/inst/clk_in1_clk_wiz_0
			Site: MMC...ADV_X0Y0	mmcm_inst/inst/mmcm_adv_inst/CLKIN1
MMCME2_ADV (Prop_mmc...adv_CLKIN1_CLKOUT0)	(r)...275	-1.645	Site: MMC...ADV_X0Y0	mmcm_inst/inst/mmcm_adv_inst/CLKOUT0
net (fo=1, routed)	0.486	-1.159		mmcm_inst/inst/clk_out1_clk_wiz_0
			Site: BUFGCTRL_X0Y0	mmcm_inst/inst/clkout1_buf/I
BUFG (Prop_bufg_I_O)	(r) 0.026	-1.133	Site: BUFGCTRL_X0Y0	mmcm_inst/inst/clkout1_buf/O
net (fo=5, routed)	0.592	-0.541		pclk_OBUF
FDRE			Site: SLICE_X0Y0	cnt_reg[3]/C

Data Path

Delay Type	Incr (ns)	Path ...	Location	Netlist Resource(s)
FDRE (Prop_fdre_C_Q)	(r) 0.128	-0.413	Site: SLICE_X0Y0	cnt_reg[3]/Q
net (fo=2, routed)	1.787	1.373		cmos_dout_OBUF
			Site: L10	cmos_dout_OBUF_inst/I
OBUF (Prop_obuf_I_O)	(r) 1.152	2.525	Site: L10	cmos_dout_OBUF_inst/O
net (fo=0)	0.000	2.525		cmos_dout
			Site: L10	cmos_dout
Arrival Time		2.525		

图 6.17　reg2pin 路径保持时序报告的源时钟路径部分和数据路径部分

Destination Clock Path

Delay Type	Incr (ns)	Path ...	Location	Netlist Resource(s)
(clock pclk_out rise edge)	(r) 0.000	0.000		
	(r) 0.000	0.000	Site: P14	clk_i
net (fo=0)	0.000	0.000		mmcm_inst/inst/clk_in1
			Site: P14	mmcm_inst/inst/clkin1_ibufg/I
IBUF (Prop_ibuf_I_O)	(r) 0.378	0.378	Site: P14	mmcm_inst/inst/clkin1_ibufg/O
net (fo=1, routed)	0.480	0.859		mmcm_inst/inst/clk_in1_clk_wiz_0
			Site: MMC...ADV_X0Y0	mmcm_inst/inst/mmcm_adv_inst/CLKIN1
MMCME2_ADV (Prop_mmc...adv_CLKIN1_CLKOUT0)	(r)...052	-2.194	Site: MMC...ADV_X0Y0	mmcm_inst/inst/mmcm_adv_inst/CLKOUT0
net (fo=1, routed)	0.530	-1.664		mmcm_inst/inst/clk_out1_clk_wiz_0
			Site: BUFGCTRL_X0Y0	mmcm_inst/inst/clkout1_buf/I
BUFG (Prop_bufg_I_O)	(r) 0.029	-1.635	Site: BUFGCTRL_X0Y0	mmcm_inst/inst/clkout1_buf/O
net (fo=5, routed)	1.256	-0.379		pclk_OBUF
			Site: R6	pclk_OBUF_inst/I
OBUF (Prop_obuf_I_O)	(r) 1.335	0.956	Site: R6	pclk_OBUF_inst/O
net (fo=0)	0.000	0.956		pclk
			Site: R6	pclk
clock pessimism	0.268	1.224		
output delay	1.000	2.224		
Required Time		2.224		

图 6.18　reg2pin 路径保持时序报告的目标时钟路径部分

reg2pin 路径的保持时序报告与建立时序报告中的信息类似，同样的路径相比建立时序报告中的路径，只有计算模型不同，导致延时不同。

在 6.2.2 节中，推导出保持时序裕量在理想情况下的路径到达时间公式为

$$\text{Arrival\_time}=T_{\text{s\_dp1}}=T_{\text{s\_ck1}}+T_{\text{ck1\_dp1}}$$

从实际保持时序报告中的源时钟路径部分和数据路径部分可得，源时钟路径延时 $T_{\text{s\_ck1}}=-0.541\text{ns}$，数据路径延时 $T_{\text{ck1\_dp1}}=3.066\text{ns}$。因此，最终的到达时间 $\text{Arrival\_time}=T_{\text{s\_ck1}}+T_{\text{ck1\_dp1}}=-0.541+3.066=2.525\text{ns}$。

在 6.2.2 节中，推导出保持时序裕量在理想情况下的路径要求时间公式为

$$\text{Required\_time}=T_{\text{s\_cp1}}-T_{\text{(output\_delay)min}}$$

从实际保持时序报告中的目标时钟路径部分可得，$T_{\text{s\_cp1}}=0.956\text{ns}$，$T_{\text{(output\_delay)min}}=-1\text{ns}$。与 reg2reg 路径相同，实际情况还需要考虑时钟悲观补偿 $T_{\text{clock\_pessimism}}=0.268\text{ns}$。由于保持时序分析的是时钟的同一个边沿，因此不需要考虑时钟不确定性的影响。

最终的要求时间为

$$\text{Required\_time}=T_{\text{s\_cp1}}-T_{\text{(output\_delay)min}}+T_{\text{clock\_pessimism}}=0.956-(-1)+0.268=2.224\text{ns}$$

最终的保持时序裕量为

$$T_{\text{slack}}=\text{Arrival\_time}-\text{Required\_time}=2.525-2.224=0.301\text{ns}$$

第 7 章

时序例外约束

7.1 引言

在设计中，所有时钟创建后，时序分析工具会默认对所有路径进行时序分析（除了异步时钟组之间的路径）。但对于某些特殊的时序路径，其时序要求可能与默认的时序分析规则不一致，此时需要对这些特殊路径进行时序例外约束，以调整默认的时序分析规则。例如，有些数据路径是异步路径，电路设计中已经进行了跨时钟域处理，此时应让时序分析工具忽略该路径的时序检查。还有些数据路径要求数据在两个时钟周期内到达，此时应放宽工具的建立时间检查要求，由一个时钟周期调整为两个时钟周期。

时序例外约束主要包括以下三种类型。

（1）虚假路径约束：指定设计中不进行时序分析的路径，即在布局布线中可以作为最低优先级的路径。虚假路径约束使用 set_false_path 命令进行约束。

（2）最大/最小延时约束：该约束覆盖设计中默认用于建立/保持时间分析的最大或最小路径延时。最大/最小延时约束使用 set_max_delay 和 set_min_delay 命令进行约束。

（3）多周期路径约束：用于修改默认建立/保持关系中的发送沿和捕获沿。多周期路径约束通常用于放宽某些路径的时序要求，以便设计工具合理地分配布局布线资源。多周期路径约束使用 set_multicycle_path 命令进行约束。

通过定义时序例外约束，设计者可以指导时序分析工具对特殊的时序路径进行正确的分析，从而确保整个系统的时序收敛。

本章将详细介绍这三种类型的约束，分别讨论其命令语法、应用场景及注意事项。

7.2　虚假路径约束

7.2.1　虚假路径约束应用场景

在综合或实现过程中，时序分析工具会默认对所有物理上相连的路径进行时序分析，即使该路径在逻辑上并不存在实际的数据传输。

图 7.1 所示为两路复用加法器的电路结构示意图。该电路实现了 addr0_out = addr0_in0 + addr0_in1 和 addr1_out = addr1_in0 + addr1_in1 两个功能。通过复用一个加法器并使用选择信号 addr_conv 实现加法器输入切换和输出使能控制，从而在同一个加法器上实现两个独立的功能。

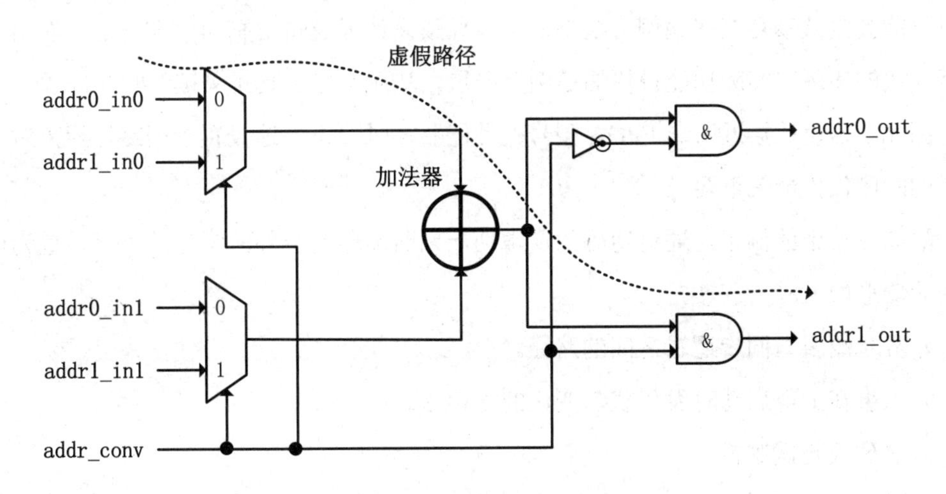

图 7.1　两路复用加法器的电路结构示意图

经过端口 addr0_in0 的物理相连路径有两条，分别是从 addr0_in0 输入到 addr0_out 输出，以及从 addr0_in0 输入到 addr1_out 输出。在默认情况下，时序分析工具会对这两条路径进行时序分析。

当 addr_conv=0 时，addr0_in0 输入到 addr0_out 的路径是有效的，此时选择信号 addr_conv 阻断了 addr0_in0 信号传输到 addr1_out，因此 addr1_out 信号不会受到输入信号 addr0_in0 和 addr0_in1 的影响。同样地，当 addr_conv=1 时，加法器的输入数据变为 addr1_in0 和 addr1_in1，此时 addr1_out 信号也不会受到输入信号 addr0_in0 和 addr0_in1 的影响。因此，逻辑上并不存在从 addr0_in0 到 addr1_out 的路径。

同理，以下逻辑路径也不存在。

- 从 addr0_in1 到 addr1_out 的路径。
- 从 addr1_in0 到 addr0_out 的路径。
- 从 addr1_in1 到 addr0_out 的路径。

虽然这些路径在逻辑上不存在通路，但由于它们在物理上是相连的，因此在默认情况下时序分析工具仍会对这些路径进行时序分析，这与设计意图不符。为了让时序分析工具忽略这些虚假路径，可以使用 set_false_path 命令进行约束。

或许读者会有疑问：在默认情况下对所有路径进行时序分析不好吗？即使没有用到这些路径，如果它们也能满足时序要求，对设计正常工作应该没有坏处吧？确实，在默认情况下对系统时序的过度分析并不会直接影响功能。但是，它会影响工具的综合和实现运行时间，并影响最终的综合质量。因为如果非功能模块的路径存在时序违例，那么工具可能会尝试修复这些违例，这不仅可能导致设计因逻辑复制而变大，还可能由于非功能模块的违例比实际功能模块的违例更严重，从而忽略了真正关键的时序问题。

因此，当设计接近所选 FPGA 型号的性能瓶颈时，正确地设置虚假路径约束对关键路径的时序优化至关重要。

除图 7.1 中的例子，通过明确的逻辑功能判断虚假路径外，常见的可以设置为虚假路径的情形如下。

- 异步逻辑与同步逻辑之间的路径。
- 只会在上电启动时发生状态变化的寄存器。
- 复位或测试逻辑。

当在设计中遇到上述电路时，需要根据实际情况仔细确认并设置适当的虚假路径约束。

值得一提的是，XDC 约束规范中有一个 set_disable_timing 命令，它与 set_false_path 命令的功能类似。set_false_path 命令仅对数据路径起作用，时序分析工具仍会分析并计算这条时序路径的延时，只是不进行建立/保持时序分析，也不会为了满足建立/保持时序要求而优化布局布线，且不会生成该路径的时序报告。set_disable_timing 命令则作用于时序弧（timing arc），使时序分析工具完全跳过对该时序弧的分析，不计算延时。

在异步电路中，通常存在许多时序环（timing loop）。这些时序环必须通过 set_disable_timing 命令打断，否则会占用时序分析工具过多的内存资源，导致静态时序分析的结果没有实际意义。因此，set_disable_timing 命令在异步电路设计中非常重要，用于避免不必要的时序计算和资源浪费。

7.2.2 虚假路径约束命令详解

set_false_path 命令的完整语法格式如下。

```
set_false_path  [-setup] [-hold] [-rise] [-fall] [-reset_path] [-from <args>]  [-to <args>] [-through <args>]
```

各参数说明如下。

- -setup：表示忽略指定路径的建立时间分析。
- -hold：表示忽略指定路径的保持时间分析。如果不加-setup 和-hold 参数，则建立时间分析和保持时间分析都会忽略。
- -rise：表示指令只对时钟上升沿有效。
- -fall：表示指令只对时钟下降沿有效。如果不加-rise 和-fall 参数，则默认指令对时钟上升沿和下降沿同时有效。
- -reset_path：该参数可以清除之前作用于指定路径的时序例外约束，使当前约束指令具有更高的优先级。
- -from<args>：指定路径的起点。
- -to<args>：指定路径的终点。
- -through<args>：指定路径的途经点。

例如，对于前面提到的两路复用加法器电路结构的例子，应将从 addr0_in0 到 addr1_out 的时序路径设置为虚假路径。参考约束如下。

```
set_false_path -from [get_pins  u_addr_mux/addr0_in0] -to [get_pins u_addr_mux/addr1_out]
```

在该例子中，经过 addr0_in1、addr1_in0、addr1_in1 的虚假路径也需要进行约束，完整的参考约束如下。

```
set_false_path  -from  [get_pins  {u_addr_mux/addr0_in0  u_addr_mux /addr0_in1}] -to [get_pins u_addr_mux/addr1_out]
set_false_path  -from  [get_pins  {u_addr_mux/addr1_in0  u_addr_mux/ addr1_in1}] -to [get_pins u_addr_mux/addr0_out]
```

7.2.3 虚假路径约束实例

下面通过几个实例来总结虚假路径约束的不同用法。

例 1：起点或终点为多个对象。

当路径的起点或终点为多个对象时，可以将多个对象放在“{}”中。例如，一个复位信号 reset 从端口输入，连接到 3 个寄存器（ff1、ff2 和 ff3）的复位口，且需要将这些复位路径都设置为虚假路径，可以使用以下约束命令。

```
set_false_path -from [get_ports reset] -to [get_cells {ff1  ff2  ff3 }]
```

例 2：跨时钟域的虚假路径约束设置。

对于两个异步时钟（如 clk1 和 clk2）之间的跨时钟域路径，可以设置为虚假路径，以忽略跨时钟域路径的时序分析。约束命令如下。

```
set_false_path -from [get_clocks clk1] -to [get_clocks clk2]
set_false_path -from [get_clocks clk2] -to [get_clocks clk1]
```

注意：set_false_path 命令是单向的。如果需要双向都设置为虚假路径，则需要使用两条命令。最终效果类似于使用 set_clock_groups 命令将 clk1 和 clk2 设置为异步时钟组。

例 3：使用-through<args>参数指定途径点。

可以不指定路径的起点和终点，而使用-through<args>参数指定路径的途经点。例如，设置经过 MUX1 的 a0 引脚的路径为虚假路径的命令如下。

```
set_false_path -through [get_pins MUX1/a0]
```

如果一个途经点有多条路径经过，则可以使用多个-through<args>参数来具体地指定路径。例如：

```
set_false_path -through [get_pins MUX1/a0] -through [get_pins MUX2/a1]
```

例 4：忽略指定路径的建立时间分析。

可以让时序分析工具忽略指定路径的建立时间分析。例如，忽略所有源时钟为 clka 的路径的建立时间分析，可以使用以下命令。

```
set_false_path -setup -from clka
```

7.2.4 虚假路径约束时序报告解读

虚假路径的建立时序报告概述如图 7.2 所示。概述中的最后一栏指明了时序例外类型为“False Path”，即虚假路径。由于该路径被设置为虚假路径，建立关系中的要求时间（Requirement）为无穷大，因此 Slack（时序裕量）也为无穷大。其他各项内容与 reg2reg 路径的时序报告相同。

Summary	
Name	Path 2
Slack	∞ns
Source	src_ff1_reg/C (rising edge-triggered cell FDCE clocked by clka {rise@0.000ns fall@2.500ns period=5.000ns})
Destination	dest_ff2_reg/D (rising edge-triggered cell FDCE clocked by clka {rise@0.000ns fall@2.500ns period=5.000ns})
Path Group	(none)
Path Type	Setup (Max at Slow Process Corner)
Requirement	∞ns
Data Path Delay	0.869ns (logic 0.629ns (72.382%) route 0.240ns (27.618%))
Logic Levels	1 (LUT1=1)
Clock Path Skew	-0.312ns
Clock Uncertainty	0.035ns
Timing Exception	False Path

图 7.2　虚假路径的建立时序报告概述

虽然 Requirement 为无穷大，布局布线工具不会对路径延时进行约束，但时序报告仍会列出实际布线的延时细节，如图 7.3 所示。这意味着即使路径被设置为虚假路径，时序分析工具仍然会显示该路径的实际延时情况，但不会进行建立时间的分析和约束优化。

Source Clock Path

Delay Type	Incr (ns)	Path (ns)	Location	Netlist Resource(s)
(clock clka rise edge)	(r)...00	0.000		
	(r)...00	0.000		clka_i
net (fo=0)	0.000	0.000		clka_i
				clka_i_IBUF_inst/I
IBUF (Prop_ibuf_I_O)	(r)...48	0.848		clka_i_IBUF_inst/O
net (fo=1, unplaced)	0.646	1.494		clka_i_IBUF
				clka_i_IBUF_BUFG_inst/I
BUFG (Pr...ufg_I_O)	(r)...81	1.575		clka_i_IBUF_BUFG_inst/O
net (fo=2, unplaced)	0.584	2.159		clka_i_IBUF_BUFG
FDCE				src_ff1_reg/C

Data Path

Delay Type	Incr (...	Path...	Loc...	Netlist Resource...
FDCE (Pr...dce_C_Q)	(f)...97	2.556		src_ff1_reg/Q
net (fo=1, unplaced)	0.240	2.796		src_ff1
				dest_ff2_i_1/I0
LUT1 (Pro...t1_I0_O)	(r)...32	3.028		dest_ff2_i_1/O
net (fo=1, unplaced)	0.000	3.028		p_0_in
FDCE				dest_ff2_reg/D

Destination Clock Path

Delay Type	Incr (...	Path...	Loc...	Netlist Resource(s)
(clock clka rise edge)	(r)...00	0.000		
	(r)...00	0.000		clka_i
net (fo=0)	0.000	0.000		clka_i
				clka_i_IBUF_inst/I
IBUF (Prop_ibuf_I_O)	(r)...18	0.718		clka_i_IBUF_inst/O
net (fo=1, unplaced)	0.613	1.331		clka_i_IBUF
				clka_i_IBUF_BUFG_inst/I
BUFG (Pr...ufg_I_O)	(r)...77	1.408		clka_i_IBUF_BUFG_inst/O
net (fo=2, unplaced)	0.439	1.847		clka_i_IBUF_BUFG
FDCE				dest_ff2_reg/C
Required Time		0.000		

图 7.3　虚假路径的建立时序报告延时细节

7.3 最大/最小延时约束

在前面的章节中，我们了解到，时序分析工具在默认情况下通过创建时钟约束，生成建立关系和保持关系，并根据分析结果确定数据路径的最大/最小延时。在建立关系的分析中，捕获时钟触发沿与对应的发送时钟触发沿确定了数据路径的最大延时；在保持关系的分析中，捕获时钟触发沿与对应的发送时钟触发沿确定了数据路径的最小延时。

然而，在实际电路中，有时需要在某些特殊情况下自行指定路径的最大/最小延时。例如，当信号从 FPGA 引脚输入后，经过内部组合逻辑直接输出到另一个引脚时，默认的时序分析可能无法满足设计需求。这时，可以通过以下方法进行约束。

- 使用 set_max_delay 命令指定路径的最大延时。
- 使用 set_min_delay 命令指定路径的最小延时。

7.3.1 最大/最小延时约束语法

set_max_delay 命令的详细语法如下。

```
set_max_delay [-from <args>] [-to <args>] [-through <args>] [-datapath_only] <delay> [-reset_path]
```

各参数说明如下。

- -from<args>：指定路径的起点。
- -to<args>：指定路径的终点。
- -through<args>：指定路径的途径点。
- -datapath_only：表示忽略指定路径的时钟偏斜影响，忽略指定路径的保持时序分析，相当于自动为指定路径生成了 set_false_path -hold 约束。即使对指定路径设置了 set_min_delay 命令，最终该最小延时约束也是无效的。
- <delay>：设置最大延时值，该值必须大于 0。
- -reset_path：清除之前作用于指定路径的时序例外约束，使当前约束指令具有更高的优先级。

set_min_delay 命令的详细语法如下。

```
set_min_delay  [-from <args>] [-to <args>] [-through <args>] <delay> [-reset_path]
```

与 set_max_delay 命令不同的是，set_min_delay 命令中没有-datapath_only 参数，其

他参数的含义与 set_max_delay 命令完全一致，因此不再赘述。

7.3.2　最大/最小延时约束实际意义

在第 2 章中我们了解到，同时钟域的 reg2reg 路径在默认情况下的建立时序裕量公式为

$$T_{slack}=(T_{period}+T_{s\_ck2}-T_{setup})-(T_{s\_ck1}+T_{ck1\_d2})$$

式中，

- T_{s_ck2}：目标寄存器的时钟延时。
- T_{s_ck1}：源寄存器的时钟延时。
- T_{ck1_d2}：数据路径延时。
- T_{period}：捕获沿与发送沿的时间差（$T_{capture\_edge}-T_{launch\_edge}$），也可以称为数据路径的最大延时要求。
- T_{setup}：寄存器的建立时间。

set_max_delay 命令改变的正是 T_{period} 参数值。当对某一路径约束最大延时后，其建立时序裕量公式变为

$$T_{slack}=(T_{max\_delay}+T_{s\_ck2}-T_{setup})-(T_{s\_ck1}+T_{ck1\_d2})$$

简而言之，使用 set_max_delay 约束后，时序分析工具会使用设置的指定路径最大延时值来替换建立时序裕量公式中的 T_{period}（$T_{capture\_edge}-T_{launch\_edge}$）的值。

同理，使用 set_min_delay 约束后，时序分析工具会使用设置的指定路径最小延时值 T_{min_delay} 来替换保持时序裕量公式中的($T_{capture\_edge}-T_{launch\_edge}$)的值。因此，保持时序裕量公式由

$$T_{slack}=(T_{s\_ck1}+T_{ck1\_d2})-[(T_{capture\_edge}-T_{launch\_edge})+T_{s\_ck2}+T_{hold}]$$

变为

$$T_{slack}=(T_{s\_ck1}+T_{ck1\_d2})-(T_{min\_delay}+T_{s\_ck2}+T_{hold})$$

从最大延时和最小延时的时序裕量公式中可以看出，set_max_delay 约束只会影响建立时序分析，而 set_min_delay 约束只会影响保持时序分析。此外，set_max_delay 约束和 set_min_delay 约束仅适用于数据路径，对时钟路径无效。如果对时钟路径设置了这两种

约束，那么时序分析工具会发出警告，提示该约束无效。

结合最大延时和最小延时的时序裕量公式，如果忽略 T_{hold}、T_{setup} 和 T_{skew}（时钟偏斜）的值，则可以得到如下粗略不等式：

$$T_{min\_delay}<T_{ck1\_d2}<T_{max\_delay}$$

该不等式的意义为：数据路径的延时不能小于设置的最小延时值，且不能大于设置的最大延时值。

对于图 2.19 所示的同步时序模型图，如果约束 reg2reg 路径从源寄存器到目标寄存器的最大延时为 2 个时钟周期（10ns，假设工作时钟频率为 200MHz），最小延时为 2ns，则参考约束命令如下。

```
set_max_delay -from [get_pins FF1/C] -to [get_pins FF2/D]  10
set_min_delay  -from [get_pins FF1/C] -to [get_pins FF2/D]  2
```

此时，可以估算出数据路径的布线延时范围为 $2ns<T_{ck1\_d2}<10ns$。

如果不使用最大和最小延时约束，则在默认情况下数据路径的布线延时范围为 $0ns<T_{ck1\_d2}<5ns$。

至此，set_max_delay 和 set_min_delay 命令的基本用法和对时序的影响就非常清楚了。

7.3.3 最大延时-datapath_only 参数约束

使用了 set_max_delay 命令后的建立时序裕量公式为

$$T_{slack}=(T_{max\_delay}+T_{s\_ck2}-T_{setup})-(T_{s\_ck1}+T_{ck1\_d2})$$

如果在最大延时约束中添加了-datapath_only 参数，那么该路径只进行建立时序分析，忽略保持时序分析，并且在建立时序分析中忽略时钟延时的影响。添加-datapath_only 参数后的建立时序裕量公式为

$$T_{slack}=(T_{max\_delay}-T_{setup})-T_{ck1\_d2}$$

式中，T_{ck1_d2} 为数据路径延时。通过对比可以发现，公式中去掉了源时钟路径延时 T_{s_ck1} 和目标时钟路径延时 T_{s_ck2}。这意味着路径时序分析完全忽略了时钟偏斜 T_{skew} 的影响。

由于没有时钟偏斜的影响，保持时间的分析也没有了意义。因此，即使对该路径再设置 set_min_delay 约束也无效。

下面来看一个关于-datapath_only 参数的简单约束实例，其原理图如图 7.4 所示。

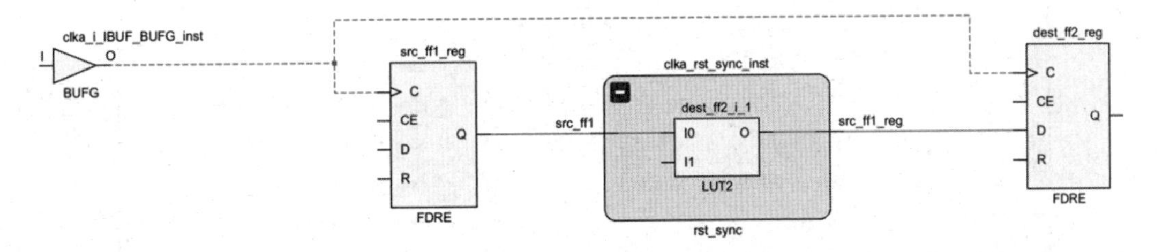

图 7.4　-datapath_only 参数约束原理图

从图 7.4 中可知源寄存器为 src_ff1_reg，目标寄存器为 dest_ff2_reg，源时钟和目标时钟共用同一个源头。如果对从 src_ff1_reg 到 dest_ff2_reg 的路径进行数据路径最大延时约束，并添加-datapath_only 参数，则参考约束命令如下。

```
  set_max_delay  -datapath_only  -from  [get_pins  src_ff1_reg/Q]  -to
[get_pins dest_ff2_reg/D]  5
```

src_ff1_reg/Q 到 dest_ff2_reg/D 路径的时序报告概述如图 7.5 所示。根据图 7.5，可以得知该路径的 Requirement 为 set_max_delay -datapath_only 约束的 5ns。数据从 src_ff1_reg/Q 到 dest_ff2_reg/D 的延时（到达时间 $T_{arrival\_time}$）为 0.931ns，数据路径和目标时钟路径的延时细节如图 7.6 所示。要求时间 $T_{required_time}=(T_{max_delay}-T_{setup})=5-0.209=4.791$ns。最终时序裕量 $T_{slack}=(T_{max_delay}-T_{setup})-T_{data_path}=3.86$ns。

在上述约束中，路径的起点是 src_ff1_reg/Q。起点也可以约束为 src_ff1_reg/C，即源寄存器的时钟引脚。如果起点设为 src_ff1_reg/C，则路径延时将加上源寄存器的数据输出时间 T_{co}。

Summary

Name	Path 1
Slack	3.860ns
Source	src_ff1_reg/Q (internal pin)
Destination	dest_ff2_reg/D (rising edge-triggered cell FDRE clocked by clka {rise@0.000ns fall@2.500ns period=5.000ns})
Path Group	clka
Path Type	Setup (Max at Slow Process Corner)
Requirement	5.000ns (MaxDelay Path 5.000ns)
Data P...Delay	0.931ns (logic 0.124ns (13.318%) route 0.807ns (86.682%))
Logic Levels	1 (LUT2=1)
Timing...eption	MaxDelay Path 5.000ns -datapath_only

图 7.5　src_ff1_reg/Q 到 dest_ff2_reg/D 路径的时序报告概述

Data Path

Delay Type	Incr (ns)	Path (ns)	Location	Netlist Resource(s)
FDRE	(r)...00	0.000	Site: ...E_X0Y1	src_ff1_reg/Q
net (fo=1, routed)	0.518	0.518		clka_rst_sync_inst/src_ff1
			Site: ...E_X0Y2	clka_rst_sync_inst/dest_ff2_i_1/I0
LUT2 (Pro...t2_I0_O)	(r)...24	0.642	Site: ...E_X0Y2	clka_rst_sync_inst/dest_ff2_i_1/O
net (fo=1, routed)	0.289	0.931		clka_rst_sync_inst_n_0
FDRE			Site: ...E_X1Y2	dest_ff2_reg/D
Arrival Time		0.931		

Destination Clock Path

Delay Type	Incr (ns)	Path (ns)	Location	Netlist Resource(s)
max delay	5.000	5.000		
FDRE (Set...dre_C_D)	-0.209	4.791	Site: ...E_X1Y2	dest_ff2_reg
Required Time		4.791		

图 7.6　数据路径和目标时钟路径的延时细节

7.3.4　组合逻辑路径约束实例

在前面章节中，最大/最小延时约束的分析主要针对时序路径，但对于纯组合逻辑的路径也可以使用 set_max_delay -datapath_only 命令来进行约束。例如，对于 pin2pin 路径，即信号从一个引脚输入，经过内部组合逻辑后直接输出到另一个引脚的情况，如图 7.7 所示。

在图 7.7 中，输入信号 data_i 从 FPGA 的引脚输入，经过内部的 LUT2 处理后，直接从 data_o 引脚输出。对于这样的组合逻辑路径，可以使用 set_max_delay -datapath_only 命令对路径的最大延时进行约束。

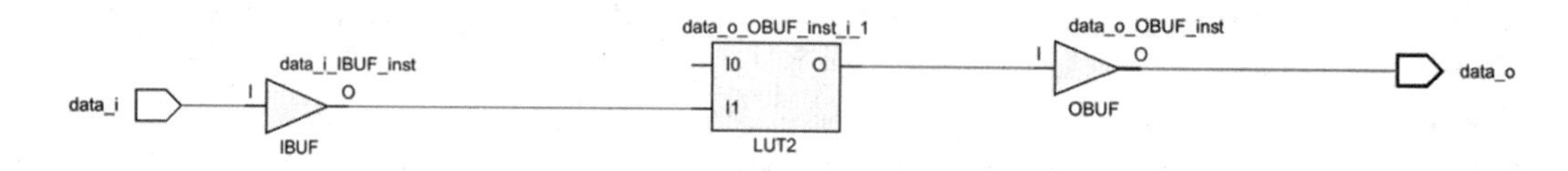

图 7.7　pin2pin 路径原理图

pin2pin 路径是 set_max_delay 命令应用最多的场景之一。假设在图 7.7 中，数据路径的最大延时被约束为 10ns，则相应的约束命令为

```
set_max_delay -datapath_only -from [get_ports data_i] -to [get_ports data_o] 10
```

当网表实现后，打开网表并查看从 data_i 到 data_o 的时序报告，其概述部分如图 7.8 所示。

Summary	
Name	Path 1
Slack	4.283ns
Source	data_i (input port)
Destination	data_o
Path Group	**default**
Path Type	Max at Slow Process Corner
Requirement	10.000ns (MaxDelay Path 10.000ns)
Data Path Delay	5.717ns (logic 3.367ns (58.888%) route 2.350ns (41.112%))
Logic Levels	3 (IBUF=1 LUT2=1 OBUF=1)
Output Delay	0.000ns
Timing Exception	MaxDelay Path 10.000ns -datapath_only

图 7.8　最大延时约束时序报告中的概述部分

从概述部分中可以看出，路径的要求时间为 set_max_delay -datapath_only 约束的 10ns，到达时间是从 data_i 到 data_o 之间的延时，为 5.717ns。时序裕量等于要求时间减去到达时间，结果为 4.283ns。

当然，也可以为纯组合逻辑的路径设置最小延时，或者对路径设置一个延时范围。例如，为从 data_i 到 data_o 的路径设置最小延时为 5ns，最大延时为 10ns。参考约束命令如下。

```
set_max_delay  -from [get_ports data_i] -to [get_ports  data_o]  10
set_min_delay  -from [get_ports data_i] -to [get_ports  data_o]  5
```

在这种情况下，建立时序报告中的要求时间为 set_max_delay 约束的值，如图 7.9 所示。而保持时序报告中的要求时间为 set_min_delay 约束的值，如图 7.10 所示。

如果不设置 set_min_delay 约束，则最终效果与 set_max_delay -datapath_only 的效果一致。因为此时路径是纯组合逻辑路径（pin2pin），不存在时钟路径，因此是否添加 -datapath_only 效果相同。

Summary	
Name	Path 1
Slack	-2.420ns
Source	data_i (input port)
Destination	data_o
Path Group	**default**
Path Type	Max at Slow Process Corner
Requirement	10.000ns (MaxDelay Path 10.000ns)
Data Path Delay	12.420ns (logic 3.367ns (27.106%) route 9.054ns (72.894%))
Logic Levels	3 (IBUF=1 LUT2=1 OBUF=1)
Output Delay	0.000ns
Timing Exception	MaxDelay Path 10.000ns

图 7.9　建立时序报告中的概述部分

Summary	
Name	Path 2
Slack (Hold)	0.422ns
Source	data_i (input port)
Destination	data_o
Path Group	**default**
Path Type	Min at Fast Process Corner
Requirement	5.000ns (MinDelay Path 5.000ns)
Data P...Delay	5.422ns (logic 1.374ns (25.341%) route 4.048ns (74.659%))
Logic Levels	3 (IBUF=1 LUT2=1 OBUF=1)
Output Delay	0.000ns
Timing...eption	MinDelay Path 5.000ns

图 7.10　保持时序报告中的概述部分

7.4　多周期路径约束

时序分析工具默认是按照单周期来约束时序的，源/目标时钟同频同相时的建立关系和保持关系如图 7.11 所示。当源时钟和目标时钟同频且同相时，建立关系和保持关系的时序分析遵循以下规则：数据在第一个上升沿发送，在第二个上升沿捕获。在进行建立时间分析时，发送时钟与捕获时钟相差一个时钟周期；而在进行保持时间分析时，发送时钟和捕获时钟是同一个时钟边沿。

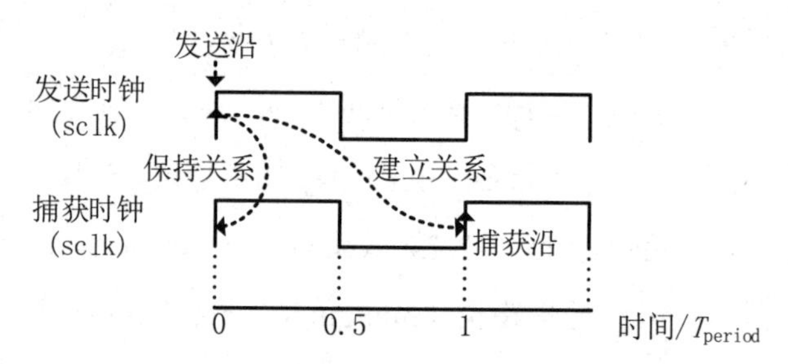

图 7.11　源/目标时钟同频同相时的建立关系和保持关系

有些路径的实际逻辑时序关系并不遵循默认的时序关系。例如，有时数据在发送几个周期之后，捕获寄存器才会使能有效并触发锁存数据。此时，就需要使用多周期路径约束来改变这些特殊路径的建立关系和保持关系，从而放宽时序检查要求。

例如，在 CPU 时钟设计中，有时由于过热需要对 CPU 进行降频。为了保证降频后的时序路径与之前一致，可以通过使用门控逻辑实现降频，这样就不需要对降频后的时序路径做额外分析。通过门控逻辑可以去掉多余的脉冲，从而达到降频等效的效果。

如图 7.12 所示，在门控时钟降频电路和信号时序图中，时钟 clk 由门控信号 en 控制，输出的时钟 gate_clk 是 clk 的二分频，且 gate_clk 的占空比为 25%。如果不对该路径进行多周期路径约束，则在默认情况下，FF1 到 FF2 的数据路径建立关系为一个 clk 周期，这显然与实际电路的功能不符。默认的时序分析会导致过度约束，特别是当 clk 频率高或数据路径延时较大时，可能会引发时序违例，甚至导致时序分析工具为优化该路径而引发其他路径的时序违例。

因此，需要为这条路径设置多周期路径约束，从而放宽时序检查要求。图 7.13 所示为正确的建立/保持关系与默认的建立/保持关系的对比图，说明了多周期路径约束如何正确反映电路功能。

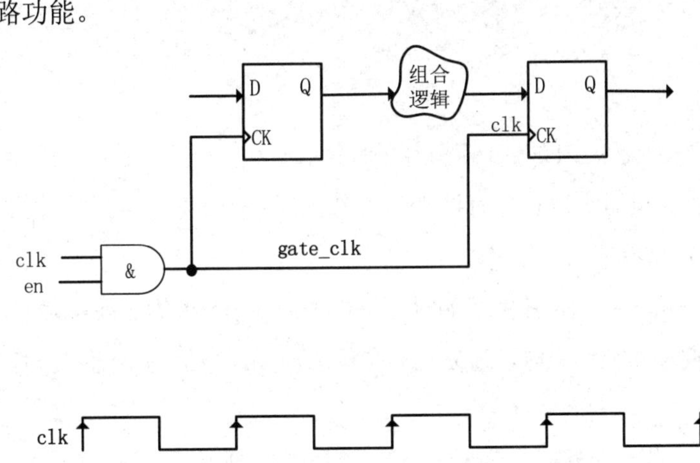

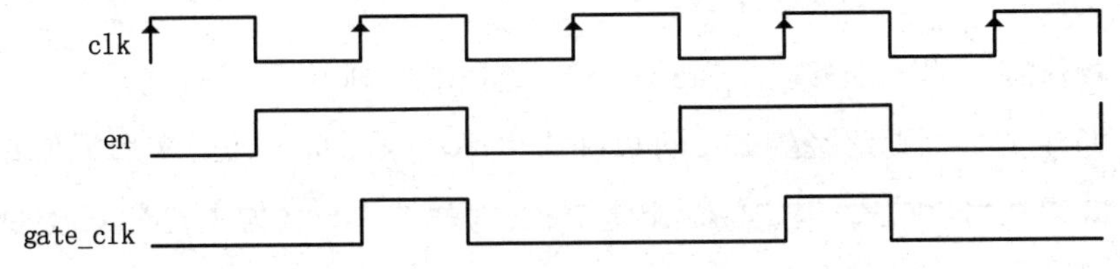

图 7.12 门控时钟降频电路和信号时序图

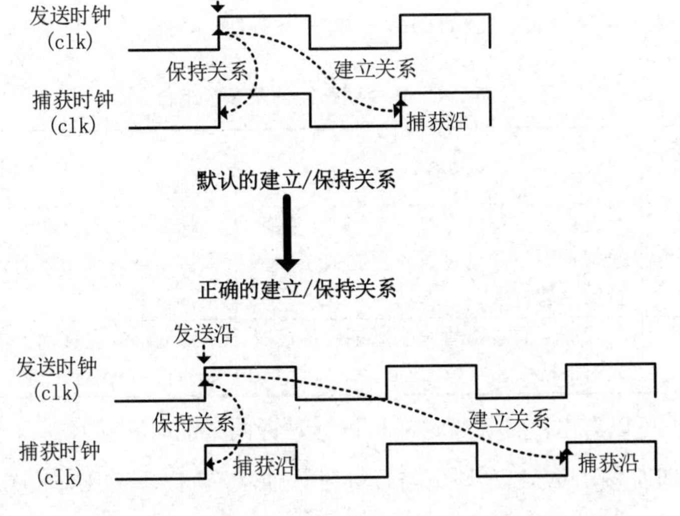

图 7.13 正确的建立/保持关系与默认的建立/保持关系的对比图

能改变时序分析工具默认建立/保持关系的命令正是本节的重点——多周期路径约束命令（set_multicycle_path）。

7.4.1 多周期路径约束语法

set_multicycle_path 命令的基本语法结构如下。

```
set_multicycle_path  [-setup] [-hold] [-rise] [-fall] [-start] [-end]
[-reset_path] [-from <args>] [-to <args>]  [-through <args>]<path_
multiplier>
```

各参数说明如下。

- -start：指定约束命令以源时钟为参考时钟。
- -end：指定约束命令以目标时钟为参考时钟。当不指定-start 和-end 参数时，默认以源时钟为参考时钟。
- <path_multiplier>：指定该路径的时序分析多周期值，该值必须是大于 0 的整数。在未设置多周期路径约束时，建立时间分析的周期默认值为 1，保持时间分析的周期默认值为 0。

其他参数的含义与 set_false_path 命令的参数相同，此处不再赘述。

对于常用的多周期路径约束，可以使用以下约束模板，假设多周期值设置为 N，-setup/-hold 参数可以二选一，-start/-end 参数也可以二选一（如果省略-start/-end 参数，则默认使用-start 参数）。

```
set_multicycle_path N -setup/-hold -start/-end <path>
```

该约束模板有 4 种不同的参数组合，每种参数组合对应不同的含义，如表 7.1 所示。

表 7.1 多周期路径约束参数组合

多周期路径约束参数组合	-start	-end
-setup	发送沿向左移动 N-1 个周期，捕获沿保持不变。该设置对建立关系和保持关系都有效	捕获沿向右移动 N-1 个周期，发送沿保持不变。该设置对建立关系和保持关系都有效
-hold	发送沿向右移动 N 个周期，该设置只对保持关系有效	捕获沿向左移动 N 个周期，该设置只对保持关系有效

从表 7.1 中可以看出，对于源时钟和目标时钟同频的时序路径，由于周期的对称性，源时钟发送沿向左移动 N-1 个周期与目标时钟捕获沿向右移动 N-1 个周期的效果是完全一样的。因此，在这种情况下，通常不需要添加-start/-end 参数。

然而，对于频率不同或相位不同的时钟路径，则必须指定-start/-end 参数，以明确是移动源时钟还是目标时钟。

简单来说，多周期路径约束就是根据用户的设计需求，改变原有的时序检查机制，从而避免非真实的时序违例或由时序要求过紧导致的资源浪费。

7.4.2　同频同相多周期路径约束

同频同相的多周期路径有两种不同的结构：一种是源时钟和目标时钟共享同一个时钟源；另一种是源时钟和目标时钟使用独立的时钟源，但在创建时钟时，设置了相同的频率和相位。这两种结构在多周期路径约束的应用上是完全一致的。

下面以门控时钟降频电路为例，分析多周期路径约束的使用细节。

从实际设计要求来看，建立关系应该间隔两个周期，而保持关系与默认情况相同。因此，可以使用以下两条约束命令来修正默认的建立/保持关系。

```
set_multicycle_path -setup 2 -from [get_cells FF1] -to [get_cells FF2]
set_multicycle_path -hold 1 -from [get_cells FF1] -to [get_cells FF2]
```

需要注意的是，如果只使用第一条命令-setup 2，则建立时间将被延后一个周期，保持时间也会自动延后一个周期。这种情况下的时序关系如图 7.14 所示。

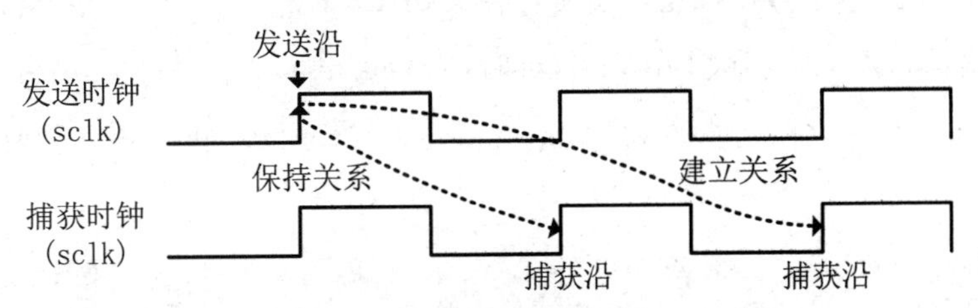

图 7.14　多周期路径约束 setup=2 时的建立/保持关系

因此，还需要使用第二条命令-hold 1，将保持关系向左移动一个周期，以满足实际的保持时间要求。通过这条命令，可以修正保持时间，使其不随建立时间的延后而发生变化，从而达到设计的正确要求。多周期路径约束 setup=2/hold=1 时的建立/保持关系如图 7.15 所示。

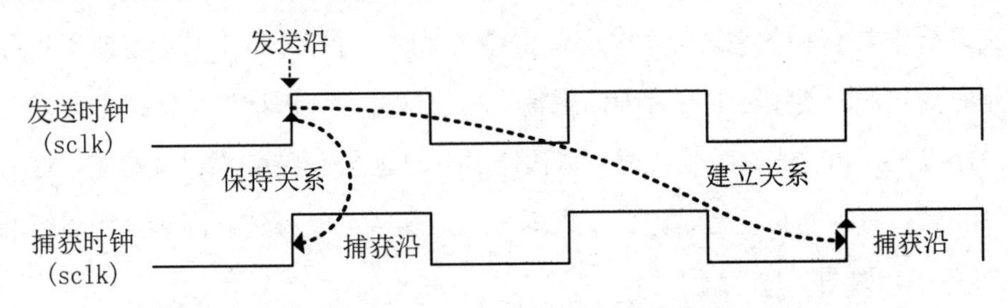

图 7.15　多周期路径约束 setup=2/hold=1 时的建立/保持关系

因此，对于同频同相的多周期路径约束，如果建立关系为 N 个周期，而保持关系保持不变（仍为 0 个周期），则可以将 setup 设置为 N，将 hold 设置为 N-1。当然，hold 的值可以根据实际保持关系的需求进行调整。

7.4.3 同频异相多周期路径约束

同频异相指的是源时钟和目标时钟的频率相同，但相位存在差异。图 7.16 所示为同频异相多周期路径约束电路的结构示意图。

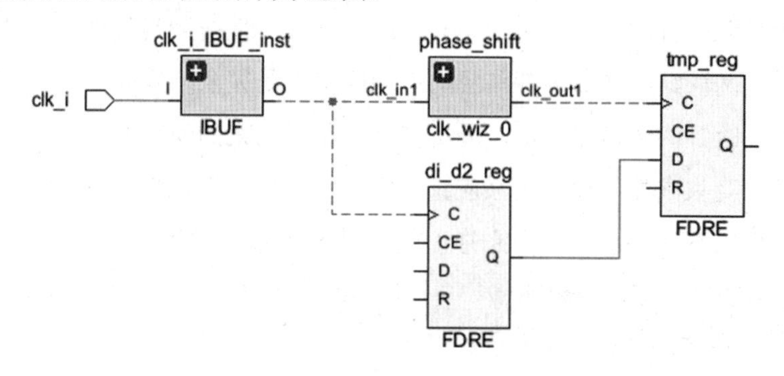

图 7.16 同频异相多周期路径约束电路的结构示意图

在该电路中，为了方便描述，将源寄存器 di_d2_reg 记为 FF1，目标寄存器 tmp_reg 记为 FF2。源时钟由 clk_i 端口输入，目标时钟为 clk_out1，该时钟由 clk_i 端口输入的时钟通过 PLL 移相 72°（时钟向右移动 2ns）得到。假设时钟 clk_i 的频率为 100MHz，则时钟约束如下。

```
create_clock -name sys_clk -period 10 -waveform {0 5} [get_ports clk_i]
create_generated_clock -name sys_clk_shift -source [get_ports clk_i] -divide_by 1 -edges {2 7 12} [get_pins clk_wiz_0/clk_out1]
```

主时钟 sys_clk 经过 PLL 后生成衍生时钟 sys_clk_shift。与主时钟 sys_clk 相比，衍生时钟 sys_clk_shift 的相位发生了变化。时序分析工具会将主时钟和衍生时钟视为独立时钟来分析建立/保持关系。在分析建立/保持关系时，时序分析工具会忽略衍生时钟上的实际延时影响，即使实际的时钟偏斜抵消了相位延时，分析结果也保持不变。

总结来说，当生成时钟约束时，默认情况下的建立/保持关系已经确定，这与最终的源时钟和目标时钟的布线延时无关。根据上述情况，可以得到该同频异相路径的默认建立/保持关系，如图 7.17 所示。

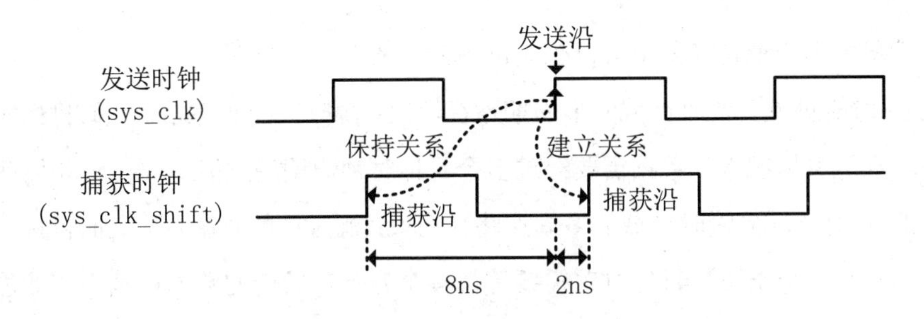

图 7.17　默认建立/保持关系

在默认的时序分析中，建立时间的捕获沿与发送沿的时间差仅为 2ns，而保持时间的捕获沿与发送沿的时间差为-8ns。显然，这样的建立关系在建立时间分析中难以满足时序要求，约束过于紧张。而在保持时间分析中，保持时序又显得过于宽松，约束过于松弛。

因此，可以使用多周期路径约束来修正不符合实际的建立/保持关系，约束命令如下。

```
set_multicycle_path -setup 2 -from [get_cells FF1] -to [get_cells FF2]
```

此时的约束与同频同相多周期路径约束不同，不需要额外的约束来修正保持关系，-setup 2 约束会使保持关系向左移动一个周期。多周期路径约束后的建立/保持关系如图 7.18 所示。

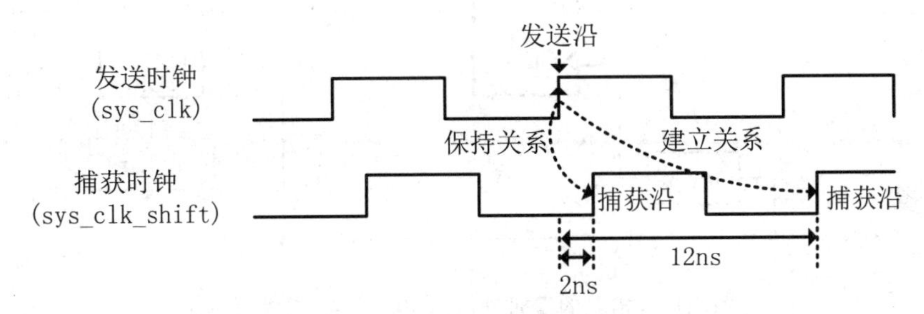

图 7.18　多周期路径约束后的建立/保持关系

应用了约束后，建立时间的捕获沿与发送沿的时间差变为 12ns，而保持时间的捕获沿与发送沿的时间差变为 2ns。这时，建立时间和保持时间就更加合理，布局布线工具能够更容易地满足路径布线延时的要求。

7.4.4　不同频多周期路径约束

不同频多周期路径约束是指源时钟和目标时钟的频率不同，但二者之间保持一定的相位关系。如果两个时钟之间没有稳定的相位关系，则只能将其设置为异步关系，不进行时序分析。

不同频的多周期路径约束可以分为以下两种情况。

（1）慢时钟域到快时钟域的多周期路径约束：源时钟的频率较低，而目标时钟的频率较高。在这种情况下，数据需要经过多个目标时钟周期后才能完成传输和捕获。

（2）快时钟域到慢时钟域的多周期路径约束：源时钟的频率较高，而目标时钟的频率较低。在这种情况下，目标时钟需要等待多个源时钟周期的数据传输完成才能正确捕获数据。

1. 慢时钟域到快时钟域的多周期路径约束

在日常设计中，常见的慢时钟域到快时钟域的电路结构如图 7.19 所示。clk_slow 为源时钟，clk_fast 为目标时钟，clk_slow 由 clk_fast 经过分频得到。

为了分析慢时钟域到快时钟域的多周期路径约束，假设快时钟 clk_fast 的频率是慢时钟 clk_slow 的 3 倍，且目标寄存器的使能信号 clk_en 在 clk_slow 和 clk_fast 同时为上升沿时使能，对应的时序图如图 7.20 所示。

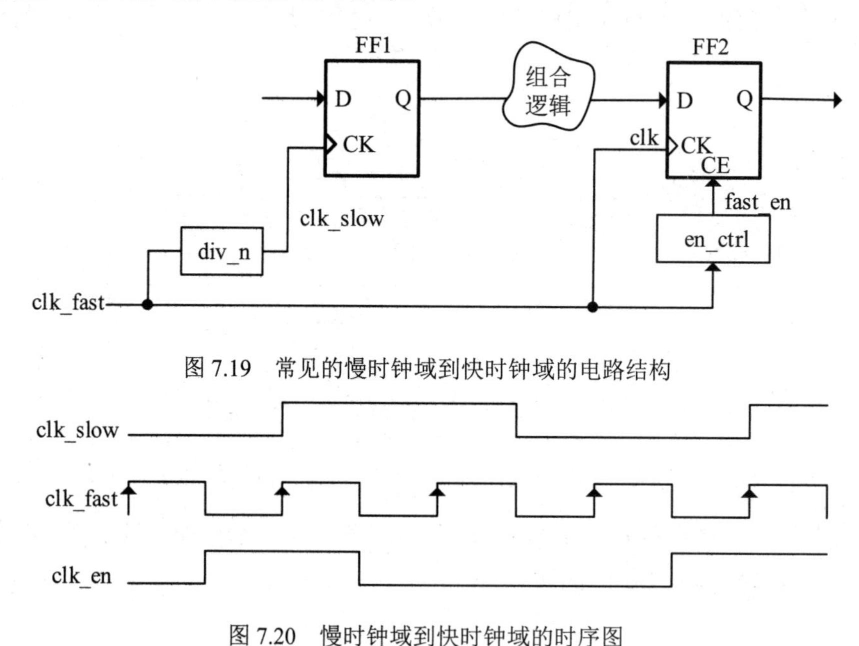

图 7.19　常见的慢时钟域到快时钟域的电路结构

图 7.20　慢时钟域到快时钟域的时序图

如果不进行多周期路径约束，则时序分析工具会按照默认的建立/保持关系进行分析。如图 7.21 所示，在默认情况下，时序分析工具会将源时钟 clk_slow 和目标时钟 clk_fast 的建立/保持关系按照单周期时序进行计算。这可能导致时序过紧或过松的情况，无法准确反映实际电路的时序要求。

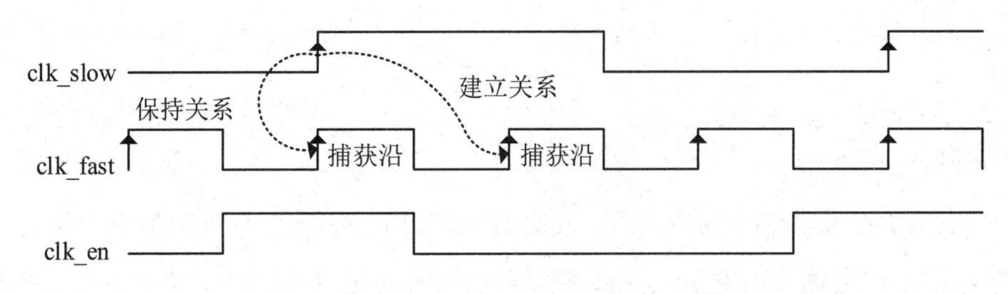

图 7.21　慢时钟域到快时钟域默认的建立/保持关系

在实际设计中，由于寄存器的使能信号的影响，目标时钟 clk_fast 的捕获沿只有在使能信号为高电平时才有效。因此，正确的建立/保持关系应考虑使能信号的作用。慢时钟域到快时钟域正确的建立/保持关系如图 7.22 所示。

在这种情况下，建立/保持关系已经被调整，以确保捕获数据的时钟边沿仅在使能信号为高电平时才进行捕获。这样就可以准确反映实际电路的时序要求，避免不必要的时序违例或约束过紧的问题。

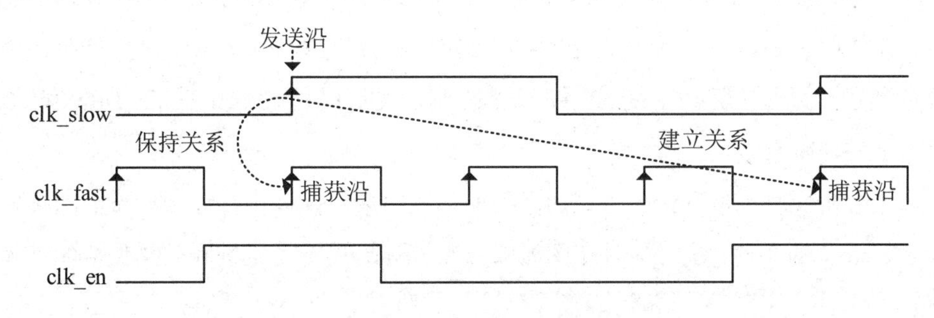

图 7.22　慢时钟域到快时钟域正确的建立/保持关系

因此，正确的建立关系应该是在默认建立关系的基础上，将目标时钟（快时钟）的捕获沿向右移动 2 个周期。正确的保持关系则应与默认的保持关系保持一致。

基于此，慢时钟域到快时钟域的多周期路径约束可以设置如下。

```
    set_multicycle_path -setup 3  -end -from  [get_cells FF1] - to
[get_cells FF2]
    set_multicycle_path -hold  2  -end -from  [get_cells FF1] - to
[get_cells FF2]
```

在这个约束中，使用 get_cells 命令来指定多周期路径约束的起点和终点。然而，在实际设计中建议使用 get_pins 命令来指定路径的起点和终点，这样更精准，因为 cells 可能包含多条路径（如寄存器的使能信号路径），如果实际设计不需要对这些路径进行多周期路径约束，那么可能会导致约束错误。

因此，建议设计者始终使用 get_pins 命令来指定多周期路径约束的起点和终点。参考的约束命令如下。

```
set_multicycle_path -from [get_pins FF1/C] -to [get_pins FF2/D] -setup 3 -end
set_multicycle_path -from [get_pins FF1/C] -to [get_pins FF2/D] -hold 2 -end
```

与同频的多周期路径约束不同，慢时钟域到快时钟域的多周期路径约束必须加上-end 参数，以指定调整的对象。-end 参数表示调整的是目标时钟（快时钟）。在第一条命令中，-setup 3 参数表示在建立关系中，目标时钟的捕获沿向右移动 2 个周期，同时保持关系中的捕获沿向右移动 2 个周期。第二条命令中的-hold 2 参数则将目标时钟的捕获沿在保持关系中向左移动 2 个周期，修正了第一条命令对保持关系的影响，使保持关系恢复到默认状态。

2. 快时钟域到慢时钟域的多周期路径约束

在日常设计中，常见的快时钟域到慢时钟域的电路结构如图 7.23 所示。源寄存器 FF1 的时钟为快时钟 clk_fast，目标寄存器 FF2 的时钟为慢时钟 clk_slow，其中慢时钟由快时钟分频产生。源寄存器 FF1 受 clk_en 使能控制，使能信号 clk_en 在 clk_slow 和 clk_fast 同时为上升沿时有效。

为了分析快时钟域到慢时钟域的多周期路径约束，假设快时钟 clk_fast 的频率是慢时钟 clk_slow 的 3 倍。这时的时序图如图 7.24 所示，展示了时钟和数据传输的具体时序关系。

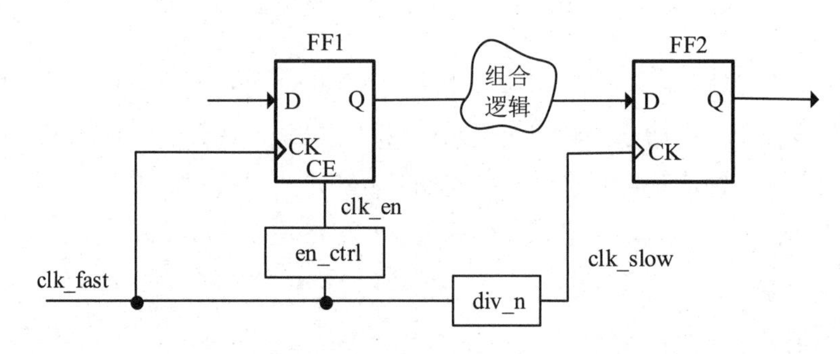

图 7.23　常见的快时钟域到慢时钟域的电路结构

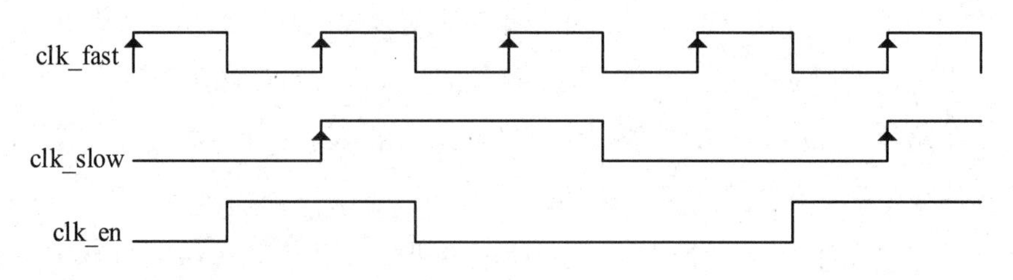

图 7.24　快时钟域到慢时钟域的时序图

如果不进行多周期路径约束，则时序分析工具默认的建立/保持关系如图 7.25 所示。在默认情况下，时序分析工具总会按照最难满足要求的路径情况来进行分析，然而这种最难满足要求的路径情况与实际情况并不相符。

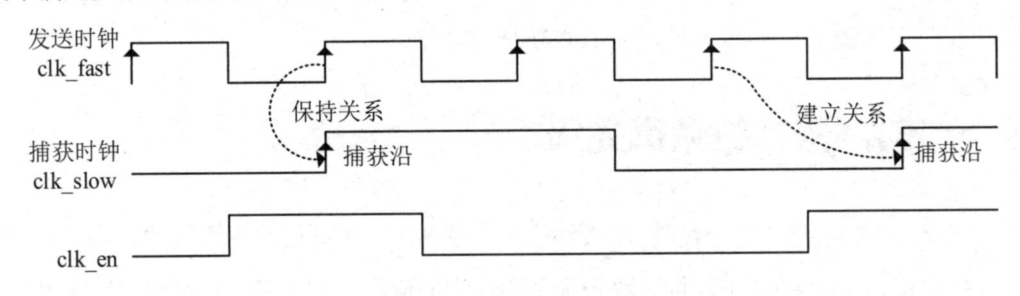

图 7.25　快时钟域到慢时钟域默认的建立/保持关系

在实际设计中，由于寄存器的使能信号的影响，只有当使能信号为高电平时，快时钟的发送沿才有效。因此，快时钟域到慢时钟域正确的建立/保持关系如图 7.26 所示。

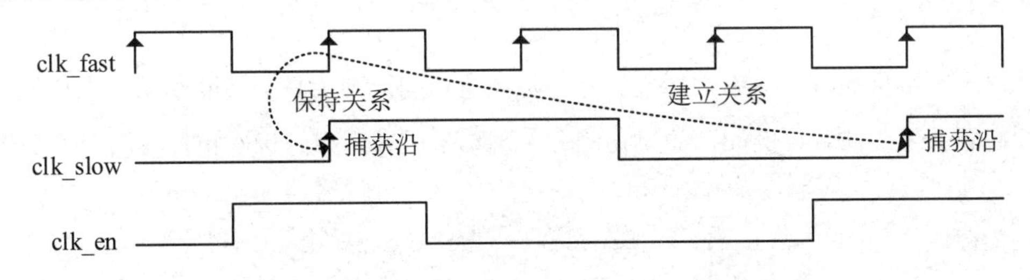

图 7.26　快时钟域到慢时钟域正确的建立/保持关系

因此，正确的建立关系应基于默认的建立关系，将源时钟（快时钟）的捕获沿向左移动 2 个周期，正确的保持关系应与默认的保持关系保持一致。

基于此，快时钟域到慢时钟域的多周期路径参考约束如下。

```
    set_multicycle_path -setup 3  -start -from  [get_cells FF1] - to
[get_cells FF2]
    set_multicycle_path -hold  2  - start -from  [get_cells FF1] - to
[get_cells FF2]
```

与前文提到的慢时钟域到快时钟域的多周期路径约束不同，快时钟域到慢时钟域的多周期路径约束必须加上-start 参数来指定调整的对象。-start 参数指定的是源时钟（快时钟）。在第一条命令中，-setup 3 参数表示在建立关系中，快时钟的捕获沿向左移动 2 个周期，同时快时钟在保持关系中的捕获沿向左移动 2 个周期。第二条命令中的-hold 2 参数表示将快时钟在保持关系中的捕获沿向右移动 2 个周期，刚好修正第一条命令对保持关系的影响，使保持关系恢复到默认状态。

需要注意的是，在该例中-start 参数可以省略，因为当不加-end 参数时，默认使用-start 参数。

通过对比慢时钟域到快时钟域的多周期路径约束和快时钟域到慢时钟域的多周期路径约束，可以得出：指定的调整对象必须是快时钟。

7.5 时序例外约束优先级

在一个大型设计中，时序约束文件往往非常多，且不同模块由不同的负责人负责。在这种情况下，可能会出现同一路径被多次约束的情况。为了避免这种情况影响设计的正确性，需要考虑时序约束的优先级，否则可能会导致某些期望的约束未能生效。

7.5.1 同类型约束优先级

对于同类型的时序约束，如果目标路径完全相同，则工具会按照约束的先后顺序处理，后者会覆盖前者。例如，如果在同一个端口上创建两个时钟约束，参考命令如下。

```
create_clock -name clk1 -period 10 [get_ports clk_in1]
create_clock -name clk2 -period 15 [get_ports clk_in1]
```

在这种情况下，第二条命令将覆盖第一条命令，最终 clk2 会生效。如果需要让两个时钟同时有效，则可以在第二条命令上添加-add 参数，如下所示。

```
create_clock -add -name clk2 -period 15 [get_ports clk_in1]
```

这样，两个时钟 clk1 和 clk2 将同时生效。

在同类型的时序例外约束中，如果目标路径的定义不完全相同，则目标路径定义得越详细，优先级越高。这是因为更具体的约束能够更准确地描述设计的需求和限制，从而提供更优的性能和可靠性。在设计优化过程中，选择不同的路径过滤选项和对象类型来调整约束的具体性是非常重要的一个因素。因此，在设计时必须注意约束的优先级和具体性。

例如，某个工程中有以下两条约束命令。

```
set_max_delay 12 -from [get_clocks clk1] -to [get_clocks clk2]
set_max_delay 15 -from [get_clocks clk1]
```

由于第一条命令的约束范围更窄，定义更详细，因此第一条最大延时约束命令有效。最终，所有源时钟为 clk1 且目标时钟为 clk2 的路径的最大延时为 12ns。

对于对象的约束优先级，引脚/单元/端口的优先级高于时钟的优先级。举例如下。

```
set_max_delay -datapath_only -form [get_cells FF1] -to [get_cells FF2]  5
set_max_delay -datapath_only -form [get_clocks clk1] -to [get_clocks clk2] 10
```

虽然第二条约束命令覆盖的范围包括了第一条路径，但由于在同类型约束中，时钟的优先级最低，因此第二条最大延时约束命令不生效。工具会按照第一条约束命令的最大延时 5ns 来进行布局布线。

路径过滤选项的优先级从高到低的顺序如下。

（1）-from -through -to。

（2）-from -to。

（3）-from -through。

（4）-from。

（5）-through -to。

（6）-to。

（7）-through。

例如，某个工程中有以下两条约束命令。

```
set_max_delay 12 -from [get_cells FF1]
set_max_delay 5 -to [get_cells FF2]
```

由于-from 选项的优先级高于-to 选项的优先级，因此第一条最大延时约束命令生效，寄存器 FF1 到寄存器 FF2 路径的最大延时为 12ns。

需要特别注意的是，即使时钟用于更详细的过滤条件，它的优先级仍然低于引脚/单元/端口的优先级。例如，工程中有以下两条约束命令。

```
set_max_delay 12 -from [get_cells inst0] -to [get_cells inst1]
set_max_delay 15 -from [get_clocks clk1] -through [get_pins hier0/p0] -to [get_cells inst1]
```

虽然第二条命令的过滤条件更详细，但由于它使用了时钟作为约束对象，优先级依旧比第一条命令低。因此，第一条最大延时约束命令生效。

7.5.2　不同类型约束优先级

当不同类型的约束应用到同一路径时，最终生效的约束由其优先级决定。时序例外约束的优先级从高到低依次如下。

（1）时钟分组约束（set_clock_groups）。

（2）虚假路径约束（set_false_path）。

（3）最大/最小延时约束（set_max_delay/set_min_delay）。

（4）多周期路径约束（set_multicycle_path）。

例如，工程中有以下约束。

```
set_false_path -from clk1 -to clk2
set_multicycle_path 3 -from [FF1] -to [FF2]
```

在上述示例中，虽然多周期路径约束出现在虚假路径约束之后，但由于虚假路径约束的优先级更高，因此虚假路径约束生效，工具会忽略该路径的时序分析，而不是应用多周期路径约束。

虚假路径约束、最大/最小延时约束和多周期路径约束之间的优先级可以使用-reset_path 参数进行更改。当约束中使用-reset_path 参数时，只有当两个约束使用完全相同的-from/-to/-through 参数定义时，最大/最小延时或多周期路径的约束才能覆盖之前定义的虚假路径约束或其他延时约束。这是为了确保设计的正确性和性能，避免由约束冲突导致的设计错误。在进行时序分析和优化时，必须注意这些约束的优先级和使用方式。

例如，工程中有以下约束。

```
set_false_path -from [get_clocks clkA] -to [get_clocks clkB]
set_max_delay 1 -from [get_clocks clkA] -to [get_clocks clkB] -
reset_path
```

在这种情况下，时钟 clkA 和时钟 clkB 之间的路径同时被虚假路径和最大延时约束。虽然虚假路径约束的优先级更高，但由于最大延时约束使用了-reset_path 参数，因此它将覆盖虚假路径约束，使最大延时约束生效。

假设工程中有以下约束。

```
set_false_path -from [get_clocks clkA] -to [get_clocks clkB]
set_max_delay 1 -from [get_pins reg0/CLK] -to [get_pins reg1/D] -
reset_path
```

在这种情况下，reg0/CLK 和 reg1/D 之间的路径同时被虚假路径约束和最大延时约束覆盖。虽然最大延时约束使用了-reset_path 参数，但由于没有使用相同的-from/-to 参数，因此最大延时约束无法覆盖虚假路径约束。最终虚假路径约束生效。

需要注意的是，时钟分组约束（set_clock_groups）具有最高优先级，即使使用-reset_path

参数也不能被覆盖。

此外，总线偏斜约束（set_bus_skew）不影响上述优先级，且不会与其他约束冲突。原因在于总线偏斜约束是作用于路径与路径之间的约束，而不是作用于单条路径上的约束，关于该约束的用法可以参考第 8 章的相关内容。

在进行时序例外约束时，尽量避免在同一路径上使用多个时序例外约束，这样可以避免时序分析结果依赖优先级规则，并且更容易验证约束的效果。综合完成后，可以使用 report_exceptions 命令来验证约束的时序例外路径。该命令会报告哪些时序异常被覆盖或被忽略。

7.6　时序例外约束中的等价约束

至此，时序约束中的重要命令已经全部讲解完毕。通过前面的介绍，善于总结的读者可能已经发现，有些约束实际上可以被其他约束替代，即不同的约束可以实现相同的效果。

为了加深读者对时序例外约束的理解，并让读者更深入地了解时序例外约束的本质，下面通过几个实例总结一下时序例外约束中的等价约束。

1. set_clock_groups 与 set_false_path 等价约束

当 set_false_path 的约束对象为源时钟到目标时钟及目标时钟到源时钟时，可以用 set_clock_groups -asynchronous 来替代。例如，工程中有以下虚假路径约束。

```
set_false_path -from [get_clocks clk1] -to [get_clocks clk2]
set_false_path -from [get_clocks clk2] -to [get_clocks clk1]
```

此时，可以将其等价替代为

```
set_clock_groups -name clk_group -asynchronous -group [get_clocks clk1]
-group [get_clocks clk2]
```

两种约束方式都会让时序分析工具忽略 clk1 和 clk2 之间的时序分析。从对时序分析工具的影响和最终结果来看，这二者完全等价。

2. set_max_delay/set_min_delay 与 set_multicycle_path 等价约束

当 set_max_delay 的值与 set_multicycle_path 中路径建立关系的捕获沿与发送沿的时间差相等，且 set_min_delay 的值与 set_multicycle_path 中路径保持关系的捕获沿与发送沿的时间差相等时，可以用 set_max_delay/set_min_delay 替代 set_multicycle_path。例如，在同一时钟域下，有以下多周期路径约束。

```
set_multicycle_path -setup 2 -from [get_cells FF1] -to [get_cells FF2]
```

在多周期路径约束下，路径的建立关系中捕获沿与发送沿的时间差等于 2 个周期，即 $T_{capture\_edge}-T_{launch\_edge}=2\times T_{period}$。在保持关系中，捕获沿与发送沿的时间差等于 1 个周期，即 $T_{capture\_edge}-T_{launch\_edge}=T_{period}$。

因此，等价的最大/最小延时约束可以写为

```
set_max_delay -from [get_cells FF1] -to [get_cells FF2]  2*T_period
set_min_delay  -from  [get_cells FF1] -to [get_cells FF2]  T_period
```

相对而言，set_multicycle_path 在多周期路径约束中更为简洁方便，它会自动计算建立时间触发沿和保持时间触发沿。set_max_delay/set_min_delay 则更加灵活，约束值可以不局限于时钟周期的整数倍，且它还能约束非时序路径。

3. set_input_delay 与 set_multicycle_path 等价约束

第 5 章中分析了输入信号接口约束，源同步输入 SDR 直接捕获模式是在正常捕获模式的基础上，将建立/保持关系的捕获沿向左移动 1 个周期，如图 7.27 所示。

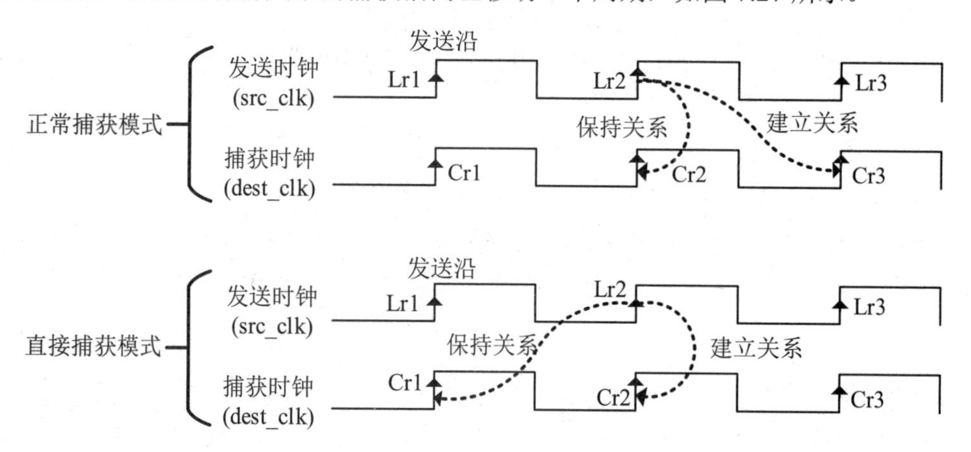

图 7.27 源同步输入 SDR 直接/正常捕获模式的建立/保持关系

在正常捕获模式和直接捕获模式的输入约束模板中，通过设置不同的输入延时来调整捕获沿与发送数据之间的关系。例如：

源同步 SDR 正常捕获模式的输入延时约束为

```
    set_input_delay  -clock  $input_clock  -max  $skew_are     [get_ports
$input_ports]
```

```
set_input_delay -clock $input_clock -min -$skew_bre [get_ports $input_ports]
```

源同步 SDR 直接捕获模式的输入延时约束为

```
set_input_delay -clock $input_clock -max [expr $input_clock_period + $skew_are] [get_ports $input_ports]
set_input_delay -clock $input_clock -min [expr $input_clock_period - $skew_bre] [get_ports $input_ports]
```

直接捕获模式的输入延时值比正常捕获模式大了 1 个周期，使捕获沿在建立/保持关系中向左移动 1 个周期。因此，可以使用直接捕获模式的输入延时约束模板加上多周期路径约束（set_multicycle_path）来实现正常捕获模式的效果。

以下三条命令（直接捕获模式的输入延时约束模板+多周期路径约束）的效果等价于正常捕获模式下的输入延时约束。

```
set_input_delay -clock $input_clock -max [expr $input_clock_period + $skew_are] [get_ports $input_ports]
set_input_delay -clock $input_clock -min [expr $input_clock_period - $skew_bre] [get_ports $input_ports]
set_multicycle_path 2 -setup  -from [get_ports $input_ports]
```

通过以上几条约束命令的等价转换对比，我们可以发现，某些时序约束命令具有相同的功能或作用原理。只要掌握了时序约束命令的底层逻辑，理解其对时序计算的影响，就能做到灵活应用，并在不同的设计中以不变应万变。

第 8 章

异步路径时序约束

8.1 引言

在时序电路设计中，异步路径（跨时钟域设计）是一个无法回避的重要话题。可以说，能否合理地设计跨时钟域电路，直接决定了系统设计最终能否成功。跨时钟域的问题无法通过 RTL（寄存器传输级）仿真发现异常，通常在实际应用中电路长时间运行后才会暴露出来，因此问题的隐蔽性很强，这给设计带来了巨大的挑战。

本章将带大家了解以下内容。

（1）为什么异步路径需要做跨时钟域处理。

（2）跨时钟域处理的常见电路结构。

（3）跨时钟域时序如何进行约束。

通过这些知识，读者将能够掌握跨时钟域设计的基本原理和问题处理方法，以应对系统设计中的异步路径问题。

8.2 异步路径亚稳态处理

在 2.2 节中我们了解到，对于寄存器而言，其时序必须满足建立时间（T_{setup}）和保持时间（T_{hold}）的要求，否则就会出现亚稳态。

对于同步路径，综合布线工具可以根据时序约束调整器件位置和走线延时，使路径的时序收敛，确保目标寄存器在时钟触发沿到来之前和之后输入数据保持稳定，从而满足寄存器的建立时间和保持时间要求。这样可以有效避免亚稳态的出现。

然而，对于异步路径，源时钟和目标时钟并不是来自同一个时钟源，且两个时钟没有固定的相位关系。在这种情况下，综合布线工具无法通过调整器件位置和走线延时来使路径满足时序要求。因此，不能确保目标寄存器在时钟触发沿到来之前和之后输入数据保持稳定，当长时间运行时，目标寄存器一定会出现亚稳态。

对于异步路径引发的亚稳态问题，我们无法彻底消除，但可以通过优化电路来降低亚稳态发生的概率，并减小亚稳态对后续逻辑电路的影响。从消除亚稳态路径传播的角度来看，常用的方法是使用同步寄存器链（简称同步器，俗称“打拍”）将异步信号同步到新的时钟域。图 8.1 所示为同步寄存器链示意图。

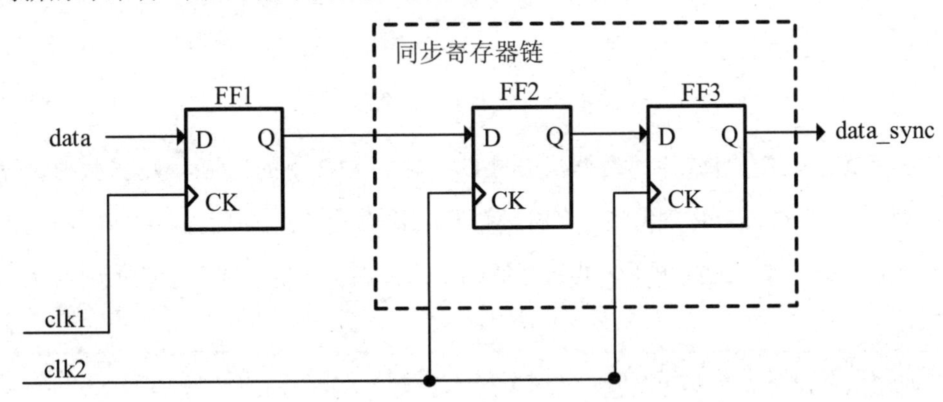

图 8.1　同步寄存器链示意图

在源时钟 clk1 的触发沿同步下，源寄存器 FF1 将数据输出给目标寄存器 FF2。clk2 时钟域下的寄存器 FF2 和寄存器 FF3 组成同步寄存器链，将 clk1 时钟域下的信号同步到 clk2 时钟域。由于 clk1 和 clk2 是异步时钟，因此当新数据到达 FF2/D 时，FF2 有如下两种可能的状态。

- 第一种状态：当新数据到达 FF2/D 时，时序满足建立时间和保持时间要求，此时 FF2 能够正常传输 FF1 送过来的数据，并将其从 FF2/D 输出到 FF2/Q。
- 第二种状态：当新数据到达 FF2/D 时，时序不满足建立时间或保持时间要求，此时 FF2 会进入亚稳态，FF2/Q 的输出处于不确定状态。此时时钟偏斜忽略不计，亚稳态时序示意图如图 8.2 所示。

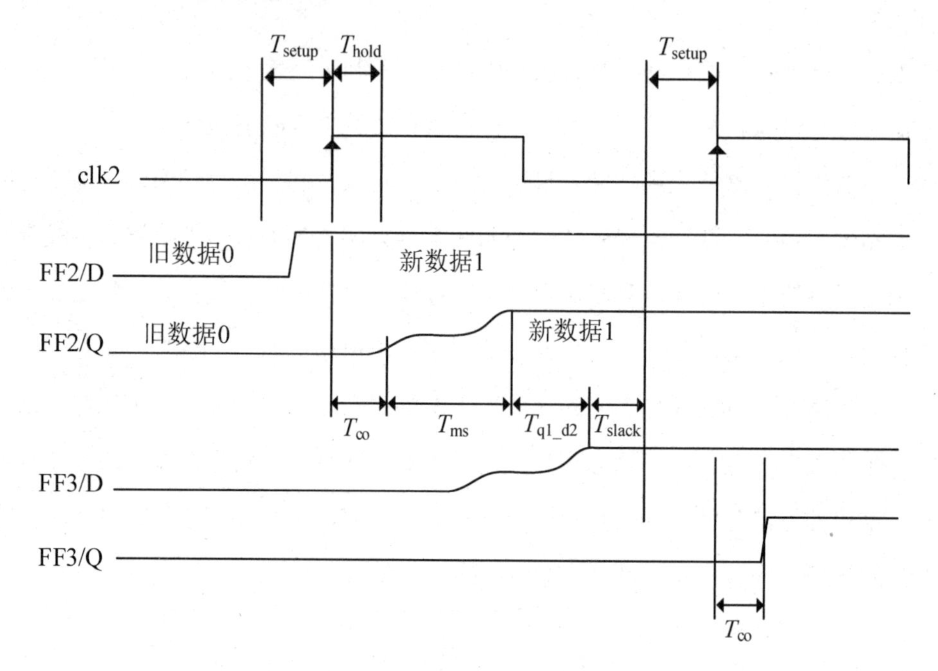

图 8.2　亚稳态时序示意图

在寄存器正常工作状态下，数据从 FF2/D 传输到 FF2/Q 的延时为 T_{co}（数据传输时间），这是寄存器的固有物理特性。在时钟触发沿到来后的 T_{co} 时间内，FF2/Q 的输出值始终等于旧数据（要么为高电平，要么为低电平），不会出现中间电平或不确定状态的情况。

然而，当寄存器进入亚稳态时，在时钟触发沿到来后的 T_{co} 时间内，FF2/Q 的输出值可能会处于中间电平（不确定状态）。在这种情况下，寄存器将维持不确定状态的时间为 $T_{co}+T_{ms}$（亚稳态持续时间）。

为了防止亚稳态传播到同步寄存器链的下一级寄存器 FF3，必须确保 FF3 在其时钟触发沿到来时，FF3/D 数据已处于稳态（非亚稳态），并且满足寄存器的建立时间和保持时间要求。

为了清晰地认识同步寄存器链的作用，我们可以简单推导一下建立时序裕量的公式。由于寄存器通常放置较近，时钟偏斜非常小，因此为了直观地理解，这里忽略时钟偏斜对建立时序裕量的影响，得到如下的建立时序裕量公式。

$$(T_{co}+T_{ms})+T_{q1\_d2}+T_{setup}+T_{slack}=T_{period}$$

根据该公式，建立时序裕量可以表示为

$$T_{slack}=(T_{period}-T_{setup})-[T_{q1\_d2}+(T_{co}+T_{ms})]$$

式中，T_{ms} 为亚稳态持续时间，T_{q1_d2} 为数据从 FF2/D 传输到 FF3/Q 的走线延时。

与第 2 章中的 reg2reg 路径建立时序裕量公式相比，这个公式多了一个延时项 T_{ms}，可以理解为在亚稳态下寄存器的 T_{co} 延时增大了。在该公式中，只要确保建立时序裕量 T_{slack} 为正值，就能够满足时序要求，确保亚稳态不会传播到下一级寄存器。

与正常状态相比，亚稳态下的数据路径布线空间被压缩了。为了使时序收敛，数据路径的延时 T_{q1_d2} 必须更小，才能满足时序要求。这也是在设计布局时，寄存器通常尽量靠近放置的原因。

亚稳态发生的概率通常使用平均无故障时间（mean time between failure，MTBF）来表示。数据的频率、时钟的频率及寄存器的工作温度、电压、辐射等因素都会对 MTBF 产生影响。MTBF 通常根据系统的应用需求来确定。对于安全系数要求较高的电子系统（如汽车自动驾驶控制系统），MTBF 要远长于安全系数要求较低的系统（如家用计算机）。延长 MTBF 有助于减小系统在信号传输过程中因亚稳态带来的风险。

MTBF 的计算公式为

$$\text{MTBF} = \frac{e^{t_{MET}/C_2}}{C_1 f_{clk} f_{data}}$$

式中，C_1 和 C_2 是与电气有关的常数；f_{clk} 为寄存器的时钟频率；f_{data} 为寄存器输入数据的频率，也可以理解为数据跳变频率；t_{MET} 为系统不发生亚稳态传播的建立时序裕量。

从 MTBF 的计算公式可以看出，对于特定的 FPGA 器件，f_{clk} 增大或 f_{data} 增大，都会导致 MTBF 缩短，系统的可靠性降低。然而，需要注意的是，亚稳态发生的概率与寄存器的时钟频率无关，但 MTBF 与寄存器的时钟频率密切相关。在其他条件不变的情况下，增大 t_{MET} 可以延长 MTBF，使系统更加可靠。要使 t_{MET} 更大，可以减小 T_{q1_d2}（寄存器之间的布线延时）。

根据 MTBF 的计算公式，有以下三种方法可以延长 MTBF。

（1）优化工艺参数：通过减小电气常数 C_1 和减小电气常数 C_2，可以延长 MTBF。这些参数与器件的工艺相关。升级到更先进的工艺节点（如从 14nm 提升到 7nm）可以使晶体管运行得更快，进而让亚稳态信号更快地稳定。

（2）降低时钟频率和数据跳变频率：通过在设计阶段降低寄存器的时钟频率和输入数据的跳变频率，可以显著延长 MTBF。此外，这种设计还能减少功耗，提高系统的整体效率。

（3）增大 t_{MET}：通过在设计中约束寄存器，使它们尽量靠近，减小信号延时，从而增大 t_{MET}。此外，采用多级同步寄存器链（如 3～5 级的同步寄存器链）也能增大 t_{MET}，进一步延长系统的 MTBF。在大多数 FPGA 设计中，两级同步寄存器链通常可以满足设计需求，但在对安全性要求更高的系统中，使用更多级的同步寄存器链有助于进一步提高可靠性。

通过这三种方法，可以显著延长系统的 MTBF，降低由亚稳态导致系统故障的风险。

对于异步路径来说，即使电路设计已经进行了同步处理，如果不对该路径施加额外的时序约束，那么时序分析工具默认仍会进行时序分析，从而导致误报，影响综合结果。在 FPGA 中，异步路径约束主要包括以下四条命令。

- set_clock_groups：设置异步时钟组，时序分析工具将忽略不同异步时钟组之间的时序路径。
- set_false_path：设置虚假路径，时序分析工具将忽略被标记为虚假路径的时序路径。
- set_max_delay -datapath_only：设置数据路径的最大延时，优化寄存器的布局，以减小数据布线延时，降低亚稳态的发生概率。
- set_bus_skew：对多比特跨时钟域信号路径设置总线偏斜，以防止相对延时过大。

set_clock_groups、set_false_path、set_max_delay 的使用方法已在前面章节详细介绍，下面将重点讲解 set_bus_skew 命令的使用方法，以及不同的跨时钟域处理电路的约束技巧。

8.3 总线偏斜约束

8.3.1 总线偏斜约束简介

set_bus_skew 命令用于在跨时钟域路径中设置一个最大偏斜要求，可以确保总线上每个信号的传输延时差维持在一定范围内。该命令的一个典型应用场景是在异步 FIFO 中使用的格雷码。格雷码的特性是跨时钟域时只有一比特变化，但若多比特格雷码信号的跨时钟域路径的偏斜较大，则可能导致在目标时钟域看到多比特同时跳变，如从“00”直接变为“11”。若比特 0 的延时比比特 1 的延时大且超过一个目标时钟周期，就会出现此情形。因此，我们通过 set_bus_skew 命令来控制多比特格雷码信号的偏斜，使其小于一个目标时钟周期。

总线偏斜约束值必须保持在一个合理范围内，Xilinx 官方建议使用大于源时钟和目标时钟最小周期一半的值。具体的总线偏斜约束值还取决于跨时钟域拓扑结构，常见的跨时钟域拓扑结构如下。

（1）应用在异步 FIFO 中的格雷码转换同步电路。

（2）带数据使能的多比特数据同步电路。

尽管 set_bus_skew 命令能够在同步时钟域中设置总线偏斜约束，但此举通常是不必要的。这是因为同步路径的建立时间和保持时间检查已足以确保时序符合要求。

重要的是要理解，总线偏斜约束是一种时序断言，而非时序例外约束。因此，它不会受到 set_clock_group、set_false_path、set_max_delay 或 set_multicycle_path 等时序例外约束的影响。

8.3.2　总线偏斜约束命令详解

set_bus_skew 命令的基本语法如下。

```
set_bus_skew [-from <args>] [-to <args>] [-through <args>] <value>
```

各参数的具体含义如下。

- -from<args>：指定约束路径的有效起点列表，起点可以是时钟源，或者是时序器件（如寄存器或 RAM）的时钟引脚。
- -to<args>：指定约束路径的有效终点列表，终点可以是目标时钟，或者是时序器件（如寄存器或 RAM）的数据引脚。需要注意，set_bus_skew 命令不支持针对输入（或双向）端口路径的约束。
- -through<args>：指定约束路径中的有效节点列表，节点可以是有效引脚或网络。
- <value>：指定总线偏斜的大小。

例如，若要约束时钟 clk1 到时钟 clk2 之间的异步路径的最大延时为 5ns，则命令如下。

```
set_bus_skew -from [get_clocks src_clk] -to [get_clocks dest_clk] 5
```

也可以约束指定的具体总线路径，例如：

```
set_bus_skew -from [get_cells src_reg*] -to [get_cells dest_reg*] 5
```

虽然-from<args>和-to<args>参数可以指定源时钟和目标时钟，但建议尽量指定具体的起点和终点列表，以确保约束路径的合理性。这样做不仅可以避免过多路径被约束，还能确保每个约束都能被有效应用并合理满足时序要求。

8.3.3 总线偏斜约束报告解读

由于总线偏斜约束属于时序断言，因此查询相关的总线偏斜约束报告与查询普通的时序路径报告有所不同。打开总线偏斜约束报告的方法有如下两种。

（1）通过 Vivado GUI：在 Vivado 菜单栏中选择 Reports→Timing→Report Bus Skew 选项，如图 8.3 所示。在弹出的参数选择窗口中使用默认配置，单击 OK 按钮即可列出所有约束的总线偏斜路径。双击其中的一条路径，即可查看详细的报告信息。

（2）通过 TCL 终端：在 Vivado 的 TCL 终端中运行 report_bus_skew 命令，即可生成总线偏斜约束报告。

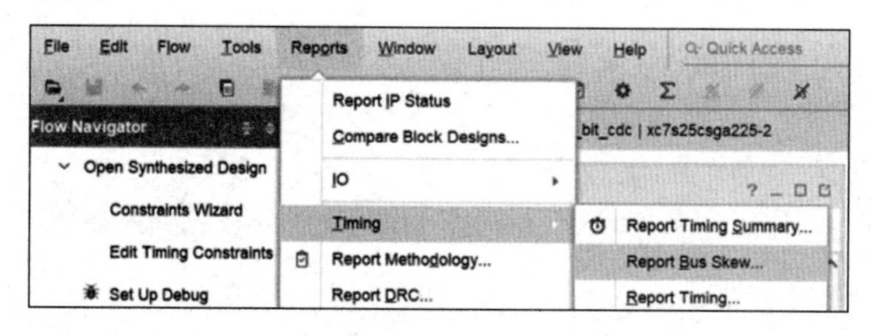

图 8.3　打开总线偏斜约束报告的一种方法

总线偏斜约束报告的概述部分如图 8.4 所示，报告中需要重点关注下列信息。

- Path Type：当前报告的类型。
- Requirement：总线偏斜约束值。
- Relative Delay：当前路径的延时大小。
- Relative CRPR：时钟重合悲观消除（CRPR）补偿参数。
- Actual Bus Skew：最终计算出的总线偏斜大小。

最终的总线偏斜计算公式为

当前路径总线偏斜=当前路径延时-参考路径延时-CRPR

其中，当前路径延时的计算公式为

当前路径延时=源时钟路径延时+数据路径延时-目标时钟路径延时

总线偏斜约束报告的路径延时部分如图 8.5 所示。

Endpoint Summary	
Name	Path 5
Slack	0.027ns
Source	data_reg[1]/C (rising edge-triggered cell FDCE clocked by clka)
Destination	dest_data_reg[1]/D (rising edge-triggered cell FDCE clocked by clkb)
Path Type	Bus Skew (Max at Slow Process Corner)
Requirement	0.500ns (clkb rise@0.000ns - clka rise@0.000ns)
Relative Delay	1.234ns
Relative CRPR	0.663ns
Actual Bus Skew	0.473ns
Data Path Delay	0.850ns (logic 0.379ns (44.596%) route 0.471ns (55.404%))
Logic Levels	0
Clock Domain Crossing	Inter clock paths are considered valid unless explicitly excluded by timing constraints such as set_clock_groups or set_false_path.

图 8.4　总线偏斜约束报告的概述部分

Source Clock Path

Delay Type	Incr (ns)	Path (ns)	Location	Netlist Resource(s)
(clock clka rise edge)	(r)...00	0.000		
	(r)...00	0.000	Site: P14	clka_i
net (fo=0)	0.000	0.000		clka_i
IBUF (Prop_ibuf_I_O)	(r)...93	0.893	Site: P14	clka_i_IBUF_inst/O
net (fo=1, routed)	1.687	2.580		clka_i_IBUF
BUFG (Prop_bufg_I_O)	(r)...81	2.661	Site: BU...RL_X0Y0	clka_i_IBUF_BUFG_inst/O
net (fo=20, routed)	1.429	4.089		clka_i_IBUF_BUFG
FDCE			Site: SLICE_X0Y10	data_reg[1]/C

Data Path

Delay Type	Incr (...	Path...	Location	Netlist Resource(s)
FDCE (Pr...dce_C_Q)	(r)...79	4.468	Site: SLICE_X0Y10	data_reg[1]/Q
net (fo=1, routed)	0.471	4.939		data_reg_n_0_[1]
FDCE			Site: SLICE_X0Y9	dest_data_reg[1]/D

Destination Clock Path

Delay Type	Incr (...	Path...	Location	Netlist Resource(s)
(clock clkb rise edge)	(r)...00	0.000		
	(r)...00	0.000	Site: N12	clkb_i
net (fo=0)	0.000	0.000		clkb_i
IBUF (Prop_ibuf_I_O)	(r)...81	0.781	Site: N12	clkb_i_IBUF_inst/O
net (fo=1, routed)	1.599	2.380		clkb_i_IBUF
BUFG (Prop_bufg_I_O)	(r)...77	2.457	Site: BU...RL_X0Y1	clkb_i_IBUF_BUFG_inst/O
net (fo=12, routed)	1.321	3.778		clkb_i_IBUF_BUFG
FDCE			Site: SLICE_X0Y9	dest_data_reg[1]/C
clock pessimism	0.000	3.778		
FDCE (Set...dce_C_D)	-0.073	3.705	Site: SLICE_X0Y9	dest_data_reg[1]
Relative Delay		1.234		

图 8.5　总线偏斜约束报告的路径延时部分

8.4　单比特总线跨时钟域路径约束

在 8.2 节中，我们了解到，为了消除亚稳态路径的传播，可以使用同步寄存器链将异步信号同步到新的时钟域。在 FPGA 中，通常使用两级同步寄存器链即可满足大多数设计需求。

单比特信号根据信号类型可分为状态型信号和脉冲型信号。对于状态型信号，直接进行两级打拍即可实现同步。对于脉冲型信号，跨时钟域的电路设计通常分为以下三个步骤。

（1）在源时钟域展宽信号：确保脉冲型信号在源时钟域内持续足够的时间，以便能够被目标时钟域捕获。

（2）在目标时钟域打拍同步：将展宽后的信号通过两级同步寄存器链同步到目标时钟域，确保信号在跨时钟域时不出现亚稳态。

（3）在目标时钟域取沿转换：在目标时钟域对打拍后的信号进行边沿检测，将其转换为单脉冲型信号，以适应目标时钟域的控制逻辑。

典型的脉冲型信号跨时钟域电路结构如图 8.6 所示。

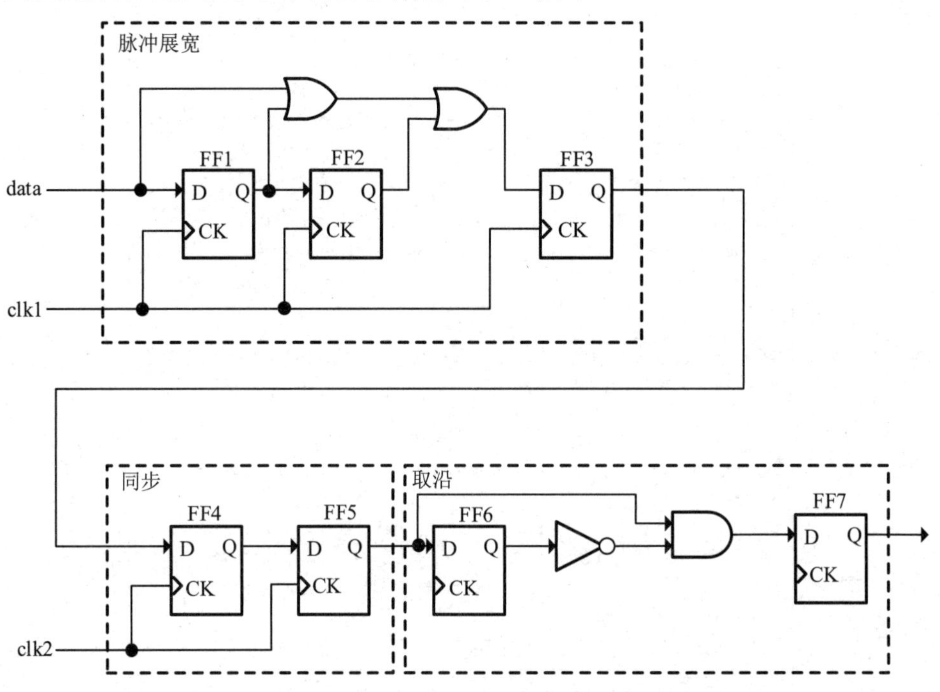

图 8.6　典型的脉冲型信号跨时钟域电路结构

并不是所有类型的脉冲型信号都需要遵循上述三个步骤，可以根据实际信号特性进行取舍。例如：

- 如果信号是宽脉冲型信号（脉宽大于 2 个目标时钟周期），则不需要进行第一步的信号展宽，直接打拍同步后取沿即可。
- 如果信号是窄脉冲型信号（脉宽小于 2 个目标时钟周期），则需要在源时钟域对信号进行展宽处理，否则在目标时钟域可能无法正确采集到信号，导致信号丢失。

对于单比特异步路径的时钟约束处理，如果是低频非关键的单比特信号，那么可以直接使用异步时钟组约束或虚假路径约束，让时序分析工具忽略跨时钟域路径的时序检查。参考约束命令如下。

（1）使用异步时钟组约束。

```
set_clock_groups -name clk_group -asynchronous
-group [get_clocks clk1]
-group [get_clocks clk2]
```

（2）使用虚假路径约束。

```
set_false_path -from [get_clocks clk1] -to [get_clocks clk2]
```

如果是高频关键信号，那么建议将异步路径约束为最大延时，确保跨时钟域的路径尽可能短。这是因为在关键路径上，过长的传输路径会导致更大的延时，从而影响整体传输效率和系统性能。参考约束命令如下。

```
set_max_delay  -datapath_only  -from  [get_pins  src_ff1_reg/Q]  -to
[get_pins dest_ff2_reg/D] 5
```

这条约束命令确保数据路径的最大延时为 5ns，从而使跨时钟域的路径在布局时保持较小的延时，提高关键路径的时序性能。

对于打拍寄存器之间的约束，需要确保它们尽量靠得特别近，以减小亚稳态的影响。因为寄存器之间的延时越小，目标寄存器采样时越接近亚稳态的后半段，这有助于阻断亚稳态。可以使用 set_max_delay -datapath_only 命令来约束寄存器之间的路径延时，确保延时尽可能小。

在 Vivado 中，为了在布局布线过程中更好地处理跨时钟域的打拍寄存器，官方建议在 RTL 代码中为打拍寄存器声明 ASYNC_REG 属性。此属性的作用是告知工具这些寄存器用于跨时钟域同步。Vivado 在综合时会将具有 ASYNC_REG 属性的寄存器视为“DONT_TOUCH”，确保这些对象不会被优化掉。此外，在后续的布局布线过程中，工具会让声明为 ASYNC_REG 属性的寄存器尽量靠近放置，以优化时序性能。

例如，假设 FPGA 的内部跨时钟域信号由两级同步寄存器链 clkb_sync[1:0]进行同步，则可以使用以下方式进行声明。

```
(* ASYNC_REG="TRUE" *) reg  [1:0]  clkb_sync
```

图 8.7 所示为声明了 ASYNC_REG 属性的寄存器在布局之后的结果。作为对比，不声明 ASYNC_REG 属性的寄存器在布局之后的结果如图 8.8 所示。

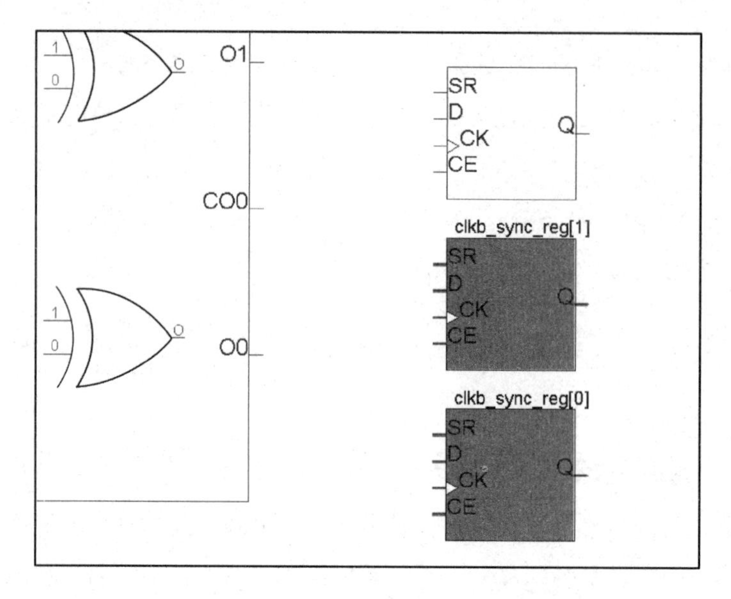

图 8.7　声明了 ASYNC_REG 属性的寄存器在布局之后的结果

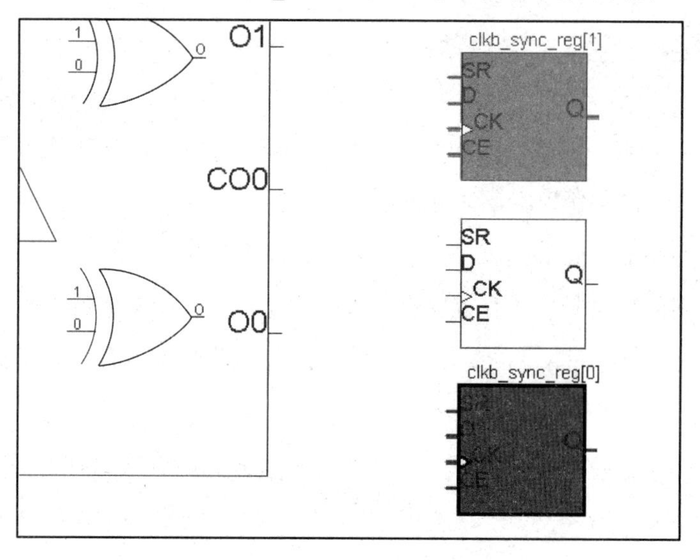

图 8.8　不声明 ASYNC_REG 属性的寄存器在布局之后的结果

从布局之后的结果对比可以明显看出，声明了 ASYNC_REG 属性的寄存器被布局布线工具紧密地放在一起，从而将它们的数据路径延时降到最小。这种布局方式有助于减小亚稳态的发生概率，提高跨时钟域同步的可靠性。

此外，如果条件允许，也可以将发送异步数据的寄存器与同步寄存器链上的寄存器一起声明为 ASYNC_REG 属性。在寄存器数量允许的情况下，布局布线工具将尽量把这些寄存器放在同一个 slice 中，从而基本消除布线延时对时序的影响。这样可以确保跨时钟域的时序处于最理想的状态，进一步优化系统性能。

8.5 多比特总线跨时钟域路径约束

多比特总线能否像单比特总线跨时钟域那样，简单地通过打拍和声明异步时钟组就可以实现同步呢？我们可以通过以下例子来进行分析。

图 8.9 所示为多比特数据打拍结构示意图。在 clk1 时钟域下，FF1 将 data[0]同步输出并发送给 FF2，FF4 将 data[1]同步输出并发送给 FF5。在 clk2 时钟域下，FF2 和 FF3 对 data[0]进行打拍同步，输出同步后的信号 data_sync[0]；FF5 和 FF6 对 data[1]进行打拍同步，输出同步后的信号 data_sync[1]。最终，data_sync[0]和 data_sync[1]作为组合逻辑的输入，决定后续逻辑状态。

图 8.10 所示为多比特数据打拍同步时序图。假设 data[1:0]的初始值为 2'b10，在 clk2 的上升沿时刻（不满足寄存器的建立或保持时间要求），data[1:0]在同步寄存器链的输入端变为 2'b01。此时，FF2 和 FF5 都可能进入亚稳态，最终稳定输出的状态未知。这可能导致 FF2 在亚稳态后输出正常值 1，使同步后的信号 data_sync[0]=1，而 FF5 在亚稳态后输出非正常值 1，使同步后的信号 data_sync[1]=1。这样，最终总线 data_sync[1:0]会出现异常值 2'b11，从而导致传输错误。

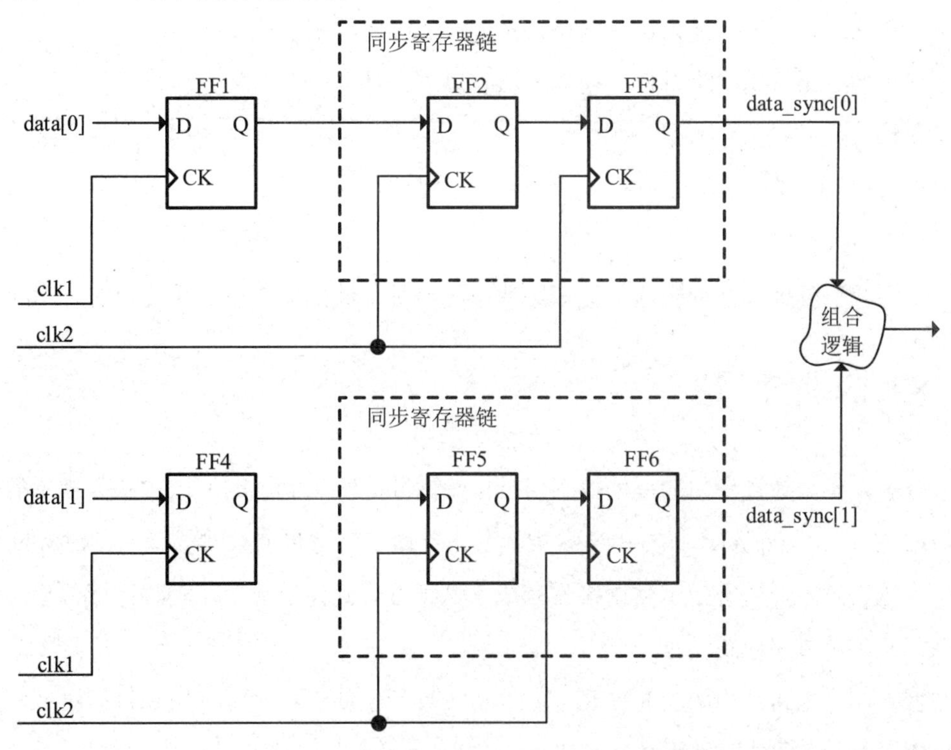

图 8.9　多比特数据打拍结构示意图

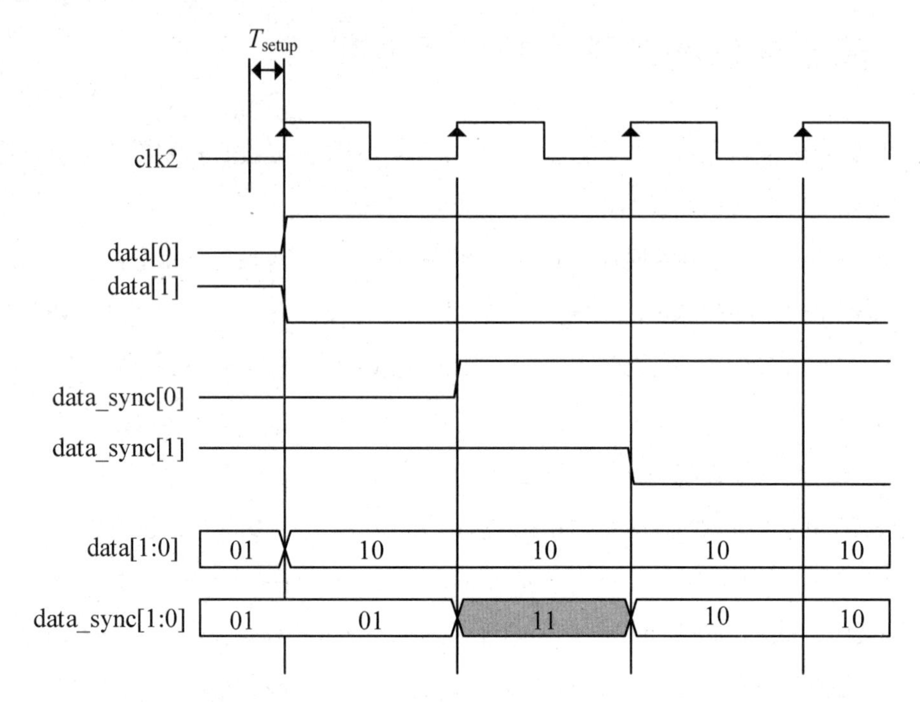

图 8.10　多比特数据打拍同步时序图

为了防止多比特总线信号在跨时钟域的异步路径中出现传输异常的情况，需要设计特殊的电路进行处理，并为这些电路设置相应的时序约束。

常用的多比特总线跨时钟域处理方法有以下三种。

（1）握手同步。

（2）异步 FIFO 同步。

（3）使能同步。

下面我们分别详细分析这三种多比特总线跨时钟域处理方法及其对应的时序约束。

8.5.1　握手同步

握手同步是通过专用的握手控制信号（req/valid 和 ack/ready）进行状态指示的跨时钟域通信方式。req/valid 信号由发送逻辑发出，用于指示数据有效状态；ack/ready 信号由接收逻辑发出，用于指示数据接收完成。这种方式确保了数据在跨时钟域传输时的可靠性，避免了时序问题。

握手同步电路结构如图 8.11 所示。图 8.11 展示了如何在源时钟域和目标时钟域之间通过握手控制信号进行数据传输和确认。

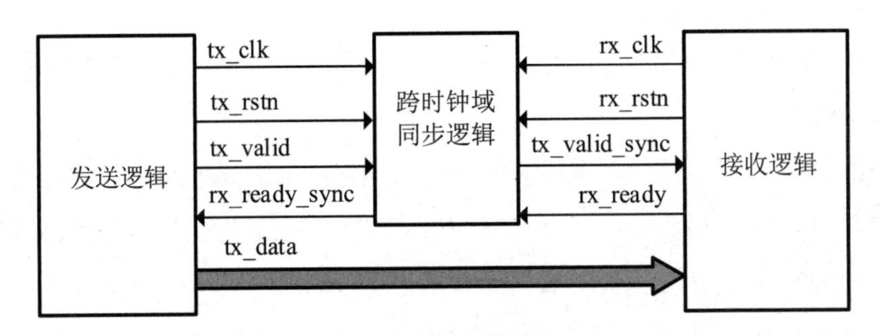

图 8.11　握手同步电路结构

握手同步的具体步骤如下。

（1）当发送数据 tx_data 输出有效时，发送逻辑将 tx_valid 信号置为高电平，并且此时 tx_data 必须保持稳定不变。

（2）在跨时钟域同步逻辑中，使用其工作时钟 rx_clk 对 tx_valid 信号进行同步，得到同步后的信号 tx_valid_sync。

（3）当接收逻辑检测到 tx_valid_sync 信号有效时，意味着 tx_data 已安全进入 rx_clk 时钟域，接收逻辑可以使用 rx_clk 对其进行采样，得到正确的数据 rx_data。从此时起，接收逻辑内的操作就处于同一时钟域。

（4）当接收逻辑正确采样到数据后，接收逻辑将 rx_ready 信号置为高电平，表示数据已接收完成，并将该信号输出到跨时钟域同步逻辑。

（5）在跨时钟域同步逻辑中，使用时钟 tx_clk 对 rx_ready 信号进行同步，得到同步后的信号 rx_ready_sync。

（6）当发送逻辑检测到 rx_ready_sync 为高电平时，将 tx_valid 置为低电平，表示当前数据传输结束。

（7）当接收逻辑检测到 tx_valid_sync 为低电平时，将 rx_ready 置为低电平。

（8）发送逻辑在检测到 rx_ready_sync 为高电平后，表示整个握手过程结束，发送逻辑可以开始新的数据传输。

如果只进行到第（6）步，发送逻辑在接收到 rx_ready_sync 信号后即开始新的数据传输，那么这种模式称为半握手模式。半握手模式速度较快，但在使用时需要谨慎，若操作不当可能会导致错误。在从低频时钟域向高频时钟域传输数据时，半握手模式较为适用，因为接收逻辑可以更快速地完成操作。然而，当从高频时钟域向低频时钟域传输数据时，需要采用完整的握手模式，以确保数据传输的可靠性。

握手同步时序约束思路如下。

- 对于握手同步，valid 和 ready 信号属于单比特跨时钟域信号，需要约束打拍寄存器的最大延时。
- 数据传输部分的时序约束需要结合 bus_skew 和 max_delay 进行处理，确保多比特数据同步时的延时在允许范围内。具体的约束思路可参考类似的 DMUX 同步约束。

握手同步通常应用于不同时钟域之间传输少量数据的场景。与异步 FIFO 同步相比，握手同步占用的硬件资源更少，适用于较小的数据传输场景。

8.5.2 异步 FIFO 同步

异步 FIFO（Asynchronous FIFO）常用于在不同时钟域之间进行数据包的传输，特别适用于大数据量的跨时钟域传输。异步 FIFO 的内部结构示意图如图 8.12 所示。

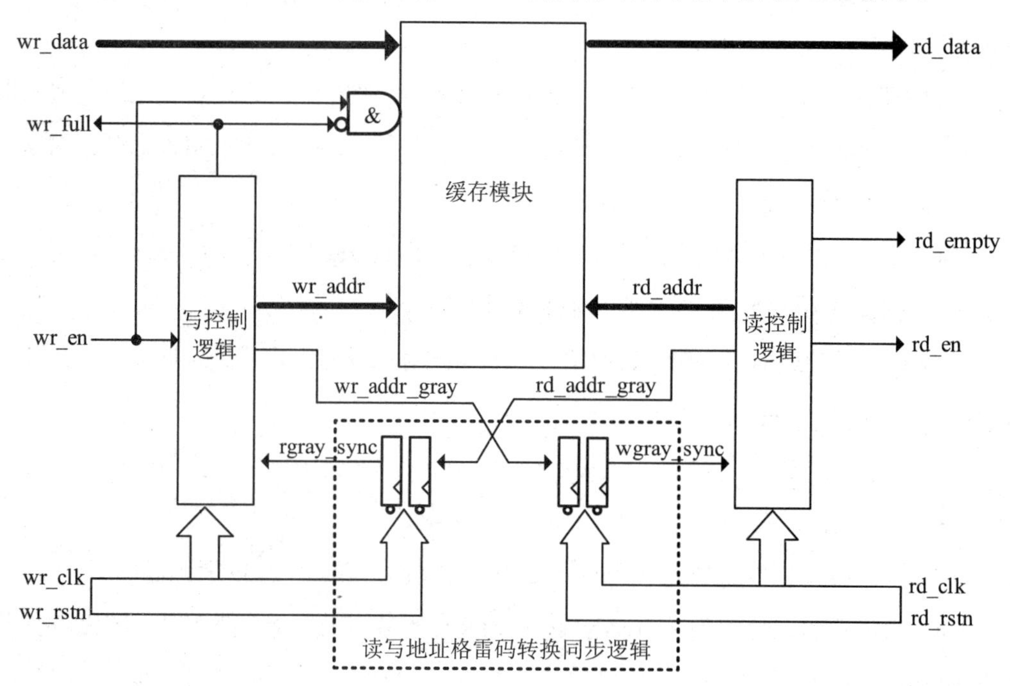

图 8.12　异步 FIFO 的内部结构示意图

从图 8.12 中可以看出，一个异步 FIFO 主要由以下四个部分组成。

（1）缓存模块：通常由双口 RAM 或寄存器组成，用于缓存数据传输过程中产生的数据。

（2）写控制逻辑：负责产生写缓存模块的有效信号，包括 FIFO 满标志位和写地址的生成。

（3）读控制逻辑：负责产生读缓存模块的有效信号，包括 FIFO 空标志位和读地址的生成。

（4）读写地址格雷码转换同步逻辑：负责将写地址和读地址在不同时钟域之间进行转换和同步。

在这些模块中，只有读写地址格雷码转换同步逻辑涉及跨时钟域的异步路径。因此，异步 FIFO 的跨时钟域问题实际上主要归结为读写地址跨时钟域转换的问题。

为什么读写地址要转换为格雷码后再进行传输呢？

在实现电路时，无法做到所有地址总线长度完全一致，因此地址总线的路径延时差异必然存在。而且写地址和读地址分别属于不同时钟域，读写时钟完全异步。因此，在进行地址总线同步的过程中，出错是不可避免的。举个例子，假设写地址在从二进制的 0111 跳变到 1000 时，4 条地址线会同时跳变。当读时钟域对写地址进行同步处理时，由于异步时钟关系，读时钟域可能同步到一个不确定的写地址值，可能是 0000～1111 之间的任意值，具体取决于哪几条地址线发生亚稳态，以及亚稳态后的稳态。在这种情况下，读时钟域接收到的写地址值是不可预测的，从而导致 FIFO 在判断空状态时出错。

如果在同步之前，将写地址从二进制码转换为格雷码，则情况会大大改善。格雷码的特点是当连续计数时，相邻的两个值之间只有一位发生变化。例如，当写地址从 0111 跳变到 1000 时，格雷码表示从 0100 变为 1100，如表 8.1 所示，这意味着只有最高位发生变化，而不是 4 位同时变化。由于跨时钟域时只有一位跳变，因此地址同步的错误概率大大降低。在这种情况下，写地址同步的情况仅限于以下两种。

（1）地址同步正确：在读时钟域中，写地址格雷码从 0100 正确地同步到 1100。这种情况是设计者希望看到的。

（2）地址同步出错：如果同步过程中出现错误，最坏的情况是最高位跳变错误，导致写地址仍保持为 0100，未发生变化。此时，尽管写时钟域的实际写地址已经变为 1100，但读时钟域的同步地址仍为 0100。由于读时钟域仅依赖同步后的写地址判断 FIFO 是否为空，即使同步出错，最坏的结果也只是错误地认为 FIFO 为空，而不会导致数据丢失或空读情况发生。这保证了即使同步出错，FIFO 功能仍然是正确的。

格雷码的优势在于，它在相邻跳变时仅有一位发生变化。然而，这一特性仅在相邻的两个周期内有效。如果地址总线的路径延时（地址总线偏斜）超过一个周期，则格雷码可能会出现多位同时跳变的情况。这时，格雷码就失效了，无法保证同步后的地址只有 1 位跳变，可能导致同步错误无法被正确处理。因此，为了充分发挥格雷码的优势，必须确保地址总线偏斜不超过一个周期。

表 8.1　4 位格雷码转换表

十进制数	4 位二进制码	4 位格雷码
0	0000	0000
1	0001	0001
2	0010	0011
3	0011	0010
4	0100	0110
5	0101	0111
6	0110	0101
7	0111	0100
8	1000	1100
9	1001	1101
10	1010	1111
11	1011	1110
12	1100	1010
13	1101	1011
14	1110	1001
15	1111	1000

分析异步 FIFO 的工作原理后可以得知，异步 FIFO 跨时钟域路径的时序约束主要是对内部的读写地址格雷码转换同步逻辑进行约束。格雷码异步路径的约束需要注意以下三个关键点。

（1）异步路径的源寄存器和目标寄存器的位置不能相距太远。过远的距离会影响信号传输效率。例如，源时钟周期为 5ns，目标时钟周期为 8ns，但由于设计规模较大，布线资源紧张，源寄存器到目标寄存器的路径可能为了满足其他路径的时序要求而绕线，导致最终延时达到 30ns，远远超过目标时钟周期，严重影响信号传输效率。因此，必须对最大延时进行约束，以确保传输效率。如果不进行相应的约束，则可能会导致不可预见的问题。

（2）异步路径的总线偏斜不能超过一个源时钟周期，否则格雷码的效果将不复存在。从表 8.1 可以看出，格雷码的最低位每两个周期跳变一次。如果总线偏斜超过一个源时钟周期，那么目标时钟可能会采样到非相邻的数据，导致数据传输错误。因此，确保总线偏斜在一个源时钟周期内至关重要，以保持格雷码同步的有效性。

（3）打拍寄存器之间的延时越小越好。较小的延时可以减小亚稳态发生的概率。减小打拍寄存器之间的延时有助于阻断亚稳态的传播，确保数据的稳定性。

接下来通过一个具体示例来分析格雷码异步路径的约束方法。图 8.13 所示为跨时钟域格雷码同步电路。

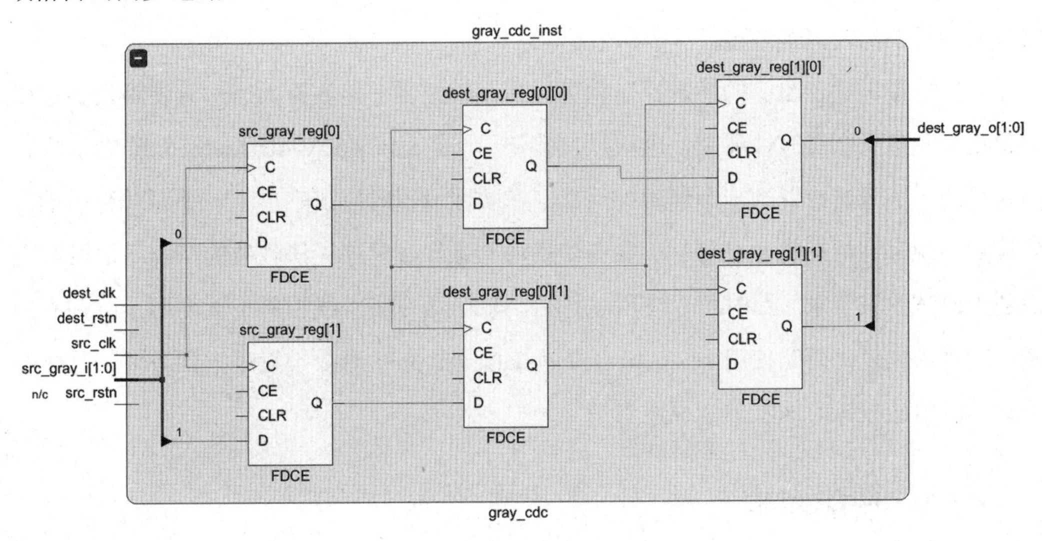

图 8.13　跨时钟域格雷码同步电路

在图 8.13 中，src_gray_reg[1:0]为 src_clk 时钟域格雷码寄存器，dest_gray_reg[0][1:0]为 dest_clk 时钟域格雷码同步寄存器链第一级，dest_gray_reg[1][1:0]为 dest_clk 时钟域格雷码同步寄存器链第二级。src_gray_reg[1:0]到 dest_gray_reg[0][1:0]为跨时钟域异步路径。如果 src_clk 的时钟周期是 5ns，dest_clk 的时钟周期是 2.5ns，那么跨时钟域异步路径上的总线偏斜应该设置为 2.5ns（目标时钟周期）。对应的总线偏斜参考约束如下。

```
set_bus_skew -from [get_cells src_gray_reg*] -to [get_cells {dest_gray_reg[0]*}] 2.500
```

为了保证跨时钟域异步路径的完整性，还需要额外设置最大延时约束，以确保源寄存器和目标寄存器之间的距离不会过大。在这种情况下，最大延时应设置为 src_clk 的时钟周期，因为跨时钟域异步路径是从慢时钟域传输到快时钟域的，需要确保总线在一个 src_clk 时钟周期内被 dest_clk 时钟域成功捕获。对应的最大延时约束如下。

```
set_max_delay -datapath_only -from [get_cells src_gray_reg*] -to [get_cells {dest_gray_reg[0]*}] 5.000
```

此外，打拍寄存器之间的最大延时也应设置得尽可能小，以减小亚稳态发生的概率。参考约束如下。

```
set_max_delay -datapath_only -from [get_cells dest_graysync_ff_reg*] -to [get_cells dest_graysync_ff_reg*] 1.5
```

打拍寄存器之间的最大延时根据实际情况设置得越小越好。同时，建议将打拍寄存器声明为 ASYNC_REG 属性，这样布局布线工具会将打拍寄存器的位置尽量靠近，从而将数据路径的延时降到最小。

总的来说，异步路径的源寄存器和目标寄存器位置不能放置太远，异步路径的总线偏斜不能超过一个源时钟周期，也可以直接使用 set_max_delay -datapath_only 命令将异步路径的最大延时设置为一个源时钟周期（在实际设置时建议略小于一个源时钟周期，如设置为源时钟周期的 0.6 倍）。在布线资源紧张导致时序无法收敛的情况下，可以考虑适当放宽约束要求。此时可以使用 set_bus_skew 命令将总线偏斜设置为两个时钟中的最小时钟周期值，同时使用 set_max_delay -datapath_only 命令设置最大延时值。具体的最大延时值应根据时序收敛情况适当调整。

8.5.3 使能同步

使能同步是指在目标时钟域内，通过一个使能信号来判断多比特数据信号是否已经稳定；当使能信号有效时，表示数据已处于稳态，可以进行捕获。这种方法将多比特数据同步问题转化为单比特数据跨时钟域问题，常应用于寄存器配置的跨时钟域场景。例如，在一个 SoC 中，通过 APB 配置整个 SoC 的寄存器。由于不同的模块工作在不同的时钟下，将 APB 配置时钟域下的配置信号输出给其他不同频率的模块，就涉及多比特总线数据的跨时钟域问题，此时可以采用使能同步的方法来解决该问题。

使能同步电路结构如图 8.14 所示。

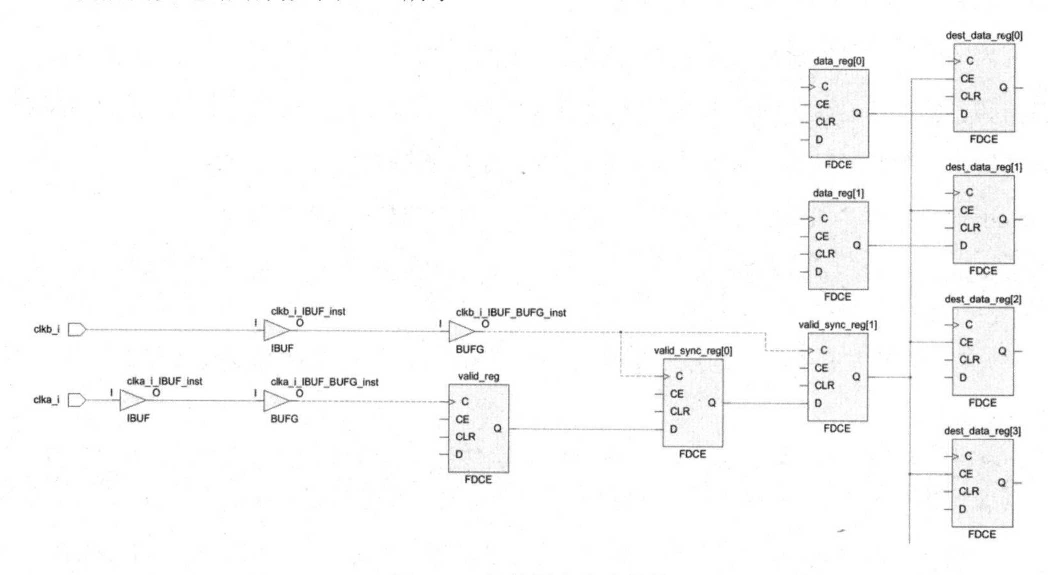

图 8.14　使能同步电路结构

在 clka_i（后文简称 clka）时钟域下，电路同时输出 valid 信号（单脉冲型信号）和 data[*]信号（状态型信号）。valid 信号被 clkb_i（后文简称 clkb）时钟域接收后，首先通过 valid_sync_reg[1:0]同步寄存器链进行打拍同步，同步后的信号则被输出至目标数据寄存器 dest_data_reg[*]的时钟使能端口 CE。data[*]信号直接被送到目标数据寄存器 dest_data_reg[*]的数据输入端口 D。为保证数据完整性，必须确保 valid 同步后的信号 valid_sync[1]在到达 dest_data_reg[*]/CE 端口之后的第一个 clkb 上升沿时刻之前，data[*]信号已经稳定到达 dest_data_reg[*]/D 端口，并满足建立时间和保持时间要求。

假设 clka 时钟频率为 10MHz，clkb 时钟频率为 100MHz，则 valid 信号从 valid_reg/Q 端口到达 dest_data_reg[*]/CE 端口后的第一个上升沿的最小延时为

$$T_{\{\text{valid}\to\text{valid\_sync[0]}\}}+T_{\{\text{valid\_sync[0]}\to\text{valid\_sync[1]}\}}+T_{\{\text{valid\_sync[1]}\to\text{dest\_data[*]}\}}$$

式中，$T_{\{\text{valid}\to\text{valid_sync[0]}\}}$为 valid 信号到达 valid_sync_reg[0]/D 端口后的第一个上升沿时刻值；$T_{\{\text{valid_sync[0]}\to\text{valid_sync[1]}\}}$为同步时钟域信号的传输延时，该延时需要一个 clkb 时钟周期，即 $T_{\text{period\_clkb}}$；$T_{\{\text{valid_sync[1]}\to\text{dest_data[*]}\}}$为 valid_sync[1]信号到达 dest_data_reg[*]/CE 端口的延时，同样需要一个 clkb 时钟周期。需要注意的是，寄存器的传输都需要时钟上升沿的触发，因此在 valid_sync[1]信号到达 dest_data_reg[*]/CE 端口后，还需等待时钟上升沿到来，才为最终的截止时刻。

因此，data[*]信号到达 dest_data_reg[*]/D 端口的延时应小于 $T_{\{\text{valid}\to\text{valid\_sync[0]}\}}+2\times T_{\text{period\_clkb}}$。在此，寄存器的建立时间相对布线延时来说非常小，故可忽略不计。

由于 $T_{(\text{valid}\to\text{valid_sync[0]})}$的值始终大于 0，因此在对数据路径进行最大延时约束时，约束 data_reg[*]到 dest_data_reg[*]的最大延时为 $2\times T_{\text{period\_clkb}}$（20ns）即可满足要求。参考约束如下。

```
    set_max_delay -datapath_only -from [get_cells data[*]] -to [get_cells
dest_data[*]] 20
```

如图 8.14 所示，电路结构为两级同步寄存器链，如果为三级同步寄存器链，则 data_reg[*]到 dest_data_reg[*]的最大延时为 $3\times T_{\text{period\_clkb}}$，依此类推。

对于 valid 信号的异步约束属于单比特总线跨时钟域约束，需要对 valid_reg 到 valid_sync_reg[0]的路径布线长度进行限制，确保其路径布线不能过长。同时，需要约束同步寄存器链中的 valid_sync_reg[0]和 valid_sync_reg[1]尽量靠近，以减小延时。具体的约束细节请参考 8.3 节相关内容。

图 8.14 所示的结构适用于 clka 时钟频率远远低于 clkb 时钟频率的情况。如果 clka

时钟频率高于或等于 clkb 时钟频率，则需要对 valid 信号进行脉冲展宽处理，以防止漏采样。对应的约束原理类似，感兴趣的读者可以自行推理，此处不再详细介绍。

8.6 Xilinx 参数化宏在跨时钟域中的应用

通过前面的章节可以看出，为了确保跨时钟域设计的性能达到预期要求，需要对跨时钟域的异步路径进行约束处理，主要包括以下几点。

（1）对异步路径设置最大延时。

（2）对同步打拍逻辑设置最大延时，使打拍寄存器的位置尽量靠近。

（3）在大型设计中，需要识别和梳理所有的跨时钟域路径，这也是一个挑战。

基于上述复杂性，为了让用户在 Vivado 中开发设计更加方便，并充分发挥 FPGA 的性能，Xilinx 为用户提供了许多参数化宏（XPM）跨时钟域库函数。这些函数用来简化跨时钟域问题的处理，涵盖了所有常见的跨时钟域应用场景。

XPM 跨时钟域库函数的调用模块可以通过以下路径在 Vivado 中查看。

菜单栏 Tools→Language_Templates→Verilog→Xilinx Parameterized Macros(XPM)→XPM→XPM_CDC。

XPM 跨时钟域库函数如表 8.2 所示，其中涵盖了多种跨时钟域处理场景，可以帮助用户简化设计流程，提高设计效率。

表 8.2　XPM 跨时钟域库函数

XPM 跨时钟域库函数名	功能
xpm_cdc_async_rst	复位信号同步，实现异步复位同步释放功能
xpm_cdc_handshake	全握手总线同步
xpm_cdc_pulse	脉冲型信号同步，实现脉冲型信号从快时钟域到慢时钟域的转换
xpm_cdc_array_single	单比特信号阵列同步
xpm_cdc_single	单比特信号同步，可实现脉冲型信号从慢时钟域到快时钟域的转换
xpm_cdc_gray	将输入的二进制码转换为格雷码后同步，同步后再转换为二进制码输出
xpm_cdc_sync_rst	把复位信号同步到目标时钟域，实现同步复位信号的跨时钟域

下面以 xpm_cdc_async_rst 库函数为例，分析 XPM 内部的具体实现。xpm_cdc_async_rst 库函数的例化代码如下所示。

```
xpm_cdc_async_rst
#(
     .DEST_SYNC_FF    (2),   //设置同步级数，范围为 2～10
     .INIT_SYNC_FF    (0),   //设置是否使能仿真初始值，1 为使能
     .RST_ACTIVE_HIGH (0)    //设置复位有效极性， 0 为低电平有效复位，1 为高电平
有效复位
   )
  xpm_cdc_async_rst_inst (
     .dest_arst   (clkb_rstn_sync),      //同步复位信号输出
     .dest_clk    (clkb_i),              //目标时钟信号输入
     .src_arst     (rstn_i)              //步复位信号输入
  );
```

在综合实现后，打开实现后的网表，可见 xpm_cdc_async_rst 库函数的电路原理图，如图 8.15 所示。

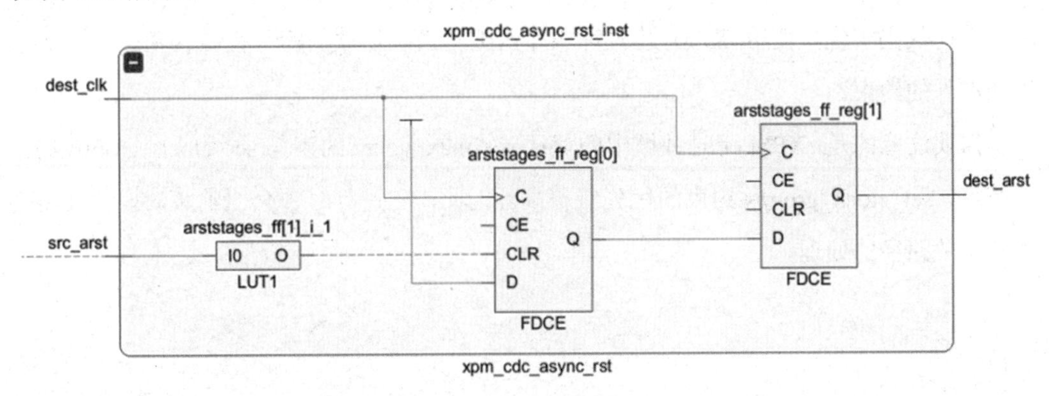

图 8.15　xpm_cdc_async_rst 库函数的电路原理图

从最终的综合原理图来看，xpm_cdc_async_rst 库函数的实现功能就是异步复位同步释放，与普通代码实现的功能一致。

综合实现后，打开器件布局图，可见 xpm_cdc_async_rst 库函数的布局图，如图 8.16 所示。从图 8.16 可以看出，寄存器已经经过了最小延时优化，其效果与图 8.7 中声明了 ASYNC_REG 属性的寄存器布局效果一致。因此，xpm_cdc_async_rst 库函数在跨时钟域问题上做了优化，最终的优化效果相当于在代码中为寄存器声明了 ASYNC_REG 属性。

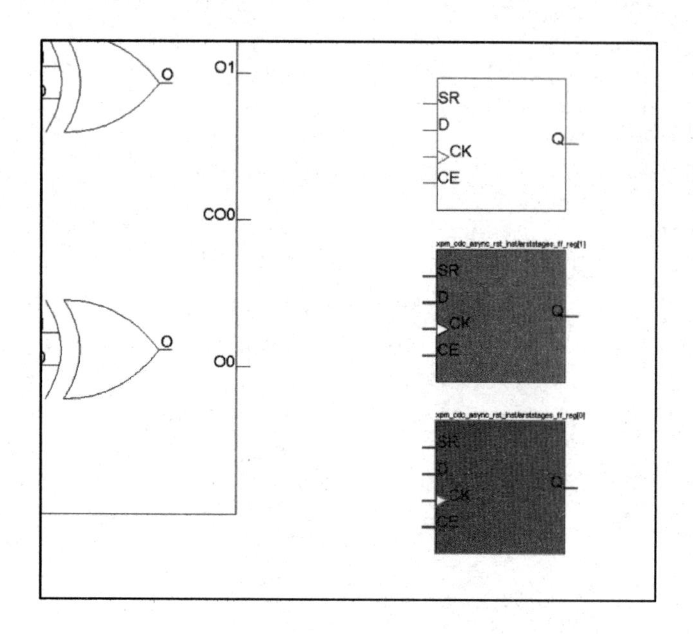

图 8.16　xpm_cdc_async_rst 库函数的布局图

从 xpm_cdc_async_rst 库函数的例子可以看出，综合布局布线工具在识别到 XPM 跨时钟域库函数后，会自动进行特殊处理，使跨时钟域相关的走线布局达到最佳状态。相较于手动代码实现，使用 XPM 跨时钟域库函数省去了烦琐的跨时钟域约束，用户无须添加额外的约束。

需要注意的是，XPM 跨时钟域中的默认 set_max_delay 约束与 set_clock_groups 约束不兼容，set_clock_groups 约束的优先级更高。因此，在进行时钟分组约束时，需要特别留意相关路径的处理。

第 9 章

物理约束

9.1 引言

前面章节详细介绍了时序约束命令及其使用语法，掌握这些约束命令后，能够准确地对设计进行约束，使 Vivado 集成设计环境（IDE）根据这些约束来布局布线。然而，对于大型设计而言，综合布局布线的过程非常耗时。因此，有时为了节省时间或优化时序，需要对设计进行额外的物理约束。

在 Vivado 中，物理约束分为以下四种类型。

（1）输入/输出引脚约束：包括输入/输出引脚的位置和电平标准约束。

（2）布局约束：约束特定寄存器、LUT 或双口 RAM（BRAM）放置到指定位置，也可以约束某个模块处于某一特定区域内。

（3）布线约束：约束某条路径按照指定的路线进行布线。

（4）配置约束：约束设计的配置模式。

本章重点介绍对时序影响较大且关键的布局约束和布线约束。

9.2 进行布局布线约束的原因

当前的 FPGA 设计规模越来越大，复杂度也在不断提高，具体表现为更多的输入/输出引脚、更大的总线位宽、更大的扇出和更高的逻辑级数。这些因素直接导致编译时间过长、资源利用率过低、次优布局、布线资源消耗过多和时序收敛困难等挑战。同时，部分FPGA设计的时钟频率要求达到300MHz甚至400MHz以上，这进一步增加了设计难度。

用VU19P芯片作为原型验证的例子，时钟频率设定为10MHz，资源利用率约为60%，在64核服务器上完成一次从综合到生成bitfile的编译过程至少需要十几个小时。如果设计的时钟频率更高，那么编译时间将进一步延长，有时还会面临时序收敛困难的问题，从而需要反复迭代，浪费更多的时间和资源。

在这些挑战中，时序收敛困难常常是设计者面临的最大难题。FPGA时序收敛流程如图9.1所示，分为两个主要阶段：综合阶段和布局布线阶段。在综合阶段，只要满足最坏负裕量（WNS）等于0，即可进行布局布线，这一目标通常较容易实现；然而，在布局布线阶段，时序收敛涉及多个因素，需要同时关注WNS和最坏保持裕量（WHS）。这不仅要求设计者深入了解工具特性，还需要对设计本身有清晰的认知，同时具备丰富的经验。因此，这一过程往往需要反复迭代才能完成。

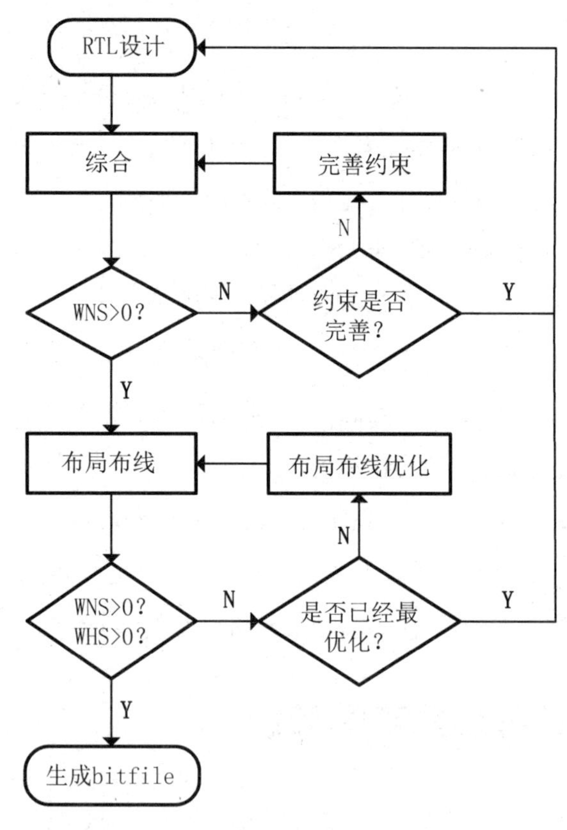

图9.1　FPGA时序收敛流程

布局布线阶段的时序收敛方法如图9.2所示，其关键在于分析时序违例的原因，重点关注关键的几条违例路径。实践表明，往往只需修复这些关键路径，工具便可自动修复其他违例路径。因此，准确找到时序违例的根本原因是解决问题的第一步。

在一般情况下，建立时间违例的原因主要包括逻辑延时过大、布线延时过大、时钟偏斜或时钟抖动过大。若问题出在逻辑延时过大，则通常有如下两种解决方法。

（1）插入流水寄存器：这种方法需要修改代码，插入流水寄存器会改变从输入到输出所需的时钟周期数，因此多条路径的数据可能需要重新对齐。此方法的改动量较大，设计复杂度随之增大。

（2）进行重定时：重定时可以避免代码改动，但需要决定是在综合阶段还是在布局布线阶段进行设置，且需要选择是全局设置（使用全局重定时选项）还是局部设置（使用模块化综合技术）。重定时操作虽然简化了逻辑，但可能需要多次尝试，当不同优化方案不能并行执行时，耗时较长。

确定最优解决方案往往依赖于经验的积累。无论是插入流水寄存器还是进行重定时，均需要设计者具备丰富的实践经验，并通过多次实验优化布局布线，才能最终实现时序收敛。

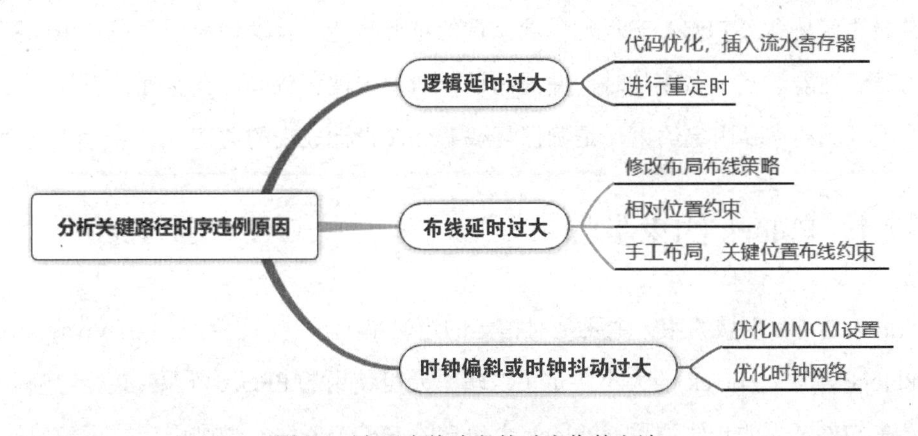

图 9.2　布局布线阶段的时序收敛方法

若频繁出现布线延时较大的情况，则可尝试通过修改布局布线策略来进行优化，这一过程需要充足的时间和相应的硬件支持。建议对关键路径或关键模块实施布局和路由约束。合理的布局和路由约束不仅可以缩短布局布线的时间，减小不同版本间的差异，还能提高工程的稳定性和一致性，加速版本迭代，从而在最大限度上提升 FPGA 的利用率和性能。

对于由时钟偏斜或时钟抖动过大引起的时序违例（通常是保持时间违例），可以通过优化 MMCM 设置及优化时钟网络来消除这些违例。

9.3 布局约束

布局约束是指在 FPGA 设计中，将指定的逻辑功能模块或单元固定映射到 FPGA 的物理位置，从而优化设计的性能和时序。布局约束通常分为两种类型：区域约束和固定约束。

（1）区域约束：区域约束是将设计中的某些功能模块固定到 FPGA 中的某个逻辑区域，从而将其映射到物理区域。这种约束方式可以使设计中的相关模块位于 FPGA 的相邻区域，减小布线延时，并提高时序性能。例如，将时序关键的路径模块约束在靠近时钟区域的位置，可以减小时钟信号的传播延时。区域约束应用广泛，尤其是在大规模设计中，能够有效地管理设计中各模块的布局。

（2）固定约束：固定约束是将综合网表中的特定单元（如 LUT、寄存器、DSP、BRAM 等）映射到 FPGA 中对应的物理元件具体位置。这种约束方式更为精细，可以确保特定的逻辑单元精确定位到 FPGA 底层的具体位置，从而使时序分析工具能够更有效地处理这些关键逻辑单元的布局和布线。

布局约束是高级 FPGA 工程师需要掌握的重要技能，合理地应用布局约束能够提高设计的时序性能，减小布线延时，并提高设计的稳定性和效率。在实际的设计中，如何平衡使用区域约束和固定约束，是确保复杂 FPGA 设计成功的关键。

9.3.1 Pblock 约束步骤

Pblock 约束（区域约束）主要是对指定的逻辑单元设定面积约束，在 Vivado 中通过定义 Pblock 实现。Pblock 的大小决定了逻辑单元可使用的 FPGA 资源，其位置确定了逻辑单元在 FPGA 内的具体位置，Pblock 中包含的 FPGA 资源类型则限定了可使用的具体资源类型。

在时序路径未满足时序约束要求且偏差较大的情况下，若时序路径跨越了 SLR（Super Logic Region，超逻辑区）或输入/输出列，可通过 Pblock 约束强制违例时序路径的源端和目标端位于同一个 SLR 内，或阻止其跨越输入/输出列。

Pblock 约束对于减小时钟偏斜十分有效，可以将逻辑单元的布局限制在较小的区域内（如一个 SLR 内），从而减小插入延时和偏斜。

不合理的 Pblock 约束可能会阻碍布局器找到最佳的布局解决方案。因此，除非特别必要，官方均建议在没有任何 Pblock 约束的条件下运行布局布线命令，以检查是否存在时序收敛的困难。过去有助于提升质量的 Pblock 在新版本的工具中可能会阻碍寻找最优解。因此，设置 Pblock 约束需要综合考虑，在实际应用中，合理设置的 Pblock 约束通常会显著提高实现速度。

Pblock 的初始位置和大小并不是非常关键，通常先为所有需要手动布局的逻辑单元设置 Pblock，随后根据这些单元的资源利用率和连接关系调整 Pblock 的大小和位置。

Pblock 约束的操作流程具体如下。

第一步：切换到 Floorplanning 模式。

（1）打开综合后的网表，在菜单栏中单击 Layout 选项卡，在弹出的下拉菜单中选择 Floorplanning 选项，将 Vivado GUI 切换到 Floorplanning 模式（见图 9.3）。

（2）切换到 Floorplanning 模式后，Vivado 会自动打开 Physical Constraints 窗口（如果没有打开，也可以通过 Window→Physical Constraints 命令手动打开此窗口），同时会显示 Netlist 窗口和 Device 窗口（见图 9.4）。完成这些操作后，即可开始手动布局。

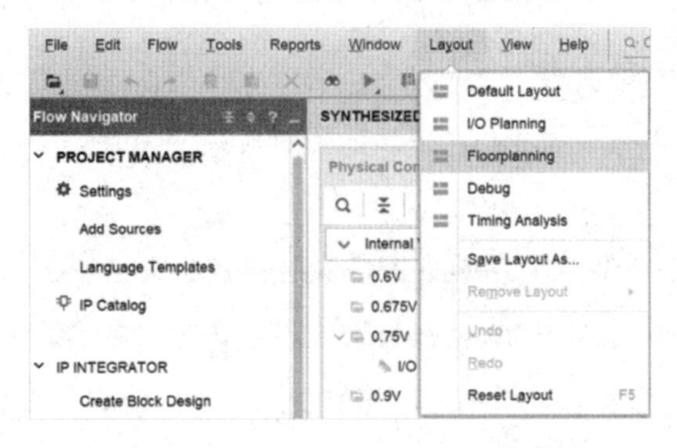

图 9.3　Vivado GUI 切换到 Floorplanning 模式的操作步骤

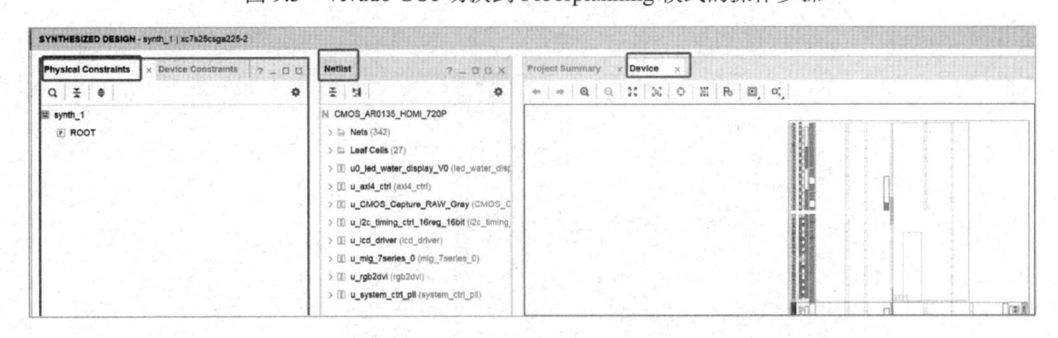

图 9.4　Floorplanning 模式操作界面

第二步：选择需要布局的逻辑单元。

（1）在 Netlist 窗口中，选中需要手动布局的逻辑单元（见图 9.5）。

（2）右击选中的逻辑单元，在弹出的快捷菜单中，选择 Floorplanning 选项，在弹出的子菜单中选择 Draw Pblock 选项。

（3）也可以在 Device 窗口的工具栏中单击 P+快捷键，调出 Draw Pblock 选项。

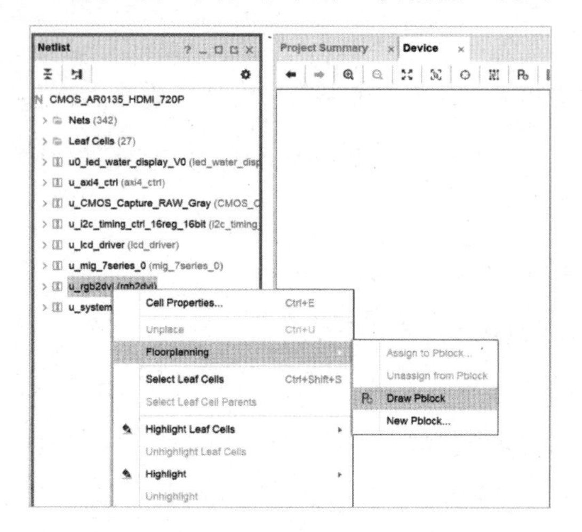

图 9.5　给 u_rgb2dvi 逻辑单元设置 Pblock 的操作步骤

第三步：绘制 Pblock 区域。

（1）触发 Draw Pblock 命令后，将光标移动到 Device 窗口中，此时光标会变为“小十字架”。

（2）使用“小十字架”在 Device 窗口中绘制 Pblock 区域。

（3）绘制完成后，会弹出 New Pblock 窗口，该窗口显示了当前区域内的资源情况（见图 9.6）。根据综合后该逻辑单元所需的资源，对当前 Pblock 资源进行大致评估。

（4）如果资源合适，则单击 OK 按钮完成 Pblock 创建；如果不合适，则取消并重新调整 Pblock 的大小，直到找到一个合适的区域。

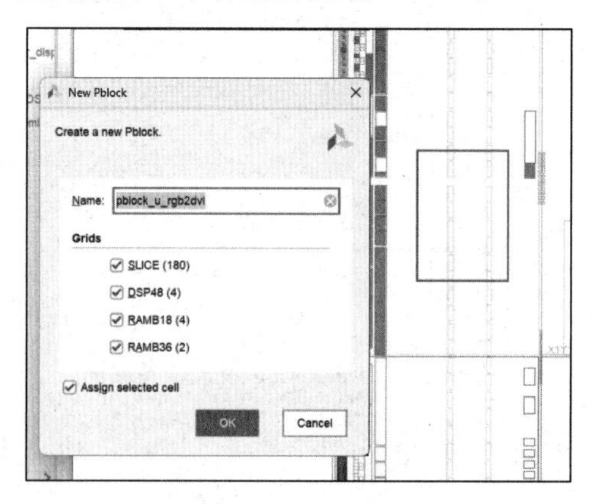

图 9.6　New Pblock 窗口

第四步：检查和调整 Pblock 资源。

（1）Pblock 创建完成后，可以在 Physical Constraints 窗口中查看所有创建的 Pblock。

（2）选中某个 Pblock，在其属性窗口中单击 Statistics 选项卡，如图 9.7 所示，此时可以看到 Pblock 所包含的资源类型和数量，同时可以看到该逻辑单元需要的资源类型与数量。

（3）如果资源不满足要求，则会显示红色警告，这时需要重新调整 Pblock 的大小以确保资源足够使用。

第五步：保存 Pblock 约束并检查效果。

（1）所有 Pblock 设置好后，单击 Vivado 工具栏中的保存命令，或者使用 Ctrl + S 快捷键保存 Pblock 约束。

（2）保存完成后，首先重新进行综合和布局布线，然后查看手动布局后的时序是否收敛。

（3）如果时序与预期效果不符，则反复迭代调整 Pblock，直到达到理想效果。

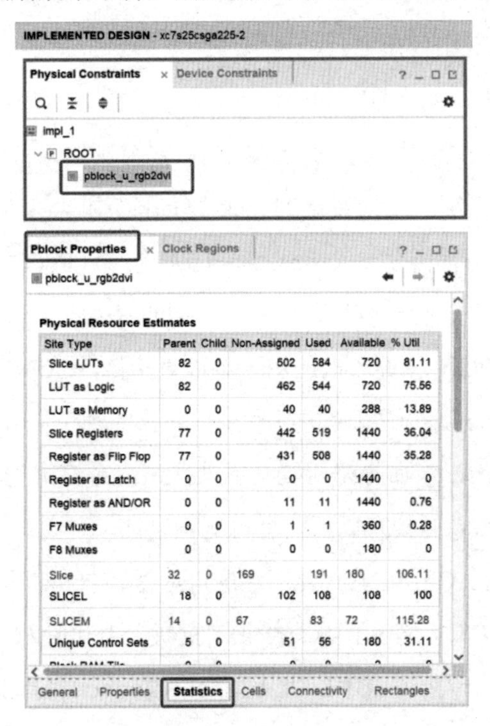

图 9.7　Pblock 属性窗口

通过此流程，设计者可以逐步优化 Pblock 的大小和位置，使设计资源合理地分布，进而改善 FPGA 的时序收敛性。

9.3.2 Pblock约束命令

保存的Pblock约束存放在目标XDC文件中，这样在打开设计时可与网表一同加载。设计被加载到内存后，可以通过TCL控制台或Vivado设计套件的IDE编辑工具来交互式地添加新的约束。以下为保存后的XDC命令示例。

```
create_pblock pblock_u_rgb2dvi
add_cells_to_pblock [get_pblocks pblock_u_rgb2dvi] [get_cells -quiet [list u_rgb2dvi]]
resize_pblock [get_pblocks pblock_u_rgb2dvi] -add {SLICE_X4Y61:SLICE_X13Y78}
resize_pblock [get_pblocks pblock_u_rgb2dvi] -add {DSP48_X0Y26:DSP48_X0Y29}
resize_pblock [get_pblocks pblock_u_rgb2dvi] -add {RAMB18_X0Y26:RAMB18_X0Y29}
resize_pblock [get_pblocks pblock_u_rgb2dvi] -add {RAMB36_X0Y13:RAMB36_X0Y14}
```

整个过程只涉及以下三种命令。

- create_pblock命令用于创建Pblock。
- add_cells_to_pblock命令用于将网表中的指定模块加入特定的Pblock中。
- resize_pblock命令用于设置特定Pblock的布局范围。

每种不同的资源类型都需要一个resize_pblock命令。FPGA芯片中的资源类型按从上到下、从左到右的顺序进行有规律的编号，通过这些编号可以精确地定位到设备的具体位置。因此，熟悉FPGA物理布局的用户可以直接修改XDC约束命令以实现准确的Pblock约束。此外，还可以利用脚本进行批量自动化的约束修改。

Pblock使用set_property命令来配置其属性，该命令格式为set_property <property> <value> <object list>。Pblock具有以下四个可配置属性。

（1）EXCLUDE_PLACEMENT。此属性决定是否将Pblock区域内的逻辑资源仅分配给指定模块。当其值为1时，资源仅分配给指定模块；当其值为0时，资源可分配给非指定模块。示例：set_property EXCLUDE_PLACEMENT 1 [get_pblocks pblock_u_rgb2dvi]，此命令确保pblock_u_rgb2dvi区域内的资源不会分配给u_rgb2dvi模块以外的其他模块。

（2）IS_SOFT。此属性定义模块逻辑是否可以放置在Pblock区域外，其值为1表示可以，为0表示不可以。示例：set_property IS_SOFT 0 [get_pblocks pblock_u_rgb2dvi]，

此命令确保 u_rgb2dvi 模块的所有逻辑单元必须放置在 pblock_u_rgb2dvi 指定的区域内。

（3）CONTAIN_ROUTING。此属性指定模块是否仅使用 Pblock 内的布线资源，其值为 1 表示只使用内部布线资源。示例：set_property CONTAIN_ROUTING 1 [get_pblocks pblock_u_rgb2dvi]，此命令限制 u_rgb2dvi 模块的连线仅使用 pblock_u_rgb2dvi 框定区域内的布线资源。

（4）RESET_AFTER_RECONFIG。此属性设置 Pblock 是否支持重配置，共值为 1 表示支持，为 0 表示不支持。有关 FPGA 可重配置技术的更多信息，请参考官方文档 ug909。

当然这四个属性也可在 Pblock 属性窗口中进行设置，如图 9.8 所示。

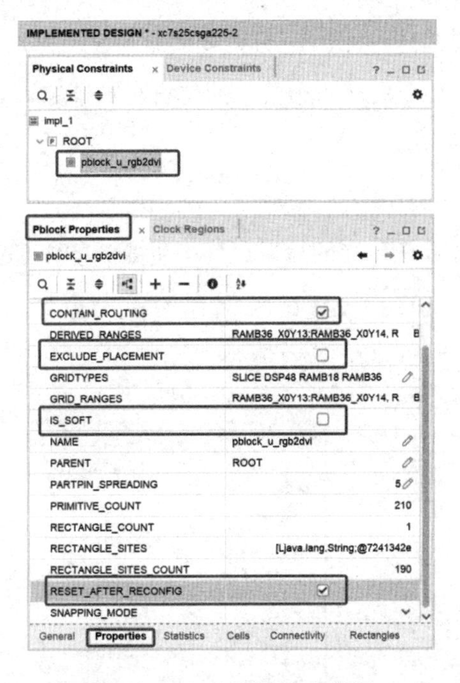

图 9.8　Pblock 属性窗口设置

9.3.3　Fix Cells 约束

在大型 FPGA 工程中，固定成熟模块的布局位置，可以极大地缩短编译时间，并确保重要模块在多次迭代中的布局一致性。这种方法特别适合于那些频繁修改部分逻辑的设计场景，如在一个包含 CPU 和 ADC 接口模块的项目中，如果只需修改 ADC 接口模块，而 CPU 接口模块的逻辑是固定不变的，那么可以采用固定布局（Fix Cells）技术将 CPU 接口模块的逻辑单元位置锁定，从而节省布局布线时间。

Fix Cells 约束的操作流程具体如下。

第一步：选择需要固定的模块。

（1）布局布线完成后，在 Vivado 中打开实现后的网表（implemented netlist）。

（2）在 Netlist 窗口中，找到需要固定位置的模块。

（3）右击需要固定位置的模块，在弹出的快捷菜单中选择 Select Leaf Cells 选项，如图 9.9 所示，从而将模块中所有的叶子单元（如寄存器、LUT 等）选中。

第二步：执行 Fix Cells 命令。

（1）选中所有叶子单元后，再次右击，在弹出的快捷菜单中选择 Fix Cells 选项，如图 9.9 所示。如果只需要固定具体的某些单元（如某个寄存器或 LUT），则可以直接跳过选择模块这一步，只对具体单元执行 Fix Cells 命令。

（2）执行 Fix Cells 命令后，所选单元的位置将被锁定，Vivado 后续编译时不会再对这些单元进行重新布局。

第三步：保存 Fix Cells 约束。

确保已固定的单元位置在后续的编译过程中生效。可以通过单击 Vivado 工具栏中的 Save 命令，或者使用 Ctrl+S 快捷键来保存约束。也可以在 TCL 控制台中输入 save_constraints 命令，将约束保存到 XDC 文件中。

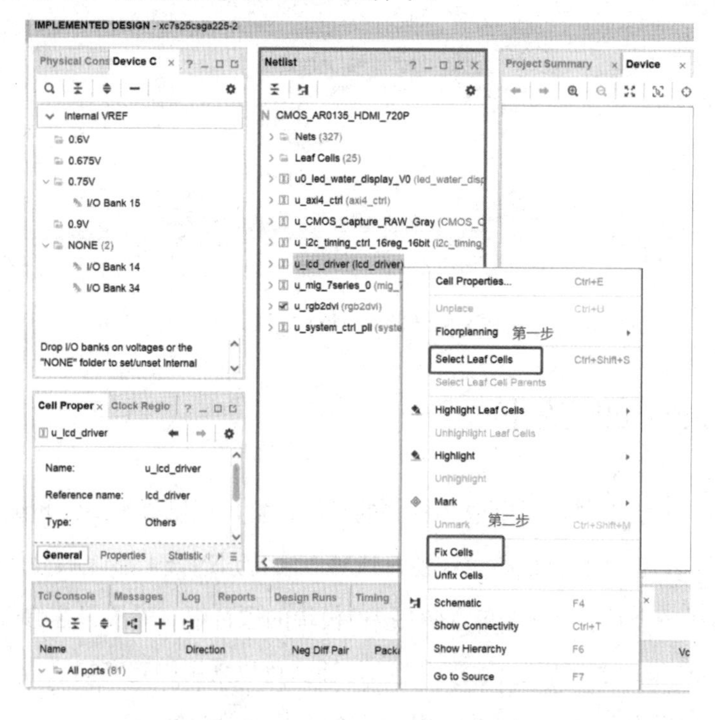

图 9.9　Fix Cells 约束的操作步骤

第二步的固定位置操作也可以通过 TCL 命令实现，相应命令如下。

```
startgroup
set_property is_bel_fixed true [get_cells [list {u_CMOS_Capture_RAW_Gray/cmos_data_r0_reg[2]} {u_CMOS_Capture_RAW_Gray/cmos_data_r0_reg[3]}]]
set_property is_loc_fixed true [get_cells [list {u_CMOS_Capture_RAW_Gray/cmos_data_r0_reg[2]} {u_CMOS_Capture_RAW_Gray/cmos_data_r0_reg[3]}]]
endgroup
```

执行第三步后，相应的 XDC 约束如下。

```
set_property BEL A5FF [get_cells {u_CMOS_Capture_RAW_Gray/cmos_data_r0_reg[2]}]
set_property BEL AFF [get_cells {u_CMOS_Capture_RAW_Gray/cmos_data_r0_reg[3]}]
set_property LOC SLICE_X3Y25 [get_cells {u_CMOS_Capture_RAW_Gray/cmos_data_r0_reg[2]}]
set_property LOC SLICE_X2Y31 [get_cells {u_CMOS_Capture_RAW_Gray/cmos_data_r0_reg[3]}]
```

其中，set_property BEL 命令指定寄存器在特定 SLICE 中的位置，而 set_property LOC 命令约束寄存器位于 FPGA 中的哪个 SLICE。通过上述步骤可知，寄存器的 Fix Cells 约束分为两个阶段：首先固定 SLICE 的位置，然后固定 SLICE 内的具体寄存器位置。

9.4　固定路由约束

在某些工程项目中，关键路径的时序收敛可能极具挑战性。经过多次尝试和优化策略后，一旦获得了较好的结果，就可以考虑对这些关键路径施加固定路由约束。这样做可以确保在后续版本的编译中，这些关键路径能够保持时序收敛。对于大型工程而言，掌握这种固定路由技巧不仅可以提高设计的稳定性，还能大幅提升综合效率，实现事半功倍的效果。

固定路由约束的操作流程分为以下两步。

第一步：固定路由。

（1）打开实现后的网表：在 Vivado 中完成布局布线后，打开实现后的网表。

（2）找到需要固定路由的网络：在 Netlist 窗口中，找到需要固定路由的网络。

（3）右击网络：在需要固定路由的网络上右击，弹出快捷菜单。

（4）选择 Fix Routing 选项：在弹出的快捷菜单中，选择 Fix Routing 选项，如图 9.10

所示。这样会锁定该网络的路由，防止它在后续的布局布线过程中被重新调整。

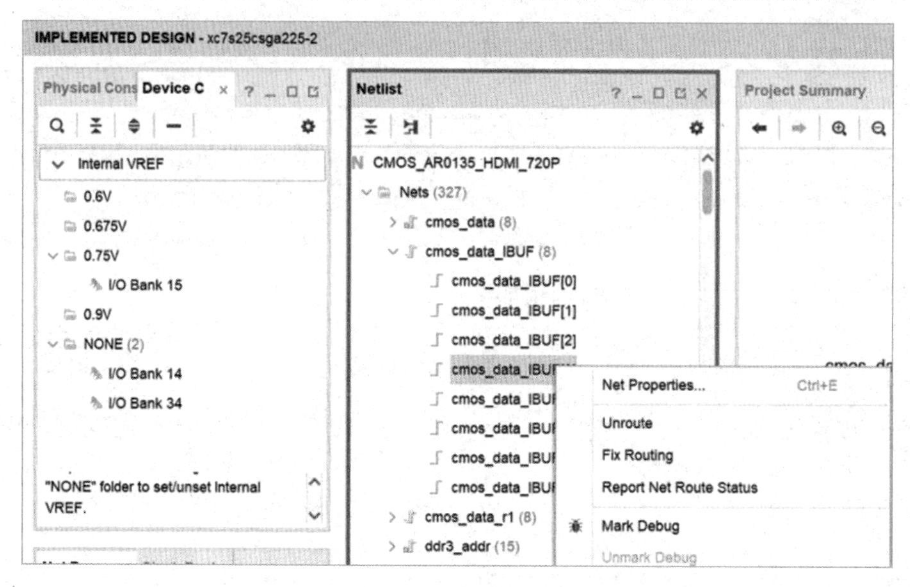

图 9.10 选择 Fix Routing 选项

如果对网表比较熟悉，那么可以直接在 TCL 终端中运行对应的 TCL 命令进行操作，这样可以提高效率。参考命令如下。

```
startgroup
set_property is_route_fixed 1 [get_nets { cmos_data_IBUF[3] }]
set_property is_bel_fixed 1 [get_cells {cmos_data_IBUF[3]_inst u_CMOS_Capture_RAW_Gray/cmos_data_r0_reg[3] }]
set_property is_loc_fixed 1 [get_cells {cmos_data_IBUF[3]_inst u_CMOS_Capture_RAW_Gray/cmos_data_r0_reg[3] }]
endgroup
```

第二步：保存固定路由约束。

（1）保存约束：完成固定路由设置后，单击 Vivado 工具栏中的 Save 命令，或者使用 Ctrl+S 快捷键进行保存。

（2）使用 TCL 命令保存：也可以在 TCL 终端中输入 save_constraints 命令来保存设置。

通过这两步，就可以确保关键路径或指定网络的路由在后续综合或布局布线过程中不会被更改，从而提升设计的一致性和稳定性。

保存到 XDC 文件中的约束命令如下所示。

```
set_property FIXED_ROUTE { { IOB_IBUF0 LIOI_I0 LIOI_IDELAY0_IDATAIN LIOI_IDELAY0_DATAOUT LIOI_ILOGIC0_DDLY IOI_ILOGIC0_O IOI_LOGIC_OUTS18_1 INT_INTERFACE_LOGIC_OUTS_L18 NR1BEG0 LV_L0 <1>LH0 <2>LV0 <1>LH0 SE6BEG1
```

```
NE6BEG1 WW4BEG1 SW6BEG0 WL1BEG_N3 NL1BEG_N3 EE2BEG3 NE6BEG3 LH12 LH0
<2>LVB12 SW6BEG2 NE6BEG2 EL1BEG1 SS2BEG1 FAN_ALT6 FAN_BOUNCE6 BYP_ALT1 BYP1
CLBLM_M_AX } } [get_nets {cmos_data_IBUF[3]}]
    set_property BEL AFF [get_cells {u_CMOS_Capture_RAW_Gray/cmos_data_
r0_reg[3]}]
    set_property LOC SLICE_X2Y31 [get_cells {u_CMOS_Capture_RAW_Gray/cmos_
data_r0_reg[3]}]
```

在这些命令中：

- set_property FIXED_ROUTE 命令用来约束网络的路径走线，将 cmos_data_IBUF[3] 的信号线固定在指定的物理路径上。
- set_property BEL AFF 命令用来将目标寄存器 u_CMOS_Capture_RAW_Gray/ cmos_data_r0_reg[3]固定在特定的逻辑块（BEL，基本逻辑单元）中。
- set_property LOC SLICE_X2Y31 命令用来约束目标寄存器在 SLICE_X2Y31 中的物理位置。

需要注意的是，当 BEL 和 LOC 与 Pblock 的 add_cells_to_pblock 命令冲突时，会出现警告，但 BEL 和 LOC 的约束优先级较高，最终会生效。

在大型设计中，可以使用 write_xdc 命令检查所有的约束，并导出所有有效的约束。参考命令如下。

```
write_xdc -no_fixed_only ./project.xdc -force
```

该命令会将时序约束、物理约束和布线约束全部导出，非常适用于检查固定的路由逻辑。

第 10 章

时序约束实战

10.1 引言

本章通过介绍实际工程（摄像头 HDMI 显示工程）中的约束案例，将前几章学习到的约束方法应用于实践。实践中的工程代码将公开供读者下载学习，此外还有与代码匹配的开发板，感兴趣的读者可自行购买。

摄像头 HDMI 显示工程的主要功能是首先将摄像头传输的视频数据缓存到 DDR 内存中，然后从 DDR 内存中读取视频数据并转换为 HDMI 协议格式，传输至显示屏进行显示。摄像头 HDMI 显示功能整体框架如图 10.1 所示。

其中，CMOS_Capture_RAW_Gray 为帧同步转换模块，axi4_ctrl 和 mig_7series_0 为 DDR 读写控制模块，lcd_driver 为 LCD 帧格式转换模块，rgb2dvi 模块的功能是将 DVP（digital video port，数字视频端口）转换为 HDMI。

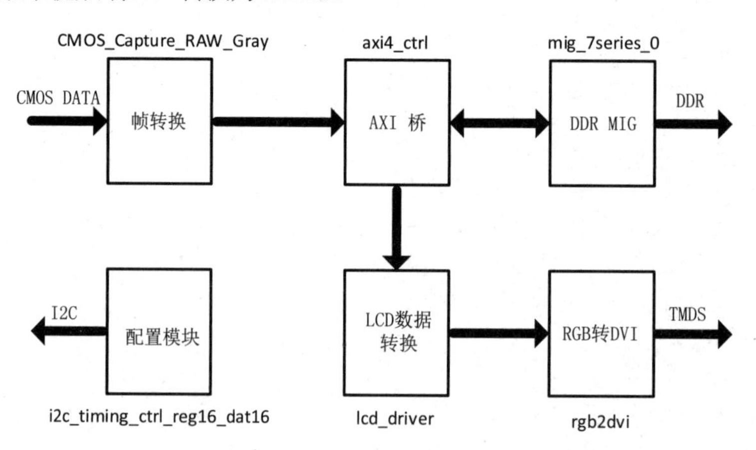

图 10.1　摄像头 HDMI 显示功能整体框架

10.2　时钟约束

摄像头 HDMI 显示工程的系统时钟结构如图 10.2 所示，clk 和 clk2 为 FPGA 引脚输入时钟。clk 的频率为 24MHz，作为 clk_wiz_0 的 MMCM 参考输入时钟。clk_wiz_0 输出两个时钟：clk_out1 和 clk_out2。clk_out1 的频率为 74.25MHz，用于 DVP 数据格式传输；clk_out2 的频率为 371.25MHz，用于 HDMI SerDes 传输。clk2 的频率为 25MHz，作为 clk_wiz_1 的 MMCM 参考输入时钟。clk_wiz_1 输出三个时钟：clk_out1、clk_out2 和 clk_out3。clk_out1 的频率为 200MHz，作为 DDR 控制器的参考时钟；clk_out2 的频率为 100MHz，作为 AXI 总线接口和 I2C 控制器的工作时钟；clk_out3 的频率为 27MHz，作为输出给传感器的参考时钟。

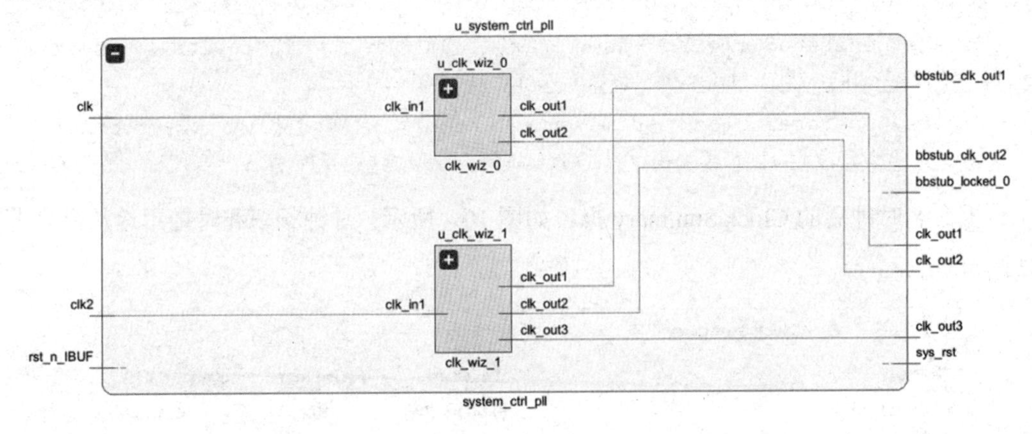

图 10.2　摄像头 HDMI 显示工程的系统时钟结构

由于在设置时钟管理 IP 时已经设置了输入时钟和所有输出时钟的频率，因此对于 FPGA 引脚输入的主时钟 clk 和 clk2，以及时钟管理 IP 输出的衍生时钟，都无须额外创建，编译工具会自动识别。编译完成后，打开 Timing 窗口中的 Clock Summary，Clock Summary 报告如图 10.3 所示。

Clock Summary

Name	Waveform	Period (ns)	Frequency (MHz)
clk	{0.000 20.834}	41.667	24.000
clk_out1_clk_wiz_0	{0.000 6.734}	13.468	74.249
clk_out2_clk_wiz_0	{0.000 1.347}	2.694	371.247
clkfbout_clk_wiz_0	{0.000 41.667}	83.334	12.000
clk2	{0.000 20.000}	40.000	25.000
clk_out1_clk_wiz_1	{0.000 2.500}	5.000	200.000
clk_out2_clk_wiz_1	{0.000 5.000}	10.000	100.000
clk_out3_clk_wiz_1	{0.000 18.500}	37.000	27.027
clkfbout_clk_wiz_1	{0.000 20.000}	40.000	25.000

图 10.3　Clock Summary 报告

clk_wiz_0 输出的两个时钟 clk_out1 和 clk_out2 被自动命名为 clk_out1_clk_wiz_0 和 clk_out2_clk_wiz_0。显然，编译工具的自动命名不够直观，不利于后续开发者的引用和维护。因此，我们可以自行创建输入主时钟，并重命名时钟管理 IP（此处指 MMCM）输出的衍生时钟。参考的时钟约束如下。

```
create_clock -name ext_24m_clk -period 41.667 [get_ports clk]
create_clock -name ext_25m_clk -period 40.000 [get_ports clk2]
create_generated_clock -name dvp_74p25m_clk  [get_pins u_system_ctrl_pll/u_clk_wiz_0/inst/mmcm_adv_inst/CLKOUT0]
create_generated_clock -name hdmi_371p25m_clk  [get_pins u_system_ctrl_pll/u_clk_wiz_0/inst/mmcm_adv_inst/CLKOUT1]
create_generated_clock -name ddr_200m_clk  [get_pins u_system_ctrl_pll/u_clk_wiz_1/inst/mmcm_adv_inst/CLKOUT0]
create_generated_clock -name axi_100m_clk  [get_pins u_system_ctrl_pll/u_clk_wiz_1/inst/mmcm_adv_inst/CLKOUT1]
create_generated_clock -name cmos_27m_clk  [get_pins u_system_ctrl_pll/u_clk_wiz_1/inst/mmcm_adv_inst/CLKOUT2]
```

重命名时钟后的 Clock Summary 报告如图 10.4 所示，时钟频率和时钟用途从命名上清晰可见。

Clock Summary

Name	Waveform	Period (ns)	Frequency (MHz)
cmos_clk_in	{0.000 5.000}	10.000	100.000
ext_24m_clk	{0.000 20.834}	41.667	24.000
clkfbout_clk_wiz_0_1	{0.000 41.667}	83.334	12.000
dvp_74p25m_clk	{0.000 6.734}	13.468	74.249
hdmi_371p25m_clk	{0.000 1.347}	2.694	371.247
ext_25m_clk	{0.000 20.000}	40.000	25.000
axi_100m_clk	{0.000 5.000}	10.000	100.000
clkfbout_clk_wiz_1_1	{0.000 20.000}	40.000	25.000
cmos_27m_clk	{0.000 18.500}	37.000	27.027
ddr_200m_clk	{0.000 2.500}	5.000	200.000

图 10.4 重命名时钟后的 Clock Summary 报告

10.3 接口约束

工程顶层接口主要分为以下五个部分。

（1）时钟和复位信号接口。

（2）I2C（集成电路总线）配置接口。

（3）摄像头传感器输入数据接口。

（4）DDR 内存颗粒接口。

（5）HDMI 视频显示接口。

接下来将分别讲解各个接口的时序约束。

10.3.1　时钟和复位信号接口

时钟和复位信号接口处包含三个信号：clk、clk2 和 rst_n。时钟信号接口的时序约束在 10.2 节的时钟约束中已经进行了分析，下面将重点分析复位信号接口的时序约束。

复位信号接口电路图如图 10.5 所示，复位信号 rst_n 从 FPGA 引脚输入，经过异步复位同步释放模块处理后的信号被送至 PLL 的复位输入接口。PLL 的输出 locked 信号与引脚输入的复位信号 rst_n 进行与运算后，得到 PLL 的输出时钟复位信号。随后，将该信号与对应的输出时钟同步（通过异步复位同步释放模块处理），从而获得该时钟域下的复位信号。因此，每一个 PLL 输出时钟都有对应的复位信号。

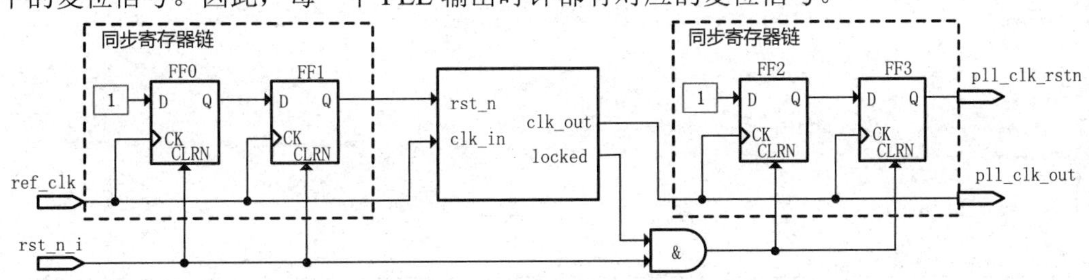

图 10.5　复位信号接口电路图

异步复位同步释放模块已经对寄存器声明了 ASYNC_REG 属性，因此只需要对 rst_n 的 pin2reg 路径进行约束即可。如果不对 rst_n 的 pin2reg 路径进行约束也可以，因为它本身是异步信号，在不约束的情况下，时序分析工具默认不会对其进行时序分析，不会影响最终功能。但在时序报告中，时序分析工具会提示“no_input_delay”关键性警告，如图 10.6 所示。

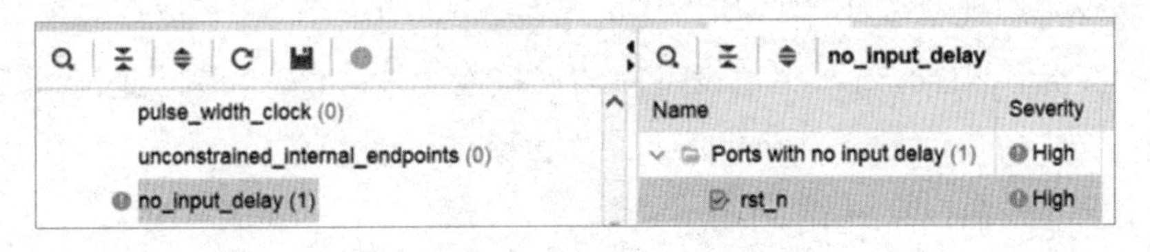

图 10.6　“no_input_delay”关键性警告

因此，为了消除时序报告中的“no_input_delay”关键性警告，建议首先创建一个虚拟时钟 virclk_rstn，并为 rst_n 设置一个基于 virclk_rstn 的输入延时；然后将虚拟时钟 virclk_rstn 约束到一个独立的异步组，这样时序分析工具就会知道该虚拟时钟与内部所有其他时钟都是异步关系，无须对复位信号进行时序分析。由于复位信号是由 FPGA 外部电路生成的，外部电路的时钟在 FPGA 内部没有物理起点，因此约束虚拟时钟与实际情况相符。参考约束如下。

```
create_clock -period 100.000 -name virclk_rstn -waveform {0.000 50.000}
set_clock_groups -name virclk_rstn_asyngroup -asynchronous -group [get_clocks virclk_rstn]
set_input_delay -clock virclk_rstn 1 [get_ports rst_n]
```

其中，虚拟时钟的频率和输入延时的大小可以随意设置，不会影响最终结果。约束后，rst_n 的 pin2reg 路径会被视为时序例外——异步时钟组，约束虚拟时钟输入延时后的 rst_n 的 pin2reg 路径时序报告如图 10.7 所示。

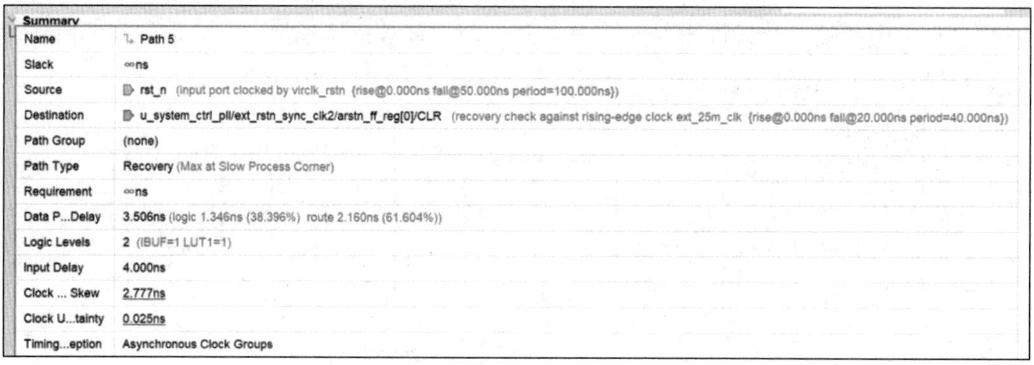

Summary

Name	Path 5
Slack	∞ns
Source	rst_n (input port clocked by virclk_rstn {rise@0.000ns fall@50.000ns period=100.000ns})
Destination	u_system_ctrl_pll/ext_rstn_sync_clk2/arstn_ff_reg[0]/CLR (recovery check against rising-edge clock ext_25m_clk {rise@0.000ns fall@20.000ns period=40.000ns})
Path Group	(none)
Path Type	Recovery (Max at Slow Process Corner)
Requirement	∞ns
Data P...Delay	3.506ns (logic 1.346ns (38.396%) route 2.160ns (61.604%))
Logic Levels	2 (IBUF=1 LUT1=1)
Input Delay	4.000ns
Clock ... Skew	2.777ns
Clock U...tainty	0.025ns
Timing...eption	Asynchronous Clock Groups

图 10.7 约束虚拟时钟输入延时后的 rst_n 的 pin2reg 路径时序报告

10.3.2 I2C 配置接口

摄像头传感器接口通过 I2C 协议进行配置，该协议仅使用两根信号线：cmos_sclk 和 cmos_sdat。在约束 I2C 接口之前，大致了解一下该协议的时序要求。

I2C 协议是一种重要的串行通信协议，具有实现简单、高效、低成本的特点。通过仅使用两根信号线，它有效减小了设备间的连接复杂性。I2C 协议从最初的标准模式（100kHz）发展到快速模式（400kHz）和高速模式（3.4MHz）。

I2C 总线通信时序如图 10.8 所示。

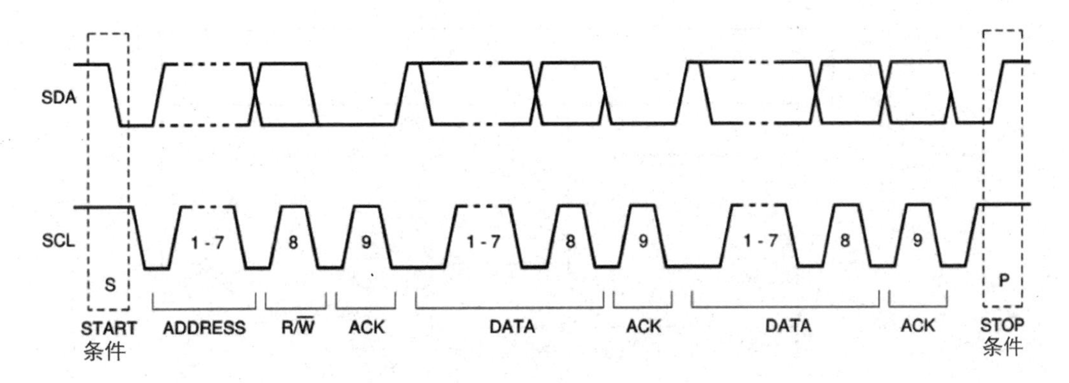

图 10.8　I2C 总线通信时序

START 条件（S）：在 I2C 总线开始通信时，主设备会生成一个 START 条件。该条件通过 SDA 线从高电平切换到低电平，同时 SCL 线保持高电平来表示通信开始。

ADDRESS（地址）：传输开始后，主设备会发送 7 位从设备地址。地址的每一位均在 SCL 时钟的上升沿被读取。

R/$\overline{W}$（读/写位）：第 8 位是读/写位。如果该位为低电平（0），则表示主设备向从设备写数据；如果该位为高电平（1），则表示主设备从从设备读数据。

ACK（应答位）：地址传输结束后，从设备会在第 9 个时钟周期通过拉低 SDA 线的电平来应答（ACK）主设备。如果从设备没有应答（NACK），则 SDA 线会保持高电平。

DATA（数据位）：地址传输结束后是数据传输。每个字节包含 8 位数据，数据位在 SCL 时钟的上升沿传输。数据传输完一个字节后，从设备会再次发送应答位，确认接收到的数据。

STOP 条件（P）：数据传输完成后，主设备生成一个 STOP 条件。该条件通过 SDA 线从低电平切换到高电平，同时 SCL 线保持高电平来表示通信结束。

通信由主设备通过在 SDA 线上生成特定的信号模式来开始和结束。所有事务以 START 条件开始，并以 STOP 条件终止。

START 条件：当 SCL 信号为高电平时，SDA 信号由高电平跳变至低电平。

STOP 条件：当 SCL 信号为高电平时，SDA 信号由低电平跳变至高电平。

在数据传输过程中，SDA 线上的数据必须在 SCL 信号高电平期间保持稳定。只有当 SCL 信号为低电平时，SDA 信号才允许改变。每传输一个数据位都会产生一个时钟脉冲。I2C 数据传输时序如图 10.9 所示。

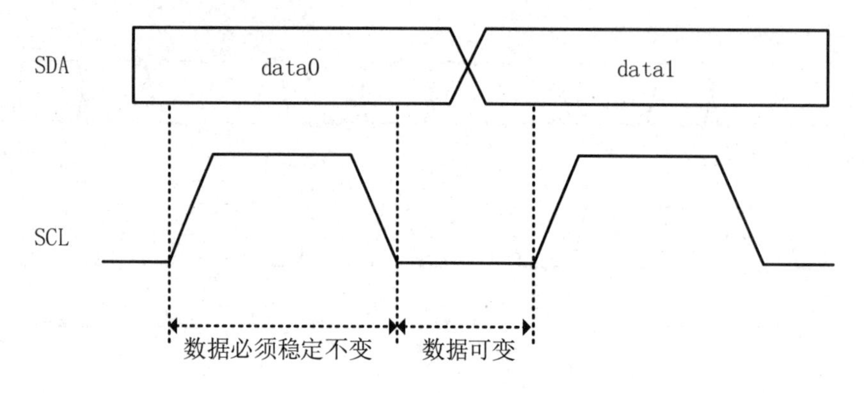

图 10.9　I2C 数据传输时序

了解 I2C 协议后，我们发现该协议并不是使用源同步方式传输数据的，不能直接使用时钟线 SCL 信号作为时钟去采集数据线 SDA 信号。无论是发送数据还是接收数据，都必须使用内部的高频时钟来对 SCL 和 SDA 信号进行采样，并在状态机控制下判断起始位、终止位和数据位。因此，从数据传输协议的角度看，I2C 通信可以理解为同步通信，即主设备发送数据，且从设备必须应答，数据传输严格按照 SCL 信号的节拍进行。

然而，从接口信号时序上看，I2C 通信可以理解为异步通信，因为 SCL 信号并不是一个单纯的时钟信号（其周期并不固定），更像是一条状态控制线。接收数据的模块不能直接用 SCL 信号作为输入时钟来采集 SDA 信号，而要将 SCL 信号视为数据处理的控制信号。

此外，由于 I2C 数据传输频率较低，当 SDA 信号作为输入信号时，内部电路的采样频率远远高于 I2C 数据传输频率，因此可以将 SDA 信号视为异步信号来处理。内部电路还需要对 SDA 信号进行单比特的跨时钟域处理，以保证数据的正确传输。

与 rst_n 约束类似，即使不对 I2C 接口进行约束，它也能够正常工作，不会影响最终功能。但在时序报告中，可能会出现“no_output_delay”或“no_input_delay”关键性警告。

为了消除这些关键性警告并提高约束的完备性，建议首先创建一个虚拟时钟 i2c_virclk，为 cmos_sdat 设置一个基于 i2c_virclk 的输入延时，并为 cmos_sdat 和 cmos_sclk 设置基于 i2c_virclk 的输出延时；然后将虚拟时钟 i2c_virclk 约束到一个独立的异步组，使时序分析工具知道该虚拟时钟与内部其他时钟是异步关系，从而避免对复位信号进行时序分析。参考约束如下。

```
    create_clock -name i2c_virclk -period 100 -waveform {0 50}
    set_clock_groups -asynchronous -name virclk_i2c_asyngroup -group [get_
clocks i2c_virclk]
```

```
set_input_delay -clock i2c_virclk -max 2 [get_ports cmos_sclk]
set_input_delay -clock i2c_virclk -min 1 [get_ports cmos_sclk]
set_input_delay -clock i2c_virclk -max 2 [get_ports cmos_sdat]
set_input_delay -clock i2c_virclk -min 1 [get_ports cmos_sdat]
set_output_delay -clock i2c_virclk -max 2 [get_ports cmos_sdat]
set_output_delay -clock i2c_virclk -min 1 [get_ports cmos_sdat]
```

其中，虚拟时钟的频率和输入延时的大小可以随意设置，不会影响最终结果。

10.3.3　摄像头传感器输入数据接口

摄像头传感器输入数据接口的信号如下。

```
output                cmos_xclk   ,    //输出给摄像头传感器的参考时钟
input                 cmos_pclk   ,    //摄像头传感器的像素时钟
input                 cmos_vsync  ,    //摄像头传感器像素数据场同步信号
input                cmos_href    ,    //摄像头传感器像素数据行同步信号
input        [ 7:0 ]  cmos_data   ,    //摄像头传感器像素数据
```

其中，cmos_xclk 信号为输出给摄像头传感器的参考时钟，可以不用管。cmos_vsync、cmos_href 和 cmos_data[7:0]是用 cmos_pclk 作为衍生时钟的信号，是典型的源同步接口信号，根据第 5 章的介绍，查询摄像头传感器（AR0135CS）应用手册可知，在默认情况下，摄像头传感器在 PIXCLK 的下降沿发送数据，相应的接收端可以在 PIXCLK 的上升沿捕获数据。故默认情况下该传感器接口约束适用于源同步输入信号 SDR 时钟中央对齐模板。当然 PIXCLK 的发射边缘可以在寄存器 R0x3028 中进行配置，从而可适配对应约束。在默认情况下，摄像头传感器输出数据和衍生时钟时序图如图 10.10 所示，时序图中的延时参数值如图 10.11 所示。

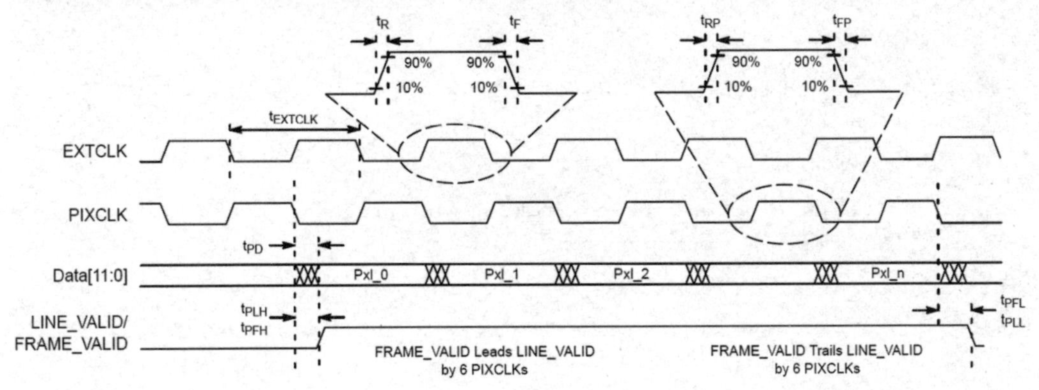

注：该图截取自原版数据手册，为方便读者阅读，并未做标准化处理。

图 10.10 摄像头传感器输出数据和衍生时钟时序图

Symbol	Definition	Condition	Min	Typ	Max	Unit
f_{EXTCLK}	Input Clock Frequency		6	–	50	MHz
t_{EXTCLK}	Input Clock Period		20	–	166	ns
t_R	Input Clock Rise Time	PLL Enabled	–	3	–	ns
t_F	Input Clock Fall Time	PLL Enabled	–	3	–	ns
t_{JITTER}	Input Clock Jitter		–	–	600	ns
t_{cp}	EXTCLK to PIXCLK Propagation Delay	Nominal Voltages, PLL Disabled, PIXCLK Slew Rate = 4	5.7	–	14.3	ns
t_{RP}	PIXCLK Rise Time	PCLK Slew Rate = 6	1.3	–	4.0	ns
t_{FP}	PIXCLK Fall Time	PCLK Slew Rate = 6	1.3	–	3.9	ns
	PIXCLK Duty Cycle		40	50	60	%
f_{PIXCLK}	PIXCLK Frequency	PIXCLK Slew Rate = 6, Data Slew Rate = 7	6	–	74.25	MHz
t_{PD}	PIXCLK to Data Valid	PIXCLK Slew Rate = 6, Data Slew Rate = 7	-2.5	–	2	ns

注：该图截取自原版数据手册，为方便读者阅读，并未做标准化处理。

图 10.11 时序图中的延时参数值

本工程 PIXCLK 时钟工作在 74.25MHz，时钟周期为 13.47ns。由图 10.11 可知，$-2.5\text{ns} < t_{PD} < 2\text{ns}$。故 $T_{dv\_bre}=T_{period}/2-t_{PD(max)}=6.735-2=4.735\text{ns}$，$T_{dv\_are}=T_{period}/2+t_{PD(min)}=6.735-2.5=4.235\text{ns}$。

查询 PCB 布线图，可知衍生时钟和数据 PCB 布线长度相等，所以把 T_{dv_bre}、T_{dv_are} 和 T_{period} 代入约束模板即可，完整约束如下所示。

```
# 根据硬件设计设置参数
set dv_bre  4.735;                 #时钟上升沿之前数据有效的时间
set dv_are  4.235;                 #时钟上升沿之后数据有效的时间
set input_ports  { cmos_href  cmos_vsync  cmos_data[*] };#输入端口列表
set clock_port   cmos_pclk;        #输入时钟端口
set input_clock_period  13.47;     #输入时钟周期值
set clock_name  cmos_clk_in;       #输入时钟名
# 创建输入时钟
create_clock -name $clock_name -period $input_clock_period [get_ports $clock_port];
# 设置输入延时约束
set_input_delay -clock $clock_name -max [expr $input_clock_period - $dv_bre] [get_ports $input_ports];
set_input_delay -clock $clock_name -min $dv_are [get_ports $input_ports];
```

10.3.4　DDR 内存颗粒接口

DDR 内存颗粒接口的代码如图 10.12 所示。

```
output          [14:0]      ddr3_addr    ,
output          [ 2:0]      ddr3_ba      ,
output                      ddr3_cas_n   ,
output                      ddr3_ck_n    ,
output                      ddr3_ck_p    ,
output                      ddr3_cke     ,
output                      ddr3_ras_n   ,
output                      ddr3_reset_n,
output                      ddr3_we_n    ,
inout           [15:0]      ddr3_dq      ,
inout           [ 1:0]      ddr3_dqs_n   ,
inout           [ 1:0]      ddr3_dqs_p   ,
//  output                      ddr3_cs_n    ,
output          [ 1:0]      ddr3_dm      ,
output                      ddr3_odt     ,
```

图 10.12　DDR 内存颗粒接口的代码

DDR 内存控制器通过直接调用 Xilinx 自带的 MIG（memory interface generator，存储接口生成器）IP 来管理内存颗粒接口，内存颗粒接口的时序约束也是由该 IP 自动生成的。用户可以在 Vivado 的 IP Source 栏中找到对应的 MIG IP，展开后在 synthesis 目录下找到相应的约束文件。鉴于这些时序约束已由 IP 自动处理，因此用户通常无须手动干预这一部分的设置。

10.3.5　HDMI 视频显示接口

HDMI 传输要使用三组 TMDS 数据通道和一组 TMDS 时钟通道，具体接口信号配置如下所示。

```
output                  TMDS_Clk_p  ,
output                  TMDS_Clk_n  ,
output          [ 2:0]  TMDS_Data_p ,
output          [ 2:0]  TMDS_Data_n
```

在 TMDS 系统中，时钟频率等于视频的像素频率。在每个时钟周期内，每个 TMDS 数据通道会发送 10bit 的数据。因此，从严格意义上讲，TMDS 不采用源同步方式。外部芯片不能直接使用衍生时钟 TMDS_Clk 对数据 TMDS_Data 进行采样，而需要对衍生时钟进行倍频处理后才能正确采样数据。

TMDS_Clk 和 TMDS_Data 信号均由 OSERDESE2 直接输出。以 TMDS_Clk 为例，其时钟通道实现原理图如图 10.13 所示：OSERDESE2 的输入时钟 CLK 为串行数据的输出频率（371.25MHz），CLKDIV 为并行数据的工作频率。由于 1 个像素点的每个通道有效数据为 8bit，通过 8b/10b 编码变为 10bit，数据采用双边传输模式。因此，并行数据的工作频率=串行数据的工作频率×2/10=371.25×2/10=74.25MHz。TMDS_Clk 的 OSERDESE2 发送固定序列 10'b11111_00000，在一个 TMDS_Clk 时钟周期内发送 10bit TMDS_Data 数据。

由于 TMDS_Clk 和 TMDS_Data 均由 OSERDESE2 直接输出，且 OSERDESE2 到对应引脚的走线是固定的，因此数据到引脚的延时是固定的。时序分析工具不会因为时序不收敛而对它们之间的走线进行优化，因此在此处进行任何时序约束都是多余的，可以忽略。

或许读者会疑惑：这样发送的时钟和数据，外部芯片能正确采样吗？实际上，在接收端，TMDS_Clk 作为参考时钟输入给倍频器，以生成串行采样时钟。接收端的时钟和数据可以通过延时调节。系统复位后，数据采样都必须进行校准，这个校准过程是动态调整的，而不是采用固定的延时。

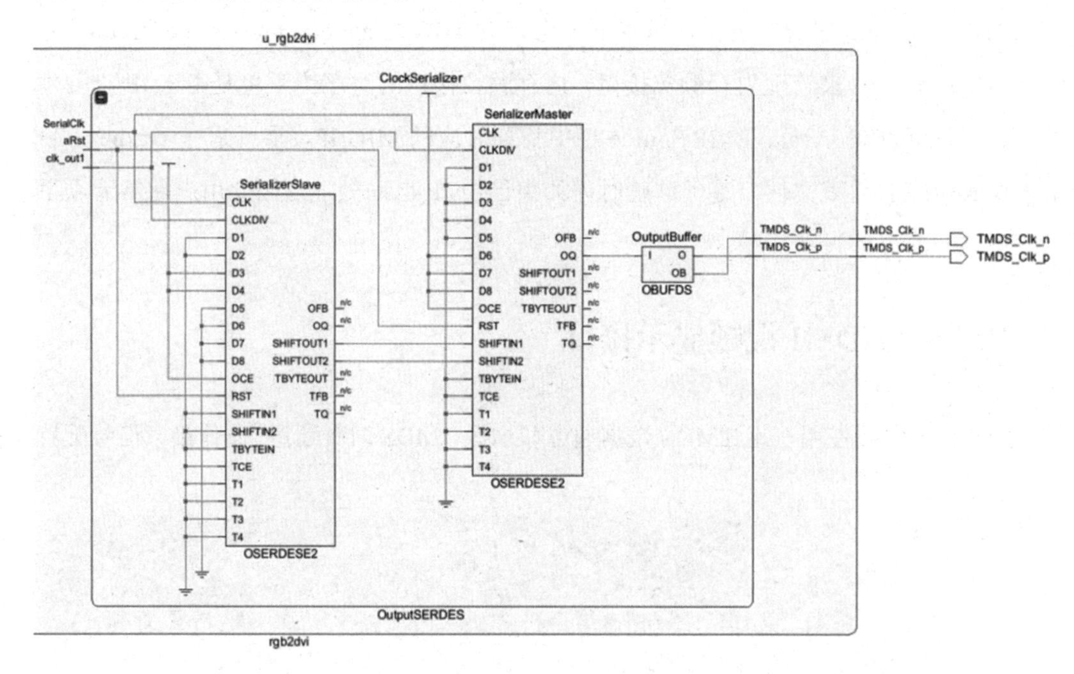

图 10.13　TMDS_Clk 时钟通道实现原理图

10.4　跨时钟域约束

时钟和接口的约束完成后，重新进行综合。综合完成后，打开生成的网表，检查跨时钟域（CDC）约束是否完善。检查方法有如下两种。

（1）在 TCL 终端输入 report_cdc 命令，生成 CDC 报告，如图 10.14 所示。重点关注报告中标记为“Critical”的警告，仔细核对这些路径是否符合 CDC 约束规范。

（2）在 Synthesis 流程下，单击 Report Clock Interaction 命令，生成如图 10.15 所示的 CDC 矩阵报告，重点关注报告中用红色和黄色标注的时钟之间的路径。在 CDC 矩阵报告下方可以查询两个时钟相关路径的详细情况，如图 10.16 所示。

CDC Report

Severity	Source Clock	Destination Clock	CDC Type	Exceptions	Endpoints	Safe	Unsafe	Unknown	No ASYNC_REG
Critical	cmos_clk_in	clk_pll_i	No Common Primary Clock	None	2	0	1	1	0
Critical	dvp_74p25m_clk	clk_pll_i	No Common Primary Clock	Max Delay Datapath Only	2	0	1	1	0
Critical	axi_100m_clk	cmos_clk_in	No Common Primary Clock	None	17	12	0	5	0
Critical	clk_pll_i	cmos_clk_in	No Common Primary Clock	None	21	13	0	8	0
Critical	clk_pll_i	dvp_74p25m_clk	No Common Primary Clock	Max Delay Datapath Only	9	0	1	8	0
Info	ddr_200m_clk	clk_pll_i	Safely Timed	None	12	12	0	0	0
Info	mem_refclk	clk_pll_i	User Ignored	False Path	2	2	0	0	0

图 10.14　CDC 报告

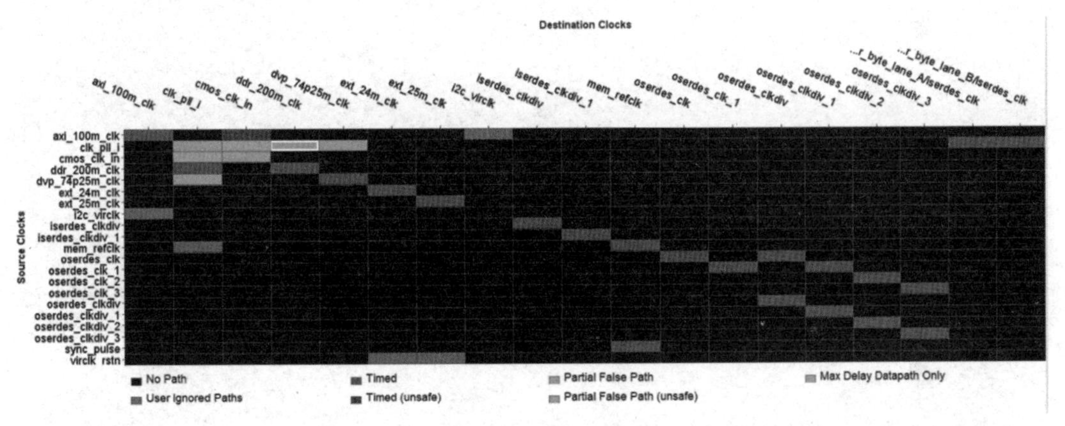

图 10.15　CDC 矩阵报告

Id	Source Clock	Destination Clock	Edges (WNS)	WNS (ns)	TNS (ns)	Failing Endpoints (TNS)	Total Endpoints (TNS)	Path Req (WNS)	Edges (WHS)	WHS (ns)	THS (ns)	Failing Endpoints (THS)	Total Endpoints (THS)	Path Req (WHS)	Clock Pair Classification	Inter-Clock Constraints
1	cmos_clk_in	cmos_clk_in	rise - rise	5.387	0.000	0	246	10.000	rise - rise	0.115	0.000	0	246	0.000	Clean	Partial False Path
2	cmos_clk_in	clk_pll_i	rise - rise	1.659	0.000	0	2	10.000	rise - rise	2.557	0.000	0	2	0.000	No Common Clock	Partial False Path (unsafe)
3	oserdes_clk	oserdes_clk	rise - rise	1.185	0.000	0	4	2.500	rise - rise	0.408	0.000	0	4	0.000	Clean	Timed

图 10.16　两个时钟相关路径的详细情况

最初的代码没有考虑 CDC 问题，导致存在不安全路径，如图 10.16 所示，从中可以看出，源时钟 cmos_clk_in 与目标时钟 clk_pll_i 之间存在两条不安全路径。为了查看路径的源寄存器和目标寄存器，可以输入以下命令进行检查。

```
report_timing -from [get_clocks cmos_clk_in] -to [get_clocks clk_pll_i]
```

最终追溯到路径原理图，如图 10.17 所示，在 cmos_clk_in 时钟域下输出 frame_sync_flag

信号，在 clk_pll_i 时钟域下捕获，捕获的 r_wframe_sync[0]信号直接用来做状态判断，而没有做 CDC 同步处理。所以很明显此处 CDC 代码设计有问题。

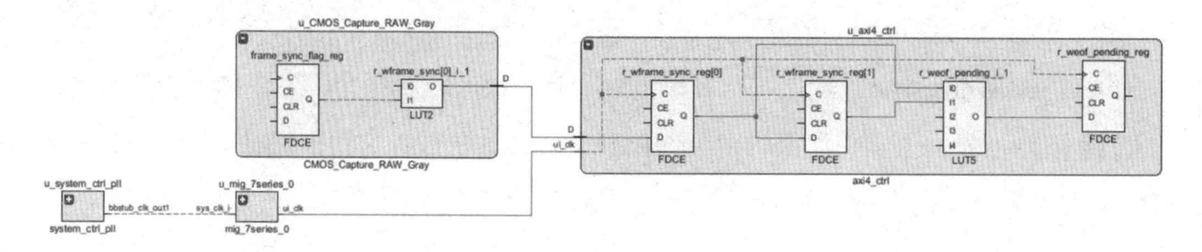

图 10.17　综合实现后的异步路径原理图

该 CDC 路径的相关关键代码如下。

```
reg [1:0]   r_wframe_sync  ;
reg      r_weof_pending ;
always @(posedge axi_clk or posedge axi_reset)
  if(axi_reset)
      r_wframe_sync <= 2'b0;
  else
      r_wframe_sync <= {r_wframe_sync, wframe_vsync};

always @(posedge axi_clk or posedge axi_reset)
  if(axi_reset)
        r_weof_pending <= 1'b0;
  else if(r_wframe_sync == 2'b10)
      r_weof_pending <= 1;
  else  r_weof_pending  <= r_weof_pending;
```

正确的处理方式应该是使用三级同步寄存器链，第一级用于过滤亚稳态，第二级和第三级用于判断状态变化。同时，每个寄存器都需要声明 ASYNC_REG 属性。此外，源时钟 cmos_clk_in 到目标时钟 clk_pll_i 之间的两条异步路径应该设置最大延时约束，最大延时应为 clk_pll_i 时钟周期。参考的正确代码如下。

```
(* ASYNC_REG="TRUE" *) reg [2:0]   r_wframe_sync  ;
reg      r_weof_pending ;
always @(posedge axi_clk or posedge axi_reset)
  if(axi_reset)
      r_wframe_sync <= 3'b0;
  else
```

```
        r_wframe_sync <= {r_wframe_sync[1:0], wframe_vsync};

    always @(posedge axi_clk or posedge axi_reset)
      if(axi_reset)
           r_weof_pending <= 1'b0;
      else if(r_wframe_sync[2:1] == 2'b10)
          r_weof_pending <= 1;
      else if(rs_w == ws_w_eof)
          r_weof_pending <= 0;
      else  r_weof_pending  <= r_weof_pending;
```

三级同步寄存器链已经使用了 ASYNC_REG 属性，因此约束只需要针对异步路径的最大延时。参考的最大延时约束如下。

```
    set_max_delay  -datapath_only  -from  [get_pins  u_CMOS_Capture_RAW_Gray/
frame_sync_flag_reg/C] -to [get_pins u_axi4_ctrl/r_wframe_sync_ reg[0]/D] 10
    set_max_delay  -datapath_only  -from  [get_pins  u_CMOS_Capture_RAW_Gray/
cmos_vsync_r_reg[1]/C] -to [get_pins u_axi4_ctrl/r_wframe_sync_reg[0]/D] 10
```

在正确约束后的 CDC 矩阵报告中，如图 10.18 所示，源时钟 cmos_clk_in 到目标时钟 clk_pll_i 之间的两条异步路径从黄色（unsafe）变为紫色（Max Delay Datapath Only），表示问题已解决。

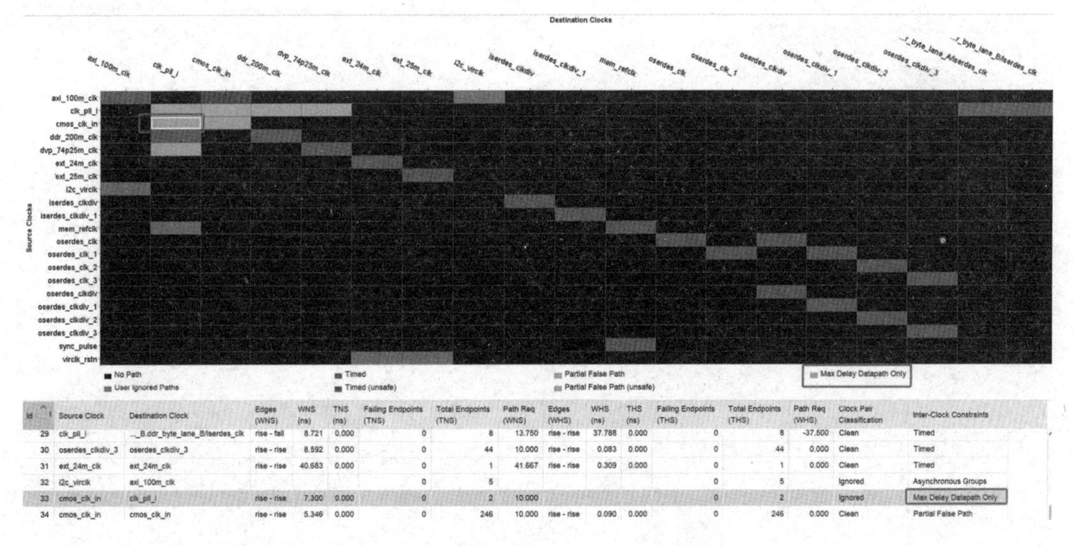

Id	Source Clock	Destination Clock	Edges (WNS)	WNS (ns)	TNS (ns)	Failing Endpoints (TNS)	Total Endpoints (TNS)	Path Req (WNS)	Edges (WHS)	WHS (ns)	THS (ns)	Failing Endpoints (THS)	Total Endpoints (THS)	Path Req (WHS)	Clock Pair Classification	Inter-Clock Constraints
29	clk_pll_i	..._B.ddr_byte_lane_B/iserdes_clk	rise - fall	8.721	0.000	0	8	13.750	rise - rise	37.788	0.000	0	8	-37.500	Clean	Timed
30	oserdes_clkdiv_3	oserdes_clkdiv_3	rise - rise	8.592	0.000	0	44	10.000	rise - rise	0.083	0.000	0	44	0.000	Clean	Timed
31	ext_24m_clk	ext_24m_clk	rise - rise	40.683	0.000	0	1	41.667	rise - rise	0.309	0.000	0	1	0.000	Clean	Timed
32	i2c_vircik	axi_100m_clk				0	5					0	5		Ignored	Asynchronous Groups
33	cmos_clk_in	clk_pll_i	rise - rise	7.300	0.000	0	2	10.000				0	2		Ignored	Max Delay Datapath Only
34	cmos_clk_in	cmos_clk_in	rise - rise	5.346	0.000	0	246	10.000	rise - rise	0.090	0.000	0	246	0.000	Clean	Partial False Path

图 10.18　正确约束后的 CDC 矩阵报告

当然，在检查 CDC 电路设计正确无误后，如果对该异步路径的延时要求不高，那么可以直接将时钟 cmos_clk_in 和 clk_pll_i 设置为异步时钟组，以替代最大延时约束。参考的约束命令如下。

```
set_clock_groups -name  clk_group  -asynchronous \
                -group [get_clocks  cmos_clk_in] \
                -group [get_clocks  clk_pll_i]
```

总之，如果时序路径中的源时钟和目标时钟来自不同的基准时钟或没有公共节点，那么这些时序路径必须作为异步路径来处理。根据实际需求，可以添加 set_clock_groups、set_false_path 或 set_max_delay –datapath_only 约束。需要注意的是，set_clock_groups 约束的优先级高于时序例外约束，它会覆盖 set_max_delay –datapath_only 约束，因此在设置异步组时需要格外慎重。

CDC 约束完成后，可以在 TCL 终端运行 report_qor_assessment 命令，查看设计的 QoR（quality of results，质量报告）来评估最终得分、得分细节和需要检查的关键性警告。对于需要进一步排查的警告，可以在 Implementation 流程中单击 Report Methodology 命令进行详细分析。如果确定某些警告可以忽略，那么可以通过创建 Waiver 来忽略这些警告。但需要注意的是，每一个警告都是一个潜在的风险，尽量排除所有警告，确保工程代码的干净整洁，将所有可能的缺陷都扼杀在摇篮里。

反侵权盗版声明

电子工业出版社依法对本作品享有专有出版权。任何未经权利人书面许可，复制、销售或通过信息网络传播本作品的行为；歪曲、篡改、剽窃本作品的行为，均违反《中华人民共和国著作权法》，其行为人应承担相应的民事责任和行政责任，构成犯罪的，将被依法追究刑事责任。

为了维护市场秩序，保护权利人的合法权益，我社将依法查处和打击侵权盗版的单位和个人。欢迎社会各界人士积极举报侵权盗版行为，本社将奖励举报有功人员，并保证举报人的信息不被泄露。

举报电话：（010）88254396；（010）88258888
传　　真：（010）88254397
E-mail：　dbqq@phei.com.cn
通信地址：北京市海淀区万寿路 173 信箱
　　　　　电子工业出版社总编办公室
邮　　编：100036